KB048096

과학으로
생각하기

Thinking with Science

과학으로 생각하기

임두원 지음

포레스트북스

머리말

여러분은 어떤 창으로 세상을 바라보나요?

저의 정체가 드러나면 곧이어 엄청난 질문 공세가 시작됩니다. 사람들은 과학자가 마치 만물박사인 양 생각하는 것 같습니다. 그래서 평소 궁금했던 질문을 던지는 데 머뭇거림이 없죠. 과학자라면 응당 모든 것을 다 알아야 하고, 또한 그것을 성심성의껏 설명해야 할 의무가 있다고 생각하는 것이 분명합니다.

저는 과학관에 근무하는 과학자입니다. 그러다 보니 질문을 많이 받는 편이죠. 어린아이부터 어르신까지 질문자의 연령대도 매우 다양하고, 과학이 너무 어렵다며 하소연하는 분들도 있죠. 질문자의 성격과 연령대만큼 각양각색인 질문들과 씨름하다 보면 문득 깨닫습니다. 사람마다 질문을 바라보는 관점과 질문에 대한 답이 다를 수밖에 없다는 걸요.

〈유 퀴즈 온 더 블럭〉에 출연했을 때, "눈이 녹으면?"이라는 질문을 받았습니다. 답이 뻔한 질문이라 순간 당황했지만, 이내 "물이 되지요"라고 답했습니다. 그런데 그 질문은 정답을 듣고자 한 질문이 아니라 문과와 이과가 세상을 얼마나 다르게 보는지 알아보려는 질문이었죠. 그 질문에는 저라면 상상도 못 할 답들이 존재했습니다. '봄이 온다', '싹이 난다', '꽃이 핀다' 등과 같이 말이죠.

이 책에는 42가지 질문과 그에 대한 저만의 답변이 담겨 있습니다. 그동안 과학자로서 자주 받았던 질문 중에서 '이런 관점에서도 바라볼 수 있구나'라는 사실을 깨닫게 해준 질문을 위주로 골랐습니다. 앞서 "눈이 녹으면?"이란 질문처럼 말이죠.

세상을 바라보는 과학이라는 창

관점은 마치 창窓과도 같습니다. 우리가 창을 통해 밖을 내다보듯 관점을 통해 세상을 바라보기 때문이죠. 각양각색의 창들이 있듯이 우리의 관점들 또한 서로 다릅니다. 그러니 바라보는 세상의 모습도 다를 수밖에 없죠. 하지만 우리는 같은 세상에 살고 있습니다. 다만 관점에 따라 서로 다른 측면을 보고 있을 뿐이죠.

물론 저는 과학이란 창을 가장 좋아합니다. 그 어떤 창보다도 넓고 투명하죠. 왜곡도 거의 없고 제가 아는 한 세상의 아름다움을 가장 잘 보여주는 창입니다. 그래서 그 창 앞으로 사람들을 이끌고 오는 것을 좋아합니다. 저만 즐기기에는 너무나도 아까운 풍경이기 때문이죠.

이 책은 과학의 창으로 바라본 세상의 이야기입니다. 다양한 관점의 사람들이 던진 다양한 질문들을 놓고 과학자가 답한 이야기이죠. 물론 과학자의 관점이 주가 된 이야기이지만, 답을 정리하는 과정에서 알게 된 여러 다른 관점들 또한 함께 담아내기 위해 노력했습니다. 더 다양한 창으로 보아야 세상의 모습이 더 완전해질 것이기 때문입니다. 질문의 길이는 짧을지 몰라도 그 무게는 절대 가볍지 않습니다.

왜 42가지 질문일까?

이 책은 처음부터 42가지 질문에 대해 답을 하고자 기획했습니다. 그 과정에서 새로운 질문 하나를 들었습니다. 왜 하필 42가지 질문이냐는 것이죠. 제가 처음 42라는 숫자의 매력에 빠진 것은 『은하수를 여행하는 히치하이커를 위한 안내서』라는 SF소설을 통해서였습니다. 이 소설에는 '깊은 생각Deep Thought'이란 이름의 거대한 슈퍼컴퓨터가 등장합니다. 이 컴퓨터는 '삶과 우주 그리고 모든 것에 대한 궁극적인 답'을 찾고 있었는데, 그가 내놓은 답이 바로 42였죠. 소설의 작가는 '왜 42인가?'라는 질문에 그저 우연히 떠오른 숫자일 뿐이라고 답했습니다.

아무런 의미가 없어 보일지 모르지만, 또 어쩌면 심오한 의미를 담고 있을지도 모를 숫자 42. 세상에 대한 질문의 가짓수를 정하는 데 있어서 그래도 나름 무언가 의미를 부여하고 싶었던, 하지만 그 의미가 무언지는 알 수 없었던 제게 '딱'이란 생각이 들었죠.

소설에서 '깊은 생각'의 설계자들은 한 가지 문제점을 발견합니다. 궁극적인 답을 얻으려면 궁극적인 질문부터 명확히 제시되어야 한다는 것이었죠. 오랜 세월 동안 제대로 된 질문도 없이 '깊은 생각'은 그 답을 찾아온 것입니다. 그래서 만들어진 것이 바로 지구라 합니다. 지구는 궁극적인 질문을 찾기 위한 또 다른 슈퍼컴퓨터였던 셈이죠. 그래서 저나 여러분을 포함한 우리 지구인들은 질문을 그토록 좋아하나 봅니다.

자신만의 질문을 던지고 답을 찾아보세요

이 책의 질문들은 궁극적인 질문이라 하기에는 그저 42가지 작은 질문들일 뿐입니다. 하지만 이 작은 질문들이 궁극적인 답을 찾는 여정의 작은 단서가 될지도 모릅니다. 그리고 이 답들을 차곡차곡 모은다면, 삶과 우주 그리고 모든 것에 대한 궁극적인 답에 조금 더 가까이 다가갈 수 있을지도 모르죠.

탁월한 질문의 수는 42가지보다 더 많을 수 있습니다. 그리고 제가 선정한 질문들을 대체할 더 좋은 것들도 분명 있을 것입니다. 그렇기에 좋은 질문을 찾고 답하는 일은 앞으로도 계속할 계획입니다. 여러분도 자신만의 새로운 질문을 찾아보시기 바랍니다. 저의 답변보다 더 훌륭한 새로운 답변을 찾으셨다면 물론 그 또한 언제나 환영입니다.

이 책의 초고가 마무리될 때쯤 예전에 만났던 한 어르신이 생각났습니다. 긴 강연이 끝나고 조심스레 다가오신 그분은 몇 가지 질문을 하셨습니다. 과학 강연은 처음이라 하시니 최대한 쉽게 설명하려 했지만 아쉽게도 다 이해시켜드리진 못했죠. 너무 죄송스러워 어쩔 줄 모르는 저를 두고 그분은 이렇게 말씀하셨습니다.

"과학자님, 좋은 대화를 나눠주셔서 감사합니다. 내용은 어려웠지만 그래도 행복했습니다."

뒤늦게나마 그때는 미처 하지 못했던 말을 전하고 싶습니다.

"아닙니다. 소중한 질문을 받은 제가 더 행복했습니다. 그리고 답할 수 있는 기회를 주셔서 정말 감사드립니다."

임두원

차례

• 1부 •

죽느냐 사느냐, 과학으로 고민하기

• 2부 •

일상의 태도, 과학으로 생각하기

· 3부 ·

이상한 호기심, 과학으로 해결하기

• 4부 •

존재의 비밀, 과학으로 상상하기

• 1부 •

죽느냐 사느냐, 과학으로 고민하기

THINKING
WITH SCIENCE

1

인간은 모두 죽어야 하는 운명일까?

* 마모이론 *

지난날에 대한 후회가 많을수록 삶에 대한 집착은 강해진다고 합니다. 후회 없는 삶을 살아온 영웅이라면 초연하게 죽음을 맞이할 수 있을지 모르지만 지극히 평범한 저로서는 죽음이 두렵기만 합니다. 도저히 삶에 대한 미련을 버릴 수가 없죠. 여러분은 어떠신가요?

피츠 제럴드의 소설 『벤자민 버튼의 시간은 거꾸로 간다』를 아시나요? 이 소설의 주인공인 벤자민 버튼은 평범한 사람과는 정반대의 삶을 살아갑니다. 갓난아이로 태어나 어른이 되고, 더 나이가 들면 노인이 되는 것이 순리이지만 그는 노인으로 태어나 시간이 지날수록 젊어집니다. 하지만 젊어지는 건 외적인 모습일 뿐 실제로는 늙어갑니다. 나중에는 치매로 사람들을 못 알아볼 지경에 이르죠. 점점 나이가 들어 마침내 갓난아이의 모습이 된 버튼은 자신이 사랑했던 사람의 품에 안겨 조용히 눈을 감습니다.

소설의 결말은 저에게 큰 충격이었습니다. 노인의 외모로 태어나 부모로부터 버림받았던 그가 멋진 젊은이로 성장하며 해피엔딩으로 끝나리라 기대했지만, 그 또한 보통 인간처럼 죽음을 맞아야 한다는 어쩌면 당연한 결말을 미처 생각지 못했던 것입니다.

그런데 정말 죽음을 피할 수는 없을까요? 우리는 왜 죽어야만 하는 운명을 타고난 것일까요? 예외 없는 규칙은 없다고들 하지만, 우리 삶에서 유독 죽음으로부터의 예외는 없는 것 같습니다.

우리는 왜 죽음과 노화를 피할 수 없을까?

죽음은 정말 피할 수 없을까?

과학자인 제가 종종 듣는 질문 하나는 바로 죽음에 관한 것입니다. "왜 우리는 영원히 살 수 없나요?" 사람들의 이 질문에는 어떤 기대감이 깃들어 있습니다. 제게 희망적이고 긍정적인 답변을 기대하는 것이죠. 줄기세포, 유전자 치료, 인공장기 등 과학의 최전선에서 들려오는 뉴스들 때문에 더 그런 것 같습니다.

'샹그릴라 신드롬'을 아시나요? 샹그릴라 신드롬은 영원히 살 수는 없어도 노화만큼은 막아보고자 하는 사람들이 늘어난 현상을 일컫는 말로 제임스 힐턴의 소설 『잃어버린 지평선』에서 유래되었습니다. 소설에서 샹그릴라는 어떠한 근심도 없이 늙지 않으면서 영원한 젊음을 누릴 수 있는 곳으로 묘사되죠.

현대인들만 이러한 소망을 품은 것은 아닙니다. 오래전 진시황의 가장 큰 소망도 죽음을 피하는 것이었습니다. 전 중국을 통일한 그 역시 죽어야 할 운명에서는 자유롭지 않았기 때문이죠. 그래서 그는 전설에서나 존재할 법한 불로불사의 명약을 찾았으나 실패했고, 비교적 이른 나이에 전쟁터에서 병으로 죽고 말았습니다.

기원전 5세기경 헤로도토스의 『역사』에도 이와 비슷한 기록이 등장합니다. 키가 크고 잘생긴 사람들이 산다고 알려진 에티오피아를 방문한 이크티오파기라는 사람은 그곳 사람들이 120세 이상을 산다는 이야기를 듣고는 의문을 가졌습니다. 그러자 사람들은 그를 제비꽃 향이 나는 샘으로 데리고 갔는데, 그곳에 몸을 담그면 마치 기름으로 목욕한 것처럼 온몸에 윤기가 났다고 합니다. 이 이야기는 이후 '젊음의 샘'에 관한 많은 전설을 만들어냈습니다. 이 세상 어딘가 젊음의 샘이 실제로 있을지도 모른다는 생각은 많은 이를 탐험으로 이끌었습니다. 아메리카 신대륙으로 떠난 탐험가의 이야기에서도 종종 젊음의 샘이 등장하는 것은 바로 이 때문이죠. 물론 그들 또한 오래전 진시황이 그러했던 것처럼 불로불사의 비밀을 찾아내지 못했습니다.

죽음은 진화 과정에서의 선택이다

그렇다면 우리는 필멸必滅의 운명에서 벗어날 수 없다고 결론을 내려야 할까요? 과학자인 제 생각은 조금 다릅니다. 우리는 누구나 죽음을 맞지만, 그 운명은 우리 스스로 받아들인 것입니다. 결론적으로 말하면, 우리가 죽어야 할 운명인 것은 진화 과정에서의 선택 때문입니다. 즉, '생명은 필멸이어야 한다'는 공식이 모든 경우에 반드시 성립하는 것은 아니라는 뜻입니다. 이게 무슨 말일까요?

생명이 진화하는 과정에서의 핵심은 '경쟁을 통한 자연 선택'입니다. 태어난 모든 것은 살아남기 위해 치열하게 경쟁하고, 그중에서 주어진 환경에 가장 잘 적응한 것들만이 자연에 의해 선택되죠. 과학자들은 필멸의 운명 또한 이러한 경쟁과 자연 선택의 결과물이라 생각합니다.

이와 관련하여 주목받고 있는 '마모이론'이란 것을 소개할까 합니다. 우리의 신체는 마치 기계와 같아서 오래 사용할수록 마모되어 서서히 노화가 진행된다는 이론입니다. 미국 뉴캐슬대학의 토머스 커크우드 박사가 1977년 처음 제안했습니다. 보편적으로 수명의 문제를 '개인적인 차원'에서 살펴보는 데 반해, 이 이론에서는 개인이 속한 '집단의 차원'에서 다룹니다. 다시 말해, 우리의 수명을 결정하는 요인을 인류라는 좀 더 큰 관점에서 찾아야 한다고 이 이론은 주장합니다.

그러고 보면 얼마나 오래 사느냐의 문제를 우리는 종종 집단의 차원에서 다루곤 합니다. 예를 들어, 인간의 기대 수명은 대략 80세 전후인데 개인마다 차이는 있겠지만 대부분 이 연령대에서 크게 벗어나지는 않습니다. 이에 반해, 우리의 영원한 친구 개의 기대 수명은 대략 12세 전후입니다. 이처럼 집단의 종류에 따라 큰 틀에서 수명의 문제가 결정되는 듯 보입니다.

마모이론에서는 그 이유를 전략적인 선택의 문제라고 말합니다. 우리는 왜 언젠가 죽어야만 하는지, 그리고 왜 우리는 그 정도밖에 살 수 없는지는 진화 과정에서 고심 끝에 정해진 선택이란 것입니다. 우리의 기대 수명이 80세인 것 또한 그러한 선택이 가장 최선이었기 때문이죠. 그리고 고심의 과정에서 '나'라는 개인이 아닌 '우리'라는 집단의 생존이 최우선으로 고려됩니다.

수명을 결정하는 요인을 개인과 집단 둘로 나눠 살펴봤듯이, 수명을 연장하기 위한 선택지도 둘로 나뉘는데요. 하나씩 알아보도록 합시다.

수명을 연장하는 두 가지 선택지

첫째는 개인의 수명을 늘리는 방식입니다. 저를 포함한 여러분들 모두가 아주 오래 살아남는다면, 이는 우리라는 집단 또한 더 오래 생존할 수 있다는 의미니까요.

두 번째 선택지는 우리의 '수'를 늘리는 방식입니다. 일종의 인해전술인 셈인데요. 아무래도 구성원이 많다 보면 집단 전체의 생존 확률 또한 높아집니다. 이러한 선택은 주로 먹이 사슬의 하단부에 위치하는 동물들에게서 볼 수 있습니다. 대표적으로 토끼는 번식력이 굉장히 강한데요. 연약한 만큼 언제 어디서 포식자에게 잡아먹힐지 모르니 최대한 자손을 많이 남겨야 집단의 생존 확률이 높아지기 때문입니다. 호주에서는 무서운 번식력으로 폭발적으로 증가한 토끼의 개체수를 줄이기 위해 일명 '토끼 전쟁'을 벌이고 있다고 합니다. 150년 전 호주에 처음 상륙한 토끼 몇 쌍이 천적이 거의 없는 상태에서 엄청나게 번식하면서 생태계에 나쁜 영향을 미치고 있기 때문입니다.

앞서 마모이론에서는 신체를 기계처럼 본다고 말씀드렸는데, 기계는 쓰면 쓸수록 마모될 수밖에 없고 방치하다가는 고장이 납니다. 우리의 수명을 조금이라도 더 늘리려면 몸의 낡은 부분을 계속해서 수선해야 하는데, 그러려면 아무래도 에너지가 추가로 필요합니다.

그러나 우리 몸이 활용할 수 있는 에너지의 총량에는 한계가 있습니다. 따라서 무한정 에너지를 사용할 수는 없기에, 최대한 주어진 에너지를 효율적으로 사용하는 전략을 택해야 하죠. 이는 경제학에서 말하는 소위 '희소성의 법칙'과도 유사합니다. 자원은 유한하지만 구성원들의 욕망은 무한하다는 법칙입니다. 그렇다면 우리 몸의 경제학은 이 에너지 문제를 어떻게 해결할까요?

바로 이때 앞서 말한 두 가지 선택지의 문제가 등장합니다. 몸의 마모된 부분을 수선하는 데 에너지를 더 많이 배분한다면 첫 번째 선택지에 더 우선을 둔다는 의미입니다. 하지만 자손을 더 많이 남기는 두 번째 선택지의 경우 몸의 마모를 수선하는 데 투입할 에너지의 양이 줄어들 수밖에 없습니다. 그러나 어떤 선택이든 에너지가 한쪽으로만 '몰빵' 되지는 않습니다. 자손을 남기는 데 아무리 많은 에너지를 배분한다 할지라도 개별 개체의 수명이 매우 짧다면 그것 또한 문제입니다. 성장하여 다시 자손을 낳을 수 있을 때까지 최소한의 수명은 보장되어야 하기 때문입니다. 이와는 반대로 자신의 수명을 연장하기 위해 모든 에너지를 다 투입하는 것도 위험한 전략이죠.

우리 몸은 이미 최선의 선택을 하고 있다

지난 45억 년 동안 지구의 환경은 끊임없이 변해왔습니다. 때때로 드라마틱한 변화가 일어나기도 했는데, 그때는 어김없이 많은 생물이 멸종해갔습니다. 급변하는 환경에 제대로 적응하지 못했기 때문입니다. 한때 지구의 주인이었던 공룡도 그렇게 갑작스레 사라지고 말았죠.

이와 같은 절멸의 위험성을 고려한다면, 자손을 많이 낳는 것이 매우 좋은 전략이 될 수 있습니다. 아이가 부모를 많이 닮기는 하지만 조금씩은 차이가 있는 것처럼, 변화된 환경에 적응할 수 있는 자손이 태어날 수 있기 때문입니다. 급격한 변화로 많은 개체가 죽더라도, 소수는 살아남아 다시 번성할 기회를 얻게 될 테니까요.

그렇다면 에너지를 배분할 때 어느 선택지에 더 우선권을 줄 것인지를 전략적으로 고민해야 합니다. 개인의 수명 연장이냐 아니면 더 많은 자손의 생산이냐를 두고 말이죠. 그리고 우리의 수명은 이러한 고민의 결과가 반영된 것입니다. 우리 몸의 경제학은 자연이라는 보이지 않는 손에 의해 어느 한쪽에 치우치지는 않으면서도 최선의 효과를 낼 수 있는 선택을 했습니다.

마모이론은 이러한 이유로 벤자민 버튼을 포함한 우리 모두가 필멸의 운명을 선택했다고 설명합니다. 우리가 가용할 수 있는 에너지의 일부는 자손을 남기는 데 사용하고, 그 나머지는 우리 몸을 수선하는 데 사용하다 보니, 우리는 그 에너지의 한계 내에서 서서히 마모되고 결국에는 죽음을 맞는 것이죠.

언젠가 죽어야 할 우리의 운명을 더는 원망하지 말아야겠습니다. 이 또한 모두를 위해 우리가 스스로 고심한 끝에 받아들인 운명이니까요.

"죽음이라는 운명은 우리 스스로 받아들인 것입니다.
우리가 진화 과정에서 그 운명을 선택했기 때문입니다."

2

우리는 왜 지나간 일을 후회할까?

* 인과율 *

우리가 살면서 가장 많이 느끼는 감정 중 하나가 바로 후회입니다. '그렇게 하지 말걸', '정말 어리석었어'라며 후회하지만 되돌릴 수는 없죠. 만약 과거의 어리석은 결정과 행동을 되돌릴 수만 있다면, 후회라는 말이 생겨나지도 않았을 것입니다. 지나온 시간이 길면 길수록 후회라는 감정도 차곡차곡 쌓여만 가는 것 같습니다.

후회 없이 살았다고 말하는 사람은 정말 한 번의 후회도 없이 살았을까요? 후회가 불필요한 감정이라 해도 우리가 마음대로 없앨 수 있을까요? 저는 후회란 그 어떤 존재도 피할 수 없는 운명과 같다고 생각합니다. 왜냐하면 세상이 그렇게 만들어졌기 때문이죠. 이게 무슨 무책임한 말이냐고요? 자, 흥분을 가라앉히고 제 이야기를 좀 더 들어보시죠.

우주의 탄생과 시간의 탄생

후회란 감정은 과거의 결정이나 행동을 다시 바로잡지 못하기 때문에 생겨난 감정입니다. 만약 과거로 되돌아가 바꿀 수만 있다면, 후회하고 탄식하며 소 잃고 외양간을 고치는 일도 없겠죠.

우리가 살고 있는 세상, 다시 말해 이 우주에는 시간이 흐릅니다. 그런데 여기서 잠깐, '시간'이란 뭘까요? 표준국어대사전을 찾아보면 시간은 '어떤 시각에서 시각까지의 사이'라고 정의되어 있습니다. 어떤 흐름을 나타내는 뜻인 것 같은데, 이런 정의만으론 부족합니다. 적어도 저와 같은 과학자에겐 말이죠.

우주에는 시간이 흐릅니다. 그 시간은 우주에 존재하는 것들과 연관이 있습니다. '나'라는 존재와는 별개로 시간이 흐른다면, 과거로 시간을 거슬러 오르거나 아니면 미래로 시간을 앞서갈 수 있겠죠. 우리가 공간에서 마음대로 움직이듯 말입니다. 하지만 그럴 수 없죠. 우리는 왜 시간에 단단히 묶여 있는 것일까요?

시간이란 개념은 우주의 존재 자체와 밀접한 관련이 있습니다. 우주가 탄생하면서 시간이 생겨났고, 우주가 변화하는 과정에서 시간의 흐름이 생겨났기 때문입니다. 오래전 한 철학자는 이렇게 말했습니다.

> "시간의 실체가 무엇인지는 잘 모르겠지만, 이 우주에서 변화를 측정하는 일종의 수(數)와 같은 것이다."

즉 시간이 흐르기 때문에 변화가 일어나는 것이 아니라, 변화가 일어나기 때문에 시간이 흐르는 것이죠. 그런데 이 우주의 변화는 일정한 방향성이 있어 보입니다. 절대 후진하지 않는 자동차처럼 일정하게 앞으로 나가는 특성이 있다는 말입니다.

균일과 무질서로 변화하는 운명

투명한 유리컵에 물을 담고 잉크 한 방울을 떨어트립니다. 잠시 후, 작은 덩어리였던 잉크는 서서히 풀어지며 컵에 담긴 물 곳곳으로 퍼집니다. 몇 분이 지나자 잉크는 유리컵 전체에 완전히 고르게 퍼졌습니다. 여기서 한 가지 질문을 해보겠습니다. 잉크가 고르게 퍼진 물은 왜 다시 깨끗한 물과 잉크로 분리되지 않을까요?

실험 하나를 더 해보죠. 이번에는 뜨거운 물과 차가운 물을 섞어보겠습니다. 잠시 후 그 물을 만져보면 뜨거움과 차가움의 중간 정도인 미지근한 상태입니다. 뜨거운 물과 차가운 물이 고르게 잘 섞이면서 온도가 균일해진 것입니다. 그런데 왜 반대로 미지근한 물은 뜨거운 물과 차가운 물로 나뉘지 못할까요?

이처럼 모든 변화에는 어떤 기본적인 방향이 있습니다. 그리고 그 방향을 자세히 들여다보면 한 가지 사실을 알 수 있는데요. 그것은 바로 불균일한 것은 균일해지고, 질서 있는 것은 무질서해진다는 것입니다. 아직 섞이지 않은 물과 잉크, 그리고 뜨거운 물과 차가운 물은 '불균일'과

'질서'를 의미합니다. 이에 반해 고르게 섞인 물과 잉크, 그리고 미지근해진 물은 '균일'과 '무질서'를 의미합니다. 불균일과 질서는 무언가 구분된 상태를, 균일과 무질서는 이러한 구분이 없어진 상태를 나타내죠.

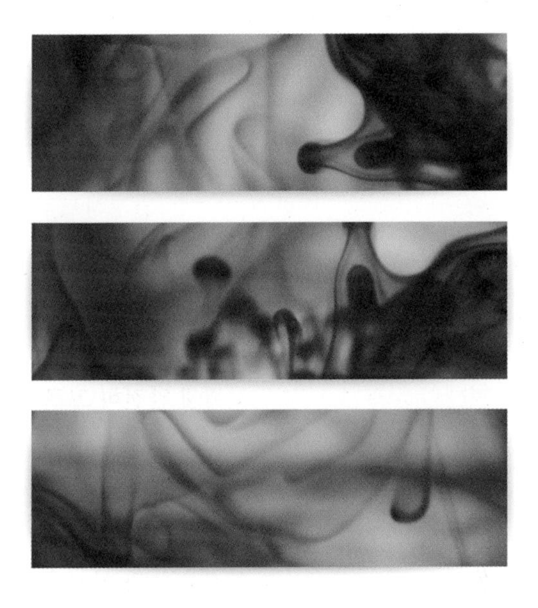

잉크가 고르게 퍼진 물은 무질서를 향한다

작은 두 가지 사례에 불과하지만, 이와 같은 변화의 방향성은 우주 전체에 공통으로 적용됩니다. 밝게 빛나는 별과 그 별 주위를 도는 행성들, 그리고 별과 행성들이 수없이 모여 있는 은하들로 가득 찬 이 우주는 처음에는 질서 있게 탄생했습니다. 하지만 앞으로 아주 오랜 시간이 지나고 나면 이 모든 것은 사라지고 공허한 공간 그리고 그곳을 채운 에너지만이 남게 될 것입니다. 질서에서 무질서로, 불균일에서 균일로 변화할 운명이기 때문이죠. 실제로 지금 우주 공간은 점점 팽창하면서 우주를 구성하던 물질과 에너지들은 점차 넓게 흩어져가고 있습니다.

우리 우주가 왜 이런 방향성을 갖게 되었는지 그 이유는 아직 명확하게 밝혀지진 않았습니다. 하지만 그러한 방향성이 존재한다는 사실만큼은 명백하죠. 그리고 이러한 방향성이 바로 시간의 흐름을 결정합니다. 시간은 이 우주에서 일어나고 있는 '일정한 방향으로의 변화'를 나타내는 개념이라고 할 수 있기 때문입니다.

따라서 우주에서 일어나는 변화의 방향은 일정하므로, 시간은 거꾸로 흐를 수 없습니다. 시간은 변화와 무관하게 존재하는 것이 아니기 때문입니다. 후회라는 감정을 없애려면 시간을 거꾸로 돌려야만 합니다. 하지만 우리 우주에서 그러한 일은 허용되지 않습니다.

모든 일은 '원인'에서 발생한 결과다

타임머신으로 시간 여행을 할 수 있을까요? 영화에서나 가능할 법한 이야기이지만, 사실 과학계에선 제법 진지하게 다루어지는 주제입니다. 몇 가지 가능한 방식들이 제안되기도 했죠.

예를 들어, 2017년 노벨물리학상 수상자인 킵 손 교수는 우주의 공간과 공간을 연결하는 가상의 지름길인 웜홀을 이용한 방법을 주장합니다. 웜홀의 한쪽 입구를 빛의 속도에 가깝게 멀리 보낸 후 다시 제자리에 갖다 놓는 방식인데요, 제대로 이해하려면 어느 정도 물리학 지식이 필요하니 자세한 설명은 생략하겠습니다. 다만 이론적으로 가능한 방식이 있기는 합니다.

하지만 이러한 제안들이 실제로 구현될 수 있을지는 미지수입니다. 아직은 단지 이론 수준에 머물러 있습니다. 게다가 이를 실현하는 과정에서 아직 드러나지 않은 어떤 치명적인 오류가 있을지 모릅니다. 그러면 이론 자체가 부정될 수 있습니다. 그리고 설령 그러한 시간 여행이 가능하더라도 과거를 바꾸는 것은 또 다른 문제입니다.

스티븐 스필버그 감독의 영화 〈백 투 더 퓨처〉에서 과거로 시간 여행을 떠난 주인공은 자신의 젊은 시절 부모를 만났습니다. 그런데 자신의 의지와는 상관없이 그들의 연애를 방해하게 되어버리죠. 주인공은 매우 당황합니다. 자칫 잘못하면 현재 시점에서는 이미 이루어진 사건인 부모의 결혼이 무산될 수도 있기 때문입니다. 만약 그렇게 되면 자신이 사라져버릴 수도 있다는 두려움에 어떻게든 다시 자신의 어머니와 아버지가 가까워질 수 있도록 무던히도 애를 씁니다. 다행히도 영화는 해피엔딩으로 끝납니다. 주인공의 부모는 연인이 되었고, 주인공이 사라지는 일도 일어나지 않았습니다.

과거로 시간 여행이 불가능하다고 주장하는 사람들의 논거 가운데 하나는 이와 관련이 있습니다. 만약 주인공이 과거로 간 사건이 주인공 부모의 결혼을 방해했다면 주인공은 태어나지 못했을 텐데, 존재하지도 않은 주인공이 과거로 가는 사건은 설명 자체가 불가능해집니다. 소위 인과율에 어긋나기 때문입니다.

여기서 말하는 인과율이란 모든 일은 원인에서 발생한 결과이며, 원인이 없이는 아무것도 생기지 않는다는 법칙입니다. 원인이 없으면 결과도 없다는 뜻이죠. 과거로의 시간 여행이 불러올 수 있는 이러한 상황을 과학자들은 '시간의 역설'이라 부릅니다.

영국의 천체물리학자 스티븐 호킹은 이 인과율을 근거로 과거로의 시간 여행이 불가능하다고 단언했습니다. 그는 시간의 역설 가운데 가장 유명한 '할아버지 역설'을 제시하기도 했는데요, 그 내용은 다음과 같습니다.

"내가 태어나기 전으로 돌아가 할아버지를 살해한다면 현재의 나는 존재할 것인가? 만약 존재하지 않는다면 과거로 돌아가 할아버지를 죽일 수 없을 것이다."

그는 자신의 주장을 증명하기 위해 2009년 재미있는 실험을 기획했습니다. 유명 다큐멘터리 제작사인 디스커버리 채널과 공동으로 '시간 여행자를 위한 파티'를 연 것인데요. 방송을 통해 전달된 초대장에는 파티의 장소를 나타내는 경도와 위도, 그리고 파티 시간이 기재되어 있었습니다.

스티븐 호킹이 워낙 유명인이다 보니 그의 방송은 먼 미래에서도 접할 수 있을 것이고, 만약 과거로의 시간 여행이 가능하다면 누군가는 분명 초대장을 보고 그 파티에 올 것이라고 기획했죠. 물론 스티븐 호킹이 예상한 것처럼 아무도 오지 않았습니다.

아직은 시간 여행이 정말 가능한지 알 수 없습니다. 설령 먼 미래에

고도로 과학 기술이 발전되어 가능해지더라도, 인과율 때문에 이미 결정된 과거를 바꿀 수는 없을 것입니다. 만약 과거를 맘대로 바꿀 수 있다면, 그것이 불러올 혼란은 생각만 해도 머리가 아픕니다.

그러니 이미 지나간 과거에 대해 후회하는 감정을 부끄럽게 여기지 마시길 바랍니다. 이 우주에 존재하는 누구나 다 느끼는 감정이니까요. 심지어 우주도 감정이 있다면 그 또한 후회를 느끼지 않을까요?

"시간이 흐르기 때문에 변화가 일어나는 것이 아니라,
변화가 일어나기 때문에 시간이 흐르는 거예요."

3

신년운세는 왜 보는 걸까?

* 결정론 *

대학 새내기 시절 선배들의 손에 이끌려 간 당구장은 그야말로 신세계였습니다. 처음엔 단순해 보였지만 알면 알수록 깊은 내공이 필요한 기술도 흥미로웠고, 그 기술을 배우고 서로 경쟁하는 과정에서 맺어지는 인간관계도 좋았습니다. 물론 출출할 때 시켜 먹던 자장면의 즐거움도 빼놓을 수는 없겠죠.

당구를 제대로 배우려면 많은 시간이 (또 그만큼의 많은 금전적인 지출도) 필요합니다. 당시만 하더라도 구력이 높은 고수에게 간간이 도제식으로 배우며 대부분은 독학하는 수밖에 없었죠. 효율성이 매우 떨어지는 학습 방식이었지만, 그래도 차근차근 자신의 힘으로 성장해가는 만큼 성취감은 높았습니다.

당구를 지배하는 물리법칙

사실 당구는 몇 가지 단순한 물리법칙의 지배를 받습니다. 매끄럽게 잘 다듬어진 당구대 그리고 원하는 대로 잘 굴러가는 완벽하게 둥근 공만으로 게임이 구성되어 있으니, 여기에 적용되는 물리법칙의 단순성이 더 잘 부각되죠. 물론 법칙이 단순하다고 누구나 쉽게 게임을 풀어나갈 수 있는 것은 아닙니다. 이론과 실제는 엄연히 다르니까요.

당구의 고수들은 잘 조절된 힘으로 정확한 각도에 맞춰 공을 칩니다. 그러면 공은 다른 공과 충돌하며 방향을 튼 후, 때로는 당구대 가장자리의 탄력을 이용해 방향을 전환하면서 또 다른 공을 향해 굴러갑니다. 고수라면 이런 그림을 이미 공을 치기 전에도 머릿속에 그리고 있습니다. 오랜 경험을 통해 당구를 지배하는 물리법칙을 정확하게 이해함과 동시에 이를 자유자재로 응용할 수 있기 때문입니다.

당구공이 어디로 향할지 우리는 어떻게 예측할 수 있을까?

법칙이란 단어를 사전에서 찾아보면 '원인과 결과 사이에 내재하는 보편적이면서도 필연적인 불변의 관계'라 정의되어 있습니다. 한마디로 원인을 알면 그 결과를 정확하게 예측할 수 있다는 뜻이죠. 철학에서는 이를 인과율이라 부르기도 합니다.

굴러가는 당구공과 같은 물리적인 현상 또한 이와 마찬가지입니다. 여기에 적용되는 법칙에 의하면 처음의 상태, 즉 원인은 그 이후에 일어나는 일, 결과를 결정합니다. 당구의 고수가 자신이 원하는 대로 게임을 지배할 수 있는 것은 바로 이러한 법칙을 잘 이해하고 있기 때문입니다. 그는 원인을 자신이 원하는 대로 정확하게 만들어냅니다. 그러면 그가 의도하는 결과는 자연스럽게 만들어지죠.

그런데 데굴데굴 굴러가고 있는 당구공을 보고 있자니 문득 이런 생각이 떠오릅니다.

> "굴러가는 저 공의 운명이 정해진 것처럼, 우리의 운명 또한 정해진 것은 아닐까?"

물론 한 평이 조금 넘는 당구대 위의 일을 복잡다단한 우리네 삶에 직접 비유하는 것은 무리일지도 모릅니다. 하지만 그 복잡성의 정도를 제외한다면, 그리고 당구나 우리 인생이나 모두 우주를 지배하는 법칙에서 벗어날 수 없다는 사실을 고려한다면, 의외로 그 차이가 크지 않을지도 모릅니다.

현실의 삶도 예측할 수 있을까?

당구대 위의 것들뿐 아니라 그밖에 존재하는 모든 것은 아주 작은 입자들로 구성되어 있습니다. 분자나 원자도 있고, 그보다 더 작은 양성자, 중성자, 전자와 같은 입자들도 있습니다. 현재는 그보다도 더 작은 기본 입자들의 존재가 밝혀졌고요. 중요한 것은 존재하는 모든 것이 입자들로 구성되어 있다는 사실입니다. 이 세상 모든 일의 원인을 파헤치다 보면 결국은 이 입자들의 수준에까지 이르게 됩니다. 과학적으로 증명되지 않은 비물질적인 요소인 영혼이나 자유의지 같은 것은 논의에서 제외한다면 말입니다.

당구대 위에서 벌어지는 현상은 당구대나 당구공을 구성하는 수많은 입자의 개별 운동들이 모여 결정되는 종합적인 결과물이라 볼 수 있습니다. 이 모든 입자의 운동들을 정확하게 파악할 수 있다면, 이후 벌어지는 일들을 정확하게 예측할 수 있겠죠.

그러나 현실의 삶은 당구대 위와 달리 무척 복잡합니다. 관여하는 입자들의 수도 훨씬 더 많고, 게다가 영향을 주고받는 요인들이 너무나도 많습니다. 통제된 환경에서 진행되는 당구와는 도무지 비교조차 할 수 없을 정도죠. 당장 주사위 하나만 던져도 어떤 숫자가 나올지도 모르는데, 어떻게 우리 운명을 예측할 수 있을까요?

하지만 앞서 설명한 것처럼 만약 그 근본 원리가 서로 다르지 않다면, 아무리 복잡한 현상이라 할지라도 미래를 정확히 예측할 수 있다고 주장하는 사람들이 있습니다. 이들을 결정론자들이라 합니다. 그들은 모든 일은 처음의 상태에 따라 그 운명이 이미 결정되어 있으며, 예측이 불가능해 보이는 것은 이를 위해 미리 알아야 할 정보들이 너무 방대하기 때문이라고 설명합니다. 당구대 위의 정보와는 비교조차 불가능할 정도로 말이죠.

하지만 만약 어떤 초월적인 존재가 있다면 그 방대한 정보를 모두 파악해서 정확한 예측을 할 수 있을 것이라 주장하기도 합니다. 흔히 이 가상의 초월적인 존재를 '라플라스의 악마'라 부릅니다. 라플라스는 나폴레옹 시대 프랑스의 뉴턴이라 불릴 만큼 뛰어난 학자였습니다. 그는 수학과 천문학 분야에서 훌륭한 업적을 남겼습니다. 그는 우주는 단순한 물리법칙에 의해 지배받으므로 불확실하거나 우연적인 것이 전혀 없으며, 모든 것이 마치 정교한 기계처럼 작동된다는 당시의 혁명적 사상을 신봉하고 있었습니다. 그는 자연스럽게 결정론을 받아들였고, 이런 말을 했죠.

> "만약 이 우주의 모든 입자가 현재 어디에 있는지, 그리고 어떻게 운동하고 있는지를 정확히 알 수 있는 존재가 있다면, 그러한 존재는 물리법칙을 이용해 우주의 현재뿐만 아니라 과거와 미래까지도 정확하게 알 수 있다."

사람들은 이러한 초월적인 능력을 지닌 존재에게 '악마'라는 별칭을 붙였습니다. 라플라스는 실제로 우리가 미래를 예측할 수 있다고 주장한 것은 아닙니다. 왜냐하면, 우리에게는 그 악마처럼 초월적인 능력이 없기 때문이죠. 하지만 그는 이 우주의 운명이 탄생 초기부터 결정되어 있었다는 사실에는 변함이 없다고 생각했습니다. 이것이 그가 주장하고자 하는 핵심입니다.

가능하다고 해서 모든 일이 다 실현되는 것은 아닙니다. 때로는 우리의 능력 범위에서는 실현 불가능한 가능성도 있죠. 우주에 존재하는 모든 입자의 위치와 운동 상태에 관한 완벽한 정보를 안다는 것도 (그리고 그것을 통해 미래를 예측할 수 있다는 것도) 그 한 예일 것입니다.

작은 날갯짓이 토네이도를 부를 수도 있다

일상에서 흔하게 접하는 예측인 일기예보만 봐도 그러합니다. 최근에 기상 위성, 슈퍼컴퓨터 등이 도입되면서 정확도가 비약적으로 향상되었지만, 여전히 예측이 잘 맞지 않는다며 기상청을 비난하는 경우가 많습니다. 사실 틀린 적이 그리 많지 않은데도 말이죠.

우주가 아닌 별 존재감이 없다시피 한 이 작은 행성일지라도 일기예보를 위해 필요한 정보는 실로 어마어마합니다. 게다가 더 중요한 문제는 초기의 정보가 조금만 달라져도 그것들이 모여서 만들어진 결과물이 완전히 달라질 수도 있다는 사실입니다. 날씨를 구성하는 요인들은 독립적으로 존재하는 것이 아니라, 서로 밀접하게 영향을 주고받기 때문입니다.

1961년 미국의 기상학자 에드워드 노턴 로렌즈는 한 기상예측 프로

그램을 다루다가 뜻밖의 사실을 알아차립니다. 프로그램 작동 시간이 너무 오래 걸려 지루해진 그는 계산 속도를 조금 더 빠르게 해보려고 프로그램에 입력되는 초기 조건을 아주 미세하게 바꿨습니다. 그런데 놀랍게도 프로그램이 계산해서 내놓은 최종 결과물이 이전과는 매우 크게 달라져 있었죠. 그는 이 결과를 두고 이렇게 말했습니다.

에드워드 노턴 로렌즈

"만약 브라질에 있는 나비 한 마리가 날갯짓하면, 그 날갯짓은 대기에 영향을 미치고 그 영향은 계속 퍼져나가 결국에는 미국 텍사스에서 토네이도를 일으킬 수도 있다."

이후에 사람들은 날갯짓처럼 작은 변화가 토네이도처럼 큰 변화를 불러오는 현상을 '나비 효과'라 불렀습니다. 이처럼 날씨를 구성하는 요인들은 밀접하게 연결되어 있습니다. 그러므로 날씨를 정확히 예측하는 일은 굉장히 어렵죠.

과학 기술의 발전과 더불어 일기예보의 정확도는 점점 더 발전할 것으로 예상합니다. 최근 우리 기상청은 AI 기술을 접목한 '알파웨더Alpha Weather'라는 가상의 예보관을 개발하고 있다고 발표했습니다. 조만간 기상청이 욕먹는 일이 완전히 사라지길 기대해봅니다.

하지만 일기예보보다 그 예측의 범위가 더 넓어진다면, 그리고 이와 관련된 여러 요인이 더 복잡하게 얽혀 있다면 어떨까요? 아마도 그 미래를 정확하게 예측하는 일은 과학자에게는 앞으로도 계속 불가능한 일로 남아 있을 것입니다. 미래의 운명도 그러하죠.

당신은 운명을 믿습니까?

연말이나 연초가 되면 신년운세를 보는 사람들이 많습니다. 재미로 본다고 말하지만, 그래도 운세의 결과에 따라 일희일비하는 것을 보면 내심 운명의 존재를 믿고 있는 것 같기도 합니다. 물론 라플라스의 주장이 옳다면 그럴지도 모릅니다. 하지만 최근 라플라스의 악마가 지닌 초월적인 능력에 대한 의심이 커지고 있습니다. '과연 이 세상의 모든 정보를 완벽하게 알 수 있는 능력이 존재할 수 있는가?'라는 문제가 제기된 것이죠.

과학자들의 말에 따르면 현존하는 가장 정밀한 장비로도 들여다볼 수 없는 (원자의 1000억 분의 1 그리고 그것의 다시 1000억 분의 1 정도에 불과한) 아주 미세한 공간은 현재 우리가 알고 있는 과학 법칙이 적용되지 않는다고 합니다. 이러한 미시 세계는 새로운 입자들이 갑자기 생겨났다가 사라지기도 하고, 시간과 공간의 왜곡도 매우 심하게 일어납니다. 한마디로 우리가 이해할 수 없는 혼돈의 세계인 셈이죠.

그렇다면 우주의 운명이 명확한 법칙에 따라 이미 정해져 있다는 결정론적 믿음은 그 토대가 흔들립니다. 혼돈의 상태에서는 정확한 정보라는 것이 존재하지 않기 때문이죠. 그렇다면 혼돈으로부터 기원한 이 우주에 정해진 운명은 아예 처음부터 존재한 적 없을지도 모릅니다.

자, 여러분은 어떠신가요? 운명을 믿으시나요? 과학자의 관점에서 본다면 저는 잘 모르겠습니다. 분명 세계는 명확한 법칙의 지배를 받는 듯 보이지만, 더 작은 세계로 들어가면 또 그렇지도 않기 때문이죠. 언젠가 이 두 세계가 연결되는 방식이 명확하게 알려진다면 운명의 존재를 둘러싼 의문이 풀릴지도 모릅니다. 아쉽게도 아직은 아닙니다.

19세기 조선에서는 『토정비결』이 큰 인기를 끌었다고 합니다. 주역의 음양설을 기초로 한 해의 길흉화복을 점치는 데 사용하는 책이었다고 합니다. 당시 조선은 반복되는 기근과 민란으로 점차 국운이 쇠퇴하고 백성들은 힘든 삶을 이어가고 있었죠. 그래서 더더욱 무언가 의지할 만한 것을 찾고, 운명에 대한 믿음에 집착한 것은 아닐까요?

그런데 이런 불안감은 현대를 살아가는 우리도 별반 다르지 않게 느낍니다. 사회는 점점 더 복잡해지고 하루하루 달라지는 세상은 적응하기가 쉽지 않죠. 그래서 우리는 정해진 운명이라는 존재를 여전히 갈구하는 것은 아닐까요? 과학은 아직 여기에 대한 명확한 결론을 내리지 못하고 있습니다. 물론 그것이 앞으로 가능할지도 모르는 일이지만 말입니다. 그렇다면 불안한 마음을 조금이나마 다스리는 차원에서 저도 올해는 신년운세를 한번 볼까 싶네요.

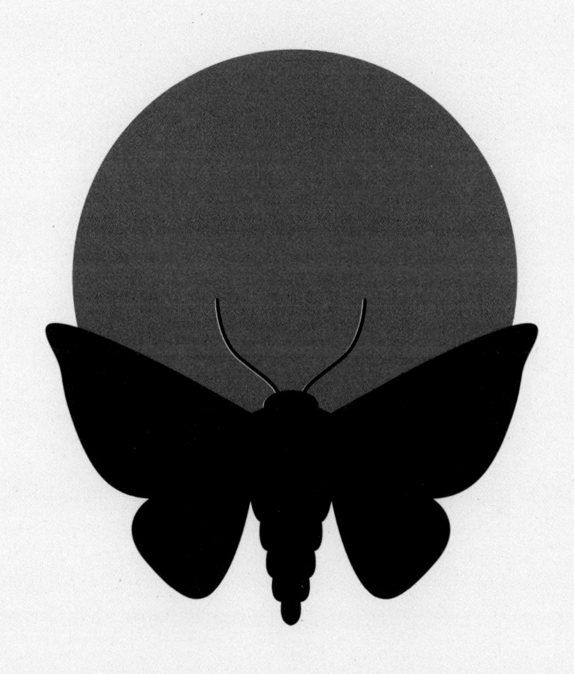

“혼돈으로부터 기원한 이 우주에
정해진 운명이란 처음부터 존재한 적 없을지도 모릅니다.”

4

균형 있는 삶을 살아야 하는 이유

삼투압

늦가을로 접어들 즈음이면 김장 때문에 집안이 분주해집니다. 손수레로 배달된 싱싱한 배추들이 마당 한편에 쌓이는 걸 보며 어머니는 흡족해하셨고 어린 저 또한 덩달아 흥분했죠. 아버지는 지하실에서 커다란 붉은색 대야 여러 개를 꺼내와 물을 채운 후 굵은 소금을 녹입니다. 배추의 숨을 죽이기 위해서죠. 신기하게도 짜디짠 소금물에 배추를 하루 정도 담가 놓으면 그 크기가 줄어들며 한층 부드러워집니다. 아마도 그래서 '숨을 죽인다'라고 표현하는 것 아닐까요? 배추의 억센 기운을 누른다는 뜻이겠죠.

하지만 사실 이는 배추가 포함하고 있는 수분의 양을 줄이는 일종의 탈수 과정입니다. 만약 이 과정을 거치지 않고 양념을 버무리게 되면 의

도치 않게 물이 많이 흘러나오는 김치가 되어버립니다. 그러면 양념도 잘 배지 않을 뿐더러 보기에도 썩 좋지 않습니다.

장아찌, 피클 등과 같은 절임 채소를 담글 때도 이 현상을 이용합니다. 채소 안의 수분을 줄여 그 보존 기간을 늘릴 수 있고, 더 아삭거리는 식감도 얻을 수 있습니다. 그리고 적당한 염분은 유해균의 증식을 억제하고 유산균이 천천히 성장할 수 있도록 도움을 줍니다.

그런데 소금물에 넣은 배추는 왜 물을 토해내는 것일까요? 누가 일부러 배추를 쥐어짜지도 않았는데 말입니다. 어쩌면 보이지 않는 손이 있어 배추를 쥐어짜고 있는 것은 아닐까요? 마치 경제학에서 수요와 공급을 조절하는 그 유명한 '보이지 않는 손'처럼 말이죠.

소금물에 담가 놓은 배추는 왜 물을 토해낼까?

배추 안의 물을 쥐어짜는 삼투압

사실 배추의 숨을 죽이는 과정에서 보이지 않는 손이 등장하기는 합니다. 그리고 이 손의 정체를 과학자들은 '삼투압滲透壓'이라 부르는데 '삼투'란 농도가 낮은 용액에서 농도가 높은 용액으로 물과 같은 액체가 이동하는 현상입니다. 배추 안에 있던 물이 바깥의 진한 소금물로 빠져나가는 현상도 그 예입니다. 이러한 이동 과정에서 작용하는 압력을 삼투압이라 합니다. 이 현상이 일어나려면 '반투막半透膜'이 있어야 하는데 말 그대로 '반'만 투과시키는 얇은 막입니다. 여기서 투과시키는 '반'은 바로 물입니다. 반투막에는 아주 작은 구멍들이 수없이 많이 있는데, 그 구멍은 물 분자만 통과될 만한 크기라 물 분자보다 더 큰 다른 물질은 통과되지 않습니다.

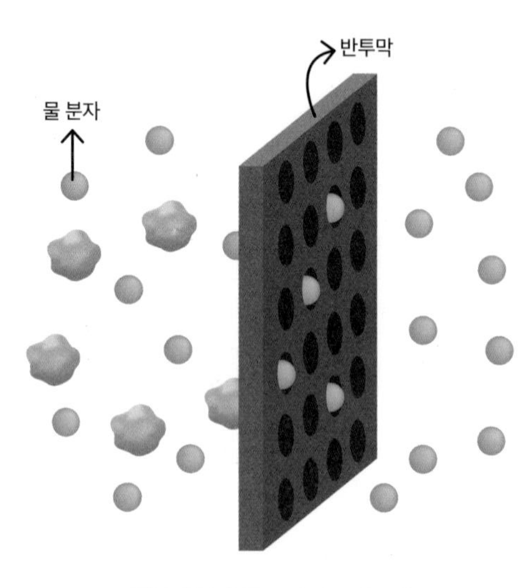

일부 성분만 통과시키는 반투막

예를 들어, 가운데 반투막을 놓고 한쪽에는 맹물을 두고 다른 한쪽에는 소금물을 넣으면, 물은 이 반투막을 자유자재로 통과할 수 있지만 소금을 구성하는 나트륨 이온(Na+)이나 염소 이온(Cl-) 등은 반투막을 통과할 수 없습니다.

사실 이 이온들 자체의 크기는 물 분자와 크게 차이는 없습니다. 하지만 전기적 성질을 지닌 이온은 그 주위로 물 분자들이 에워싸는 현상이 발생하면서 그 크기가 훨씬 더 커지죠. 과학자들은 이를 수화水化 현상이라 부르기도 합니다. 그러면 이 이온들은 반투막의 구멍을 통과할 수 없게 됩니다.

배추를 포함해 모든 동식물은 세포로 구성되어 있습니다. 그리고 그 세포는 세포막이라 불리는 얇은 막으로 둘러싸여 있고, 이 세포막이 앞서 설명한 반투막의 역할을 합니다. 따라서 소금물에 배추를 담그면 배추의 세포막을 기준으로 소금은 이동할 수 없지만 물은 자유롭게 이동합니다. 그런데 왜 물의 이동은 한쪽 방향으로만 이루어질까요? 왜 배추가 물을 빨아들이는 것이 아니라 뱉어내야만 하는 걸까요?

삼투 현상의 이러한 방향성은 자연에서 관찰되는 기본적인 원리와도 밀접한 관련이 있습니다. 그것은 바로 자연이 '다름'보다는 '같음'을, 그리고 '불균형'보다는 '균형'을 선호한다는 사실입니다. 그리고 그러한 방향으로 자연의 변화들이 진행되는 경향이 있습니다. 예를 들어, 뜨거운 물과 차가운 물을 섞으면 그 중간인 미지근한 물이 되고, 숯불에 고기를 구우면 맛있는 향이 한군데 모여 있지 않고 실내 곳곳으로 퍼져나가는 현상도 이러한 경향과 관련이 있습니다.

소금물에 담긴 배추도 그러합니다. 배추의 바깥쪽은 소금물이니까 그 농도가 진하고 세포의 안쪽은 농도가 낮습니다. 그런데 삼투 현상으로 세포 안의 물이 바깥으로 빠져나가면, 세포 안의 농도는 높아지고 배추 바깥의 농도는 낮아져 서로 달랐던 농도가 비슷해지죠. 결과적으로 '다름'보다는 '같음'을, 그리고 '불균형'보다는 '균형'을 선호하는 자연의 원리가 여기서도 적용된 것이죠. 이 원리와 관련해서 제가 좋아하는 요리의 예를 들어 좀 더 이야기해보겠습니다.

라면을 먹고 자면 퉁퉁 붓는 이유

잼을 만들 때는 김장할 때보다도 삼투압을 더 크게 만듭니다. 잼을 만들려면 무게 대비 거의 50% 이상의 설탕을 사용하는데, 설탕의 농도가 매우 높으므로 사용되는 식재료뿐만 아니라, 식재료에 포함되어 있던 미생물들도 심각한 탈수 상태에 빠집니다. 균이 번식할 수 없게 되면서 보존성이 높아집니다.

삼투압은 주위 환경에 따라 작용하는 방향이 달라지기도 합니다. 배추 같은 채소가 반대로 오히려 물을 머금게 할 수도 있죠. 예를 들어, 돈가스에 곁들여 나오는 양배추는 채를 썬 후에 찬물에 담가두는데, 그래야만 신선한 식감을 유지할 수 있습니다. 양배추를 맹물에 담가 놓으면 바깥은 농도가 거의 없지만, 세포 안쪽은 맹물보다는 농도가 조금은 더 높아 물은 바깥에서 채소 안쪽으로 이동합니다. 그래야 농도의 균형이 맞으니까요. 그러면 채소가 물을 머금어 더 탱탱해집니다. 그냥 공기 중에 방치하면 수분이 서서히 증발해서 말라비틀어지겠죠.

매운탕의 맛도 이 삼투압과 관련이 있습니다. 각종 양념이 가미된 국물에 매운탕거리를 넣고 한동안 푹 끓이는 이유는 고온에서 오랫동안 끓여야 생선 속살까지 양념의 진한 맛이 스며들기 때문입니다. 생선의 세포들은 많은 수분을 함유하고 있는데, 진한 국물과의 농도 차이 때문에 처음에는 바깥의 국물 쪽으로 수분이 빠져나옵니다.

하지만 열을 가해 오래 끓이다 보면 다시 국물이 생선 속살로까지 스며들죠. 오랜 가열로 세포막이 파괴되면서 더는 삼투 현상이 일어나지 않기 때문입니다. 그러면 다른 물질들의 이동이 자유로워지고, 국물의 양념 성분들이 생선 살 안으로까지 퍼집니다. 끓여 놓은 국물에 익혀 놓은 생선을 넣는다고 맛있는 매운탕이 되지 않는 이유입니다.

야식으로 라면을 먹고 잠들면 아침에 얼굴이 퉁퉁 붓는 것도 삼투압과 관련 있습니다. 우리 몸은 항상성이라는 균형 상태를 유지하기 위해 세포 안과 세포 밖의 농도를 일정한 정도로 유지하는데, 라면을 먹어 혈액 내 나트륨 농도가 너무 높아지면 균형을 맞추기 위해 세포에서 혈액으로 액체가 빠져나옵니다. 이후 과도한 나트륨이 물과 함께 소변으로 배출되고, 충분한 수분을 섭취하면 다시 이전 상태로 돌아갑니다. 문제는 야식으로 라면을 먹고 갈증으로 수분까지 섭취한 후 바로 잠드는 경우입니다. 그러면 소변으로 나트륨 배출이 되지 않아 세포에서 빠져나온 액과 섭취한 수분으로 얼굴뿐 아니라 온몸이 퉁퉁 붓게 되죠.

동적 균형과 정적 균형

이처럼 삼투 현상은 균형을 찾고자 하는 자연의 원리가 적용된 사례입니다. 여기서 균형이란 '어느 한쪽으로 기울거나 치우치지 아니하고 고른 상태'를 의미합니다. 과학자들은 균형을 '동적動的 균형'과 '정적靜的 균형' 두 가지로 구분합니다.

정적 균형은 말 그대로 정적인 상태, 즉 아무런 변화도 일어나지 않는 균형 상태를 말합니다. 예를 들어, 시소 양쪽에 무게가 같은 두 사람이 앉으면 시소는 힘의 균형이 맞춰지며 평형 상태가 됩니다. 이 상태가 바로 정적 균형입니다. 두 사람은 마치 그림 속 주인공들처럼 그 상태 그대로 멈춰 있죠.

동적 균형은 균형을 이루어 멈춰 있는 것처럼 보이지만 사실 무언가 활발한 변화가 계속 일어나고 있는 상태입니다. 예를 들어, 생수병 안의 물과 뚜껑 사이에는 약간의 공간이 있습니다. 이제 그 공간을 자세히 관찰해보겠습니다. 아무리 들여다봐도 아무 일도 일어나지 않는다고요? 맞습니다. 아무런 일도 일어나지 않는 것처럼 보이죠.

그러나 사실 눈에는 보이지 않지만, 매우 격렬한 어떤 일들이 계속 일어나고 있습니다. 액체 상태인 물은 증발해서 수증기가 되면서 물과 뚜껑 사이에 있는 공기 중으로 확산되고, 공기 중의 수증기는 응결하여 다시 물로 되돌아가는 과정이 계속 일어나고 있는 것입니다.

우리 눈에 아무 일도 없는 것처럼 보이는 이유는 수증기의 입자가 매우 작기 때문이기도 하고, 더 중요한 것은 이 두 방향, 즉 증발과 응결의 반응이 같은 속도로 일어나기 때문입니다. 무언가 활발한 변화가 일어나기는 하지만 전체적으로 균형을 이루기 때문에 이를 동적 균형이라 부릅니다. 조금 더 쉽게 설명해보겠습니다.

예를 들어, 왼쪽에 10명의 학생이 있고 또 오른쪽에도 10명의 학생이 있다고 해보겠습니다. 그런데 왼쪽에서 오른쪽으로 일부 학생들이 이동합니다. 하지만 동시에 이동한 수만큼 다시 오른쪽에서 왼쪽으로 학생들이 이동한다면, 그리고 아주 멀리서 이 장면을 관찰한다면, 왼쪽이나 오른쪽이나 모두 학생 수는 변함이 없는 것처럼 보이겠죠. 바로 이와 비슷하게 생수병의 상태가 동적 균형이 되는 것입니다.

사실 앞서 설명한 삼투 현상의 사례들 또한 모두 동적 균형에 관한 것이었습니다. 배추를 소금물에 절이면 삼투압으로 인해 배추에서 물이 빠져나와 숨이 죽습니다. 그리고 아무 일도 없는 것처럼 보이지만, 사실은 그 이후에도 배추의 세포막을 사이에 두고 물이 계속해서 안과 밖을 오가고 있습니다. 다만 그 양방향의 속도가 같아서 마치 아무런 변화가 없는 것처럼 보일 뿐이죠.

우리는 동적 균형을 통해 생명을 유지한다

생명 또한 동적 균형의 중요한 한 가지 사례입니다. 『생물과 무생물 사이』의 저자 후쿠오카 신이치는 무생물과 구분되는 생명의 가장 큰 특징 가운데 하나로 바로 이 동적 균형을 들기도 합니다.

생명은 외부로부터 에너지와 물질을 지속해서 흡수해야 합니다. 그렇지 않으면 생명을 유지할 수 없기 때문이죠. 모든 것은 시간이 지나면 낡고 쓸모없어질 수밖에 없습니다. 그러나 생명은 이 운명에서 조금이라도 멀리 도망치기 위해 외부로부터 새로운 에너지와 물질을 받아들여, 일부는 생명활동을 하는 데 사용하고, 또 일부는 새롭게 몸을 구성하는 물질을 만드는 데 사용합니다. 이렇게 하면 오래되어 낡고 쓸모없어진 것들은 내보내고 새로운 요소들로 몸을 재구성할 수 있습니다.

우리 몸의 구성물질 대부분은 대략 3년 정도가 지나면 모두 새로운 물질로 교체가 이뤄진다고 합니다. 이러한 동적 균형을 통해 우리는 생명을 유지합니다. 하지만 시간의 흐름은 마치 거센 강물과도 같아서, 이 동적 균형도 시간이 흐름에 따라 서서히 한쪽으로 기울 수밖에 없습니다. '새로움'보다는 '낡음'이 더 많아지게 되는 것이죠. 그러다 결국 생명은 죽음을 맞게 됩니다.

지금까지 배추의 숨을 죽이는 삼투 현상으로부터 시작해, 그것보다 더 넓은 관점에서, 자연을 관통하는 기본 원리인 균형에 대해서도 살펴보았습니다. 그런데 우리네 삶 또한 이 원리와 무관하지는 않은 듯합니다. 우리 또한 자연의 일부이므로 너무 극단에 치우친 삶보다는 균형 잡힌 삶을 사는 게 더 바람직하지 않을까요?

불교에 중도中道라는 개념이 있습니다. 양극단에 치우치지 않는 바른 길이란 의미인데요. 자연의 균형에 대해 다룬 이번 글을 통해 삶을 균형 있게 할 나의 중도는 무엇인지 고민하는 계기가 되었으면 합니다.

"우리 또한 자연의 일부이므로 너무 극단에 치우친 삶보다는
균형 잡힌 삶을 사는 게 바람직하지 않을까요?"

5

세상에 순리가 존재하는 이유

* 엔트로피 *

세상을 살다 보면 가끔 무리를 하게 됩니다. 이루고 싶거나 아니면 무언가를 얻고 싶다는 욕심이 지나친 경우인데요. 때로는 이 욕심이 화를 불러 일을 망치고, 마음과 몸을 상하게 하죠. 저 또한 그런 경험이 많았고 그럴 때면 욕심을 버리고 마음을 비워야겠다고 다짐하지만 쉽지 않습니다. 게다가 무조건 욕심을 다 버릴 수도 없습니다. 그래서는 무언가를 이루고자 하는 의욕조차 생기지 않을 테니까요.

욕심이 너무 지나치면 순리에 어긋나기 쉽습니다. '순리즉유順理卽裕 종욕유위從慾惟危'라는 말이 있습니다. '순리를 지키면 여유롭지만, 욕심을 따르면 위태로워진다'라는 뜻으로, 지나친 욕심은 경계하면서 순리를 지키는 일의 중요성을 강조합니다.

자연은 질서보다 무질서를 사랑한다

순리란 도리나 이치를 따른다는 의미입니다. 노자나 장자로 대표되는 도교의 핵심 개념인 '도道' 또한 이 순리와 밀접한 관련이 있죠. '도'는 자연에 존재하는 모든 것들이 마땅히 지나가야 하는 길을 의미합니다. 그리고 이 길을 따르는 것이 바로 순리입니다.

등산하다 보면 가끔 정해진 등산로에서 벗어나 볼까 하는 생각이 들기도 합니다. 다른 사람들과는 다른 나만의 색다른 경험을 하고 싶다는 욕심 때문인데요. 하지만 이내 곧 마음을 고쳐먹습니다. 길에서 벗어나는 일이 초래할지도 모를 위태로움 때문입니다. 이처럼 눈에 보이는 길도 길이지만 눈에는 보이지 않는 자연의 길 또한 길이므로 그것을 따르면 여유롭지만, 그렇지 않고 욕심을 내면 큰 낭패를 볼 수 있습니다.

자연을 관찰하다 보면 이 흐름에는 어떤 방향성이 있는 것 같습니다. 예를 들어, 시간은 과거에서 현재를 거쳐 미래로 흐릅니다. 시간이 거꾸로 흐르는 법은 결코 없습니다. 시간의 흐름을 거슬러 올라가거나 앞서가는 시간 여행이 가능할지는 모르지만, 이 역시 시간이 일정한 방향으로 흐른다는 사실을 부정하지는 않습니다. 이와 같은 시간의 흐름은 자연의 길을 따르는 일종의 순리임이 분명해 보입니다.

우주를 뜻하는 코스모스cosmos는 질서를 뜻하는 그리스어 'kosmos'에서 기원했습니다. 이 우주는 매우 질서 있는 공간입니다. 무수히 많은 작은 입자가 모여 별과 행성이 되고, 이들은 또 서로 어우러져 은하계를 형성하죠. 그런데 곰곰이 생각해보면 우주에서 관찰되는 이 질서는 매우 이상한 현상입니다. 왜냐하면, 자연은 질서보다는 무질서를 더 선호하는 듯 보이기 때문이죠.

뜨거운 물과 차가운 물을 섞으면 당연하게도 미지근해집니다. 그런데 이게 왜 당연해야 하는 걸까요? '엔트로피entropy'라는 과학 용어가 있습니다. 조금 더 쉽게 일상적인 말로 풀면 '무질서한 정도'라고 할 수 있습니다. 뜨거운 물과 차가운 물이 분리된 상태보다 함께 섞여 미지근한 상태가 '무질서한 정도'인 엔트로피가 더 높습니다. 자연 현상은 일정한 방향성이 있습니다. 질서 있는 상태에서 무질서한 상태로 흘러가는 것이죠. 그렇다면 자연스러운 현상이란 '엔트로피가 증가하는 방향으로 일어나는 것'이라고 할 수 있겠죠.

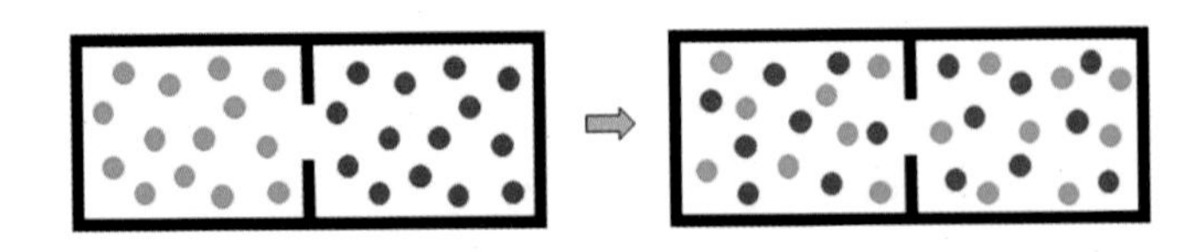

엔트로피가 증가하는 모습

그런데 여기서 중요한 한 가지 의문이 있습니다. 질서 있는 상태에서 무질서한 상태로 흘러가는 것이 순리順理라고 한다면, 질서 있는 상태인 이 우주는 어떻게 생겨난 것일까요? 우주의 탄생 자체는 순리에 어긋나 보이기 때문입니다.

질서가 생기려면 에너지가 필요하다

순리는 자연스러움을 의미합니다. 아무런 관여 없이 저절로 그렇게 된다는 것인데요. 그렇다면 순리를 역행하는 것은 무언가 부자연스러운 일이 일어났기 때문일까요? 우주는 너무 거대한 주제이므로 잠시 우주보다는 더 작고 우리가 쉽게 다룰 수 있는 주제로 전환하여 다시 설명을 이어나가 보겠습니다. 그 주제는 바로 우리를 포함한 생물입니다.

생물 또한 우주만큼이나 미스터리한 존재입니다. 무질서가 아니라 질서를 대표하기 때문이죠. 생명 활동을 위해 고도로 조직화된 존재를 들여다보면, 이처럼 정밀한 체계가 어떻게 생겨날 수 있었을까 그저 감탄스럽죠. 생명의 탄생에 관한 이야기는 다음 기회에 하도록 하고, 여기서는 생명체가 탄생하고 자신을 유지하는 데 필요한 조건에 대해 말하고자 합니다. 그것은 바로 에너지입니다.

생명을 유지하려면 외부로부터 에너지를 흡수해야 합니다. 식물이라면 광합성을, 동물이라면 식물이나 다른 동물을 섭취해 에너지를 얻을 것입니다. 만약 에너지를 얻지 못한다면 생명이 유지되지 못합니다. 다시 말해 생명이라는 질서가 무너지는 것인데요. 이것은 바로 죽음을 의미합니다. 생명의 죽음은 질서 있는 상태가 무질서한 상태가 되는 또 하나의 자연스러운 과정인 셈입니다.

왜 생명이 탄생해야 했는지는 아직 잘 모르겠습니다. 하지만 어쨌든 생명은 탄생했습니다. 외부의 에너지를 흡수해 질서를 갖춰나가면서 말이죠. 우리의 우주 또한 그러하지 않았을까 생각됩니다. 초기에 어떤 에너지를 받아 이 광대한 우주의 질서를 만들게 되었다고 말입니다. 질서가 생기려면 에너지가 반드시 필요하기 때문입니다.

아무것도 없는 상태에서 우주는 탄생했다

과학자들은 우주가 무無의 상태에서 탄생했다고 생각합니다. 어떻게 아무것도 없는 상태에서 무엇인가가 생겨날 수 있느냐고요? 한 가지 방법이 있습니다. 그것은 바로 제로섬zero-sum 게임입니다. 누군가 돈을 벌면 그만큼 누군가는 돈을 잃는다는 의미를 담고 있는 용어이죠. 이를 우주가 생기기 이전, 그러니까 무의 상태에 적용하면 다음과 같은 일이 일어납니다.

먼저 무의 상태에서 엄청난 크기의 양(+)의 에너지가 순간적으로 생겨납니다. 그와 동시에 같은 크기의 음(-)의 에너지도 생겨납니다. 둘을 더하면 0, 즉 무의 상태가 되니 아무 문제가 없습니다. 이렇게 생긴 음의 에너지는 우주라는 광활한 공간을 만들었습니다. 그리고 반대되는 양의 에너지는 그 공간을 채우는 물질 등이 되었습니다. 여기서 양과 음은 상반된다는 개념에 불과하며, 음의 에너지는 공간, 양의 에너지는 물질이라 정해진 것은 아닙니다. 단지 동시에 생겨난 상반되는 에너지에 의해 공간과 물질이 순간적으로 생겨난 것이라 이해하시면 됩니다.

바로 이런 과정을 통해 우주는 탄생했습니다. 무의 상태에서 순간적으로 생긴 에너지에 의해 질서를 갖추게 되었습니다. 말 그대로 코스모스가 된 것이죠. 우주의 그다음 이야기는 앞서 설명해드린 바와 같습니다. 자연의 순리에 따르는 것입니다. 다시 말해 우주의 질서가 점차 무질서해지는 방향으로 나아가는 것이죠.

만약 한참의 시간이 흐른다면 우주는 그야말로 무질서해질 것입니다. 은하와 별과 행성들은 다시 작은 입자들로 분해되고, 우주는 아무런 특색이 없는 공간으로 바뀔 것입니다. 물론 그러한 무질서를 관찰할 우리와 같은 존재도 또한 없어질 것입니다.

무질서를 향한 우주의 진행

서울을 가로지르는 한강에는 안양천, 중랑천, 탄천 등 여러 지류가 있습니다. 규모가 큰 강에는 이처럼 많은 지류가 생겨납니다. 마찬가지로 엔트로피나 시간으로 표현되는 우주의 기본적인 흐름에도 많은 지류가 생겨났습니다. 이 지류들 또한 일정한 방향성을 지녔으니 이 또한 우주의 작은 순리라 할 수 있습니다.

무질서를 향한 우주의 진행, 시간의 일정한 방향성뿐만 아니라, 우주를 지배하는 여러 원리와 법칙들이 바로 이 지류에 해당한다 할 수도 있습니다. 과학자들은 바로 이 우주의 순리들을 찾아내고 연구하는 사람들이라 할 수 있죠.

이처럼 우주가 탄생하던 그 시점부터 자연에는 순리들이 생겨났습니다. 기본이 되는 큰 순리도 있고 그보다는 작은 순리도 있지만, 이 모든 것은 서로 연결되어 우리 우주가 걸어가는 길을 만들어냅니다. 우주에 속한 미약한 존재인 우리 또한 그 길에서 벗어날 수 없습니다. 순리에 벗어나려 힘을 쓰더라도 그것도 잠시일 뿐입니다. 오랜 세월을 관통해 묵묵히 흘러온 순리의 힘 앞에 이내 무릎을 꿇게 될 테니까요.

잔잔하게 흐르는 물에 소와 말이 함께 빠졌습니다. 헤엄을 잘 치는 말이 먼저 뭍으로 나옵니다. 조금은 둔한 소는 천천히 헤엄쳐 그 뒤를 따릅니다. 그런데 이번엔 아주 거칠게 굽이치는 강물입니다. 헤엄을 잘 치는 말은 거친 물살을 이겨내려고 발버둥 치며 열심히 헤엄칩니다. 그러나 이내 몸에 힘이 빠지더니 결국은 익사하고 말았습니다. 하지만 소는 자신의 헤엄 실력이 형편없는 것을 알기에 강물의 흐름에 몸을 맡기면서 천천히 헤엄쳐 결국에는 무사히 살아남았습니다.

'소는 살고 말은 죽었다'라는 뜻의 우생마사牛生馬死란 고사성어는 이런 이야기에서 유래했습니다. 때로는 자신을 너무 과신한 나머지 순리를 어긋나려 하는 경우가 있습니다. 하지만 순리의 큰 흐름을 이해하지 못하면 언젠가는 그 대가를 치러야 할지도 모릅니다.

“우주가 탄생하던 그 시점부터
자연에는 순리들이 생겨났습니다.”

6

죽지 않고 영원히 살 수 있을까?

세포 분열

사마천의 『사기史記』에 따르면, 기원전 219년 서불은 진시황의 명을 받고 수천 명의 어린 남녀를 대동하여 영원히 늙지 않도록 해주는 불로초不老草를 찾아 떠났다고 합니다. 하지만 이들의 임무는 결국 실패했습니다. 서불은 다시 돌아가지 않고 어딘가에 자신만의 왕국을 세웠다고 하죠. 우리나라 제주도에도 이와 관련된 설화가 있습니다. 이에 따르면 제주도에 도착한 서불은 정방폭포 아래에 '서불과차徐市過此'란 글귀를 남겼다고 합니다. 이는 '서불이 여기 다녀갔다'라는 뜻입니다. 제주도의 서귀포란 지명도 여기서 유래했다고도 합니다.

진시황뿐만 아니라 이후에도 많은 이가 영원한 삶을 갈망했으나 모두 헛된 꿈으로 남았습니다. 그런데 말입니다. 이처럼 영원히 살고 싶은 욕망이 그리 헛된 꿈은 아닙니다. 실제로도 우리 주변에는 아주 오래오래 장수하거나 거의 영원히 사는 것처럼 보이는 것들이 존재하기 때문이죠.

장수하는 것처럼 보이는 것들

그 첫 번째 존재는 나무입니다. 미국 캘리포니아주 화이트 마운틴에는 세계에서 가장 오래된 나무가 살고 있는데요, '므두셀라Methuselah'라 불리는 일종의 소나무입니다. 그런데 그 나이가 놀랍게도 무려 5,000년 가까이나 되었다고 합니다. 참고로 므두셀라는 노아의 방주를 만들었던 바로 그 노아의 할아버지로 구약성서에 969살까지 살았다고 기록되어 있는 인물입니다.

나무의 수명은 이론상 무한하다고 알려져 있습니다. 하지만 오래 살다 보면 번개, 산불 등과 같은 자연재해나 각종 질병에 노출될 확률이 높아집니다. 그리고 나이가 많은 나무일수록 안쪽 세포들은 죽어 속이 비어 있기 때문에 강한 바람에 부러질 수도 있습니다. 나무는 '노화에 의해 죽는다'라기보다 이처럼 '사고와 질병으로 죽는다'라고 할 수 있죠.

장수하는 동물의 대표적인 예로는 '그린란드 상어'가 있습니다. 보통 오래 사는 동물이라 하면 거북을 생각하는 경우가 많지만, 그린란드 상어의 최대 수명은 그보다 두 배 이상으로 500년을 넘게 산다고 알려져 있습니다.

차가운 북극해에 주로 서식하는 그린란드 상어는 1년에 약 1cm씩 자라는데 성장 속도가 매우 느리다 보니 150년은 지나야 비로소 성체가 되고 번식도 가능하다고 합니다. 2017년에는 조선 연산군 시절인 1502년경 태어난 것으로 추정되는 개체가 잡혀 화제가 되었죠. 이처럼 그린란드 상어가 성장이 매우 더딘 이유는 서식지인 북극해의 수온이 낮아 신진대사 속도가 느리기 때문이라고 추측합니다. 실제로 이들의 행동 또한 거북처럼 매우 느린데, 이에 반해 따뜻한 바다에 사는 대부분의 다른 상어들은 행동이 빠른 만큼 상대적으로 수명도 짧습니다.

그린란드 상어

흔히 랍스터라고도 불리는 '바닷가재'의 수명 또한 생각보다 매우 긴 편입니다. 흔히 10년 정도 산다고 알려졌지만, 실제로는 100년 이상을 살 수 있다고 합니다. 현재까지 발견된 가장 큰 바닷가재는 그 무게가 20kg 정도였는데, 1년에 약 100g씩 자라는 속도를 고려하면 그 나이가 무려 200살 이상은 되었을 것이라 추정됩니다.

단, 이렇게 장수하기 위해서는 한 가지 조건이 필요합니다. 바로 성공적인 탈피脫皮인데요, 바닷가재는 성장하는 과정에서 주기적으로 단단해진 껍질을 벗어야만 합니다. 만약 탈피에 성공하지 못하면 그 안에 갇혀 끔찍한 죽음을 맞이할 수도 있죠.

성공적으로 탈피했다 하여도 결코 안심할 수는 없습니다. 탈피하는 과정에서 상처라도 입으면 세균 감염의 위험이 있고, 단단한 보호막이 없으니 무방비 상태에서 포식자에게 잡아먹힐 확률도 높기 때문이죠. 이러한 이유로 인해 바닷가재는 자신이 최대로 누릴 수 있는 수명을 다 하지 못합니다.

한편, 놀랍게도 주기적으로 다시 젊어지는 생물도 있습니다. '투리토프시스 누트리큘라Turritopsis nutricula', 우리말로는 '작은 보호탑 해파리'라 불리는 해파리의 일종입니다. 일반적인 해파리의 수명은 1년 미만으로 대부분 노화에 의해 죽음을 맞이합니다. 하지만 투리토프시스 누트리큘라는 삶의 과정을 계속 반복할 수 있습니다. 그 과정은 다음과 같습니다.

유아기와 성장기에는 바위 등에 붙어 지내다가, 성숙기에 접어들면 바위에서 떨어져 나와 생활하며 성체로서 번식도 합니다. 이후 성체로서의 시간이 다 경과하거나, 혹은 주변 환경이 열악해지면 몸의 형태를 바꾸는데, 다시 바위에 붙어 유아기로 돌아갑니다. 이때 몸 전체의 세포가 미성숙 단계의 세포들로 재생됩니다.

구글에서 연구하는 동물로 유명한 '벌거숭이두더지'도 매우 놀라운 생명력을 지니고 있습니다. 보통 3년 정도 사는 다른 쥐들에 비해 최대 수명이 10배에 이른다고 합니다. 사람의 평균 수명을 80세라 한다면, 거의 800세까지 장수가 가능한 것입니다.

더 놀라운 것은 암도 거의 발생하지 않고, 나이가 들어도 거의 노화의 징후가 나타나지 않는다는 사실입니다. 이 연구를 이끄는 로셸 버팬스타인 박사에 따르면 벌거숭이두더지는 병이나 사고로 죽기는 하지만 결코 늙어 죽지는 않는다고 합니다.

산소가 적은 지하에서 생활하며 활성 산소와 같은 유해물질에 노출이 적은 점, 그리고 호흡이나 심장박동 등의 신진대사가 느린 점 등이 장수의 원인으로 지목되기도 하지만, 그 밖의 다른 유전적인 요인에 관한 연구도 진행되고 있습니다.

영원한 삶의 비밀을 찾아 떠난 우리의 여행은 이제 막 시작되었습니다. 처음에는 무엇부터 해야 할지 막막하기만 했지만, 다행히도 이 여행의 나침반이 될 만한 것들이 발견되었죠. 우리 주변에는 의외로 장수하는 생물들이 많이 존재하고 있었던 것입니다.

과학자들은 이 경이로운 생물들을 연구함으로써 영원한 삶의 비밀을 밝혀내려 하고 있습니다. 그리고 그동안 꽤 많은 진전도 이뤄냈습니다. 지금부터는 대표적인 성과 한 가지를 소개해드리겠습니다.

염색체의 흑기사, 텔로미어

과학자들은 세포의 수명이 '텔로미어telomere'라는 것과 관련이 있다는 사실을 발견했습니다. 텔로미어는 유전 정보를 담고 있는 염색체의 말단 부위를 지칭합니다. 머리를 보호하기 위해 쓰는 헬멧처럼 염색체를 보호하는 일종의 보호 장비라 할 수 있습니다. 그런데 이 텔로미어는 세포가 분열하면 할수록 점점 더 짧아집니다.

생명은 지속해서 세포 분열을 합니다. 낡고 병든 세포를 버리고 새로운 세포로 교체하기 위해서이죠. 그리고 이 세포 분열 과정에서 핵심은 자기 복제입니다. 이전 세포의 유전 정보를 그대로 넘겨주는 과정으로 그래야 생명의 연속성이 보장됩니다.

이 과정에서 염색체는 자신을 원본으로 하여 새로운 복사본을 만들어 냅니다. 그런데 이 과정이 완벽하게만 진행되는 것은 아닙니다. 염색체의 끝부분이 미처 다 복사되지 못한 채 자기 복제 과정이 끝나기 때문이죠. 이대로라면 세포가 분열하면 할수록 염색체는 그 길이가 점차 짧아질 수밖에 없습니다. 그러면 유전 정보가 제대로 전달되지 못하겠죠.

이때 텔로미어가 흑기사로 등장합니다. 안쪽의 염색체를 대신해 자신이 짧아지면서 소중한 유전 정보를 보호하는 것입니다. 하지만 이 텔로미어의 길이도 유한하기 때문에 세포 분열이 거듭될수록 점차 그 길이가 짧아지다가 결국에는 더는 흑기사의 역할을 하지 못하는 순간을 맞게 됩니다. 그러면 염색체의 복사는 멈추고 세포 분열도 멈추게 되죠. 이는 곧 세포의 죽음을 의미합니다.

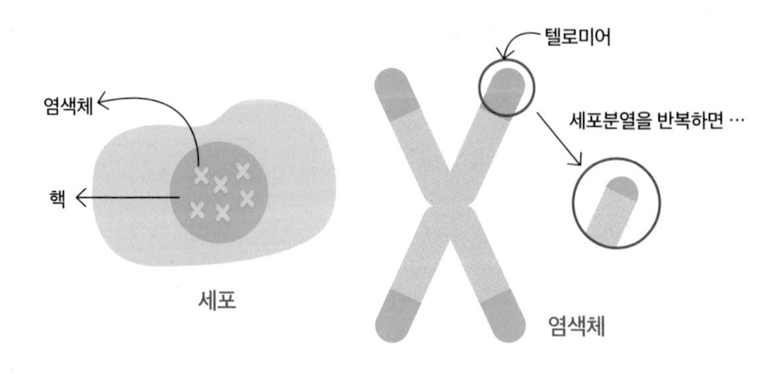

세포가 분열할수록 짧아지는 텔로미어

텔로미어가 발견되기 이전에도 세포 분열의 횟수에 일정한 한계가 있음은 이미 알려져 있었습니다. 1961년 미국의 생물학자 레너드 헤이플릭은 인간의 피부 세포를 인공적으로 배양하며 세포 분열을 관찰했는데, 아무리 배양 조건을 이상적으로 설정해도 세포 분열이 약 70회 정도 일어난 이후에는 세포가 사멸해버린다는 사실을 발견했습니다. 이를 '헤이플릭의 한계'라고 합니다. 이후에 이런 현상이 텔로미어와 밀접한 관련이 있음이 밝혀진 것입니다. 여기서 과학자들은 생각했습니다.

"만약 이 텔로미어가 파괴되는 속도를 지연시킬 수 있다면, 세포 분열이 조금은 더 많이 일어날 수 있을 것이고, 그러면 그 세포들로 구성된 생명체는 수명을 연장할 수 있을 것이다."

실제로 텔로미어를 연구하던 과정에서 하나의 돌파구가 마련되었습니다. 그것은 바로 텔로미어를 합성하는 효소인 텔로머레이즈telomerase의 발견입니다. 이 효소는 짧아진 텔로미어를 지속적으로 복구하는 역할을 수행할 수 있습니다.

인간의 경우는 난자와 정자가 만나 수정된 이후에는 이 텔로머레이즈가 활발히 생산되지만, 이후 수정란이 세포 분열을 통해 혈액세포, 신경세포, 심장세포 등과 같이 기능별로 분화된 이후에는 생산이 멈춘다고 알려져 있습니다. 하지만 소개했던 바닷가재나 작은 보호탑 해파리의 경우는 이 효소의 생산이 꾸준히 일어납니다. 이들이 장수하는 한 가지 비결은 바로 이 텔로머레이즈에 있었던 것이죠.

요즘 만능 치료제로 한창 주목받고 있는 줄기세포의 비밀도 바로 이 텔로머레이즈에 있습니다. 줄기세포란 특정한 조직 세포로 분화되기 전 단계의 세포로 아직은 미분화 상태이기 때문에 텔로머레이즈의 생산이 활발히 일어납니다. 따라서 다른 일반 세포보다 더 많이 분열할 수 있고 자가복제 능력도 매우 뛰어나죠. 조건만 잘 맞추면 줄기세포를 활용해 손상된 조직을 복구할 수도 있습니다.

거북처럼, 참새처럼, 개처럼

1677년 중국 청나라에서 태어난 리칭윈李清云은 9명의 황제가 다스리던 시절을 거쳐, 새로 건국된 중화민국에서도 살았다고 전해집니다. 이것이 사실이라면, 그는 세계 최장수라는 기록을 세우고 256세에 죽은 것입니다. 사람들이 장수의 비결을 묻자, 그는 다음과 같이 답했습니다.

"항상 평정을 유지하며, 앉아 있을 때는 거북처럼, 행동할 때는 참새처럼, 잠은 개처럼 잔다."

행동할 때는 민첩하지만 나머지 시간은 유유자적 매우 느린 템포의 삶을 사는 것이 장수의 비결이라 말한 것입니다.

구글이 벌거숭이두더지를 연구하는 이유는 인간의 장수와 관련된 사업이 미래에 매우 유망하리라 전망하기 때문입니다. 그래서 이 분야를 전문적으로 연구하는 캘리코라는 회사를 2013년 설립했죠. 이 회사의 목표는 인간의 수명을 500세까지 늘리는 것이라 하는데요.

어쩌면 간편하게 알약 하나 먹으면 더 젊게 더 오래 사는 날이 조만간 올지도 모르겠습니다. 하지만 그때가 언제일지는 모르니, 우선은 쓸데없는 조급함을 저 멀리 두고 유유자적 느린 템포의 삶을 살아보는 것은 어떨까요?

"쓸데없는 조급함을 저 멀리 두고
유유자적 느린 템포의 삶을 살아보는 것은 어떨까요?"

7

영원히 사는 것이 과연 축복일까?

* 정신의 노화 *

아주 오래전 에게해 남쪽 크레타섬에는 몸은 인간이지만 머리는 소의 형상인 괴수가 살았습니다. 그 괴수의 이름은 미노타우로스입니다. 전해지는 바에 따르면, 미노타우로스는 바다의 신 포세이돈의 저주 때문에 탄생했다고 합니다. 그 전말은 이렇습니다.

어느 날 포세이돈은 크레타의 왕인 미노스에게 제물로 바치도록 황소를 보냈습니다. 하지만 그 황소를 보고 욕심에 눈이 멀어버린 미노스는 자신의 외양간에 황소를 숨기고 말았습니다. 이 사실을 안 포세이돈은 분노했습니다. 그리고 미노스의 아내가 그 황소와 사랑에 빠지도록 만들었고, 괴수 미노타우로스는 그 사이에서 태어났습니다. 미노스는 한 번 들어가면 누구라도 빠져나올 수 없는 미로를 만들고 그 안에 미노타우로스를 가두었습니다. 그리고 아테네의 젊은 남녀들을 이 괴수의 먹이로 주었는데요. 크레타와의 전쟁에서 패한 아테네가 바치는 일종의 공물이었던 셈입니다. 아테네의 왕자 테세우스는 이와 같은 참담한 현실에 분노했습니다. 그리고 그는 미노타우로스를 반드시 죽이겠다는 맹세를 남긴 채 크레타를 향해 배를 타고 떠납니다. 그리고 테세우스의 아버지이자 아테네의 왕인 아이게우스는 아들에게 "무사히 임무를 마치면 흰 돛을 올리고 돌아오라"라고 신신당부하죠.

테세우스는 마침내 미노타우로스를 죽이는 데 성공합니다. 그리고 아테네의 젊은이들과 함께 배를 타고 금의환향하죠. 그런데 너무 흥분한 탓일까요? 그만 아버지와의 약속을 까맣게 잊어버리고 말았습니다.

미노타우로스를 죽인 후 크레타의 미로에서 탈출하는 테세우스

오매불망 기다리던 아들의 배가 저 멀리서 보이자 아이게우스는 눈을 크게 뜹니다. 하지만 곧 절망과 비탄에 빠집니다. 검은 돛을 올린 배를 보았기 때문입니다. 아들이 임무에 실패하고 괴물에게 죽임을 당했다고 생각한 아이게우스는 바다에 몸을 던져 스스로 목숨을 끊었습니다. 이후 그 바다는 왕의 이름을 따 에게해라 불리게 되었다고 합니다.

테세우스의 배는 정말 테세우스의 배인가?

영원한 삶을 주제로 한 이야기에 갑자기 왜 테세우스가 등장하느냐고요? 우리가 다루려는 주제와 관련 있는 것은 사실 테세우스가 아니라, 바로 그가 타고 갔던 배입니다. 그의 배는 '영원한 삶'에 대한 논의에서 빠지지 않는 유명한 주제가 되었기 때문입니다.

『플루타르코스 영웅전』으로 유명한 고대 로마의 작가 플루타르코스는 이런 질문을 남겼습니다.

> "테세우스의 배는 오랫동안 (영웅을 기리기 위해) 유지되고 보수되었다. 낡은 널빤지는 새것으로 교체하기를 반복했다. 이 배는 '자라는 것들에 대한 논리학적 질문'의 한 예가 되었는데, 어떤 사람들은 배가 그대로라고 말하고, 또 어떤 이들은 배가 다른 것이 되었다고 말했다. 과연 계속 유지되고 보수되어 옛것이라고는 찾아볼 수 없는 배를 테세우스의 배라 볼 수 있는가?"

이 난해한 질문을 '테세우스의 역설'이라 부르기도 합니다. 어떤 것을 다른 것과 구분 짓는, 즉 그것의 정체성을 규정하는 '그것으로서의 본질'이 무엇인지를 묻고 있습니다.

만약 오랫동안 아테네인들이 수리해온 그 배를 그저 배라는 관점에서만 본다면 어떨까요? 만약 그렇다면 '배로서의 형상'과 '배로서의 기능'이 그대로 유지된다면 동일한 배라고 할 수 있을 것입니다. 왜냐하면, 배로서의 형상과 기능이 바로 배의 본질이기 때문이죠.

하지만 문제는 그 배가 그저 배가 아니라 바로 '테세우스의 배'라는 데 있습니다. 그 배를 테세우스의 배라 부를 수 있는 테세우스의 배로서의 본질은 무엇일까요? 참 어려운 문제가 아닐 수 없습니다. 그리고 이는 영원한 삶을 갈망하는 존재라면 반드시 유념해야 할 문제이기도 하죠.

세포 분열이 계속된다면 영생도 가능하다

생명체는 지속해서 세포 분열을 합니다. 따라서 만약 어떤 생명체가 영원히 살고자 한다면 영원히 세포 분열을 해야만 합니다. 낡은 세포들은 버리고 새로운 세포들로 계속해서 보충해야 할 테니까요.

하지만 대부분 생명체는 세포 분열 횟수가 일정하게 정해져 있습니다. 일종의 한계가 있는 것인데요. 그 횟수에 가까워진다면 그 생명체는 곧 죽음을 맞이하게 됨을 의미합니다. 세포 분열이 없으면 더 이상의 생명 활동도 불가능하기 때문이죠.

앞서 다른 글에서 이 세포 분열의 횟수는 염색체의 끝부분에 있는 텔로미어라는 부분의 길이와 관련이 있다고 설명했습니다. 세포 분열이 거듭될수록 이 부분이 줄어들다가 어느 길이 이하가 되면 더는 세포 분열이 불가능해지는 원리입니다. 그런데 만약 (아직은 개발되지 않은) 미래의 어떤 첨단 기술로 이 텔로미어의 길이가 줄어드는 것을 억제할 수 있다면, 세포 분열이 계속해서 일어나고 그 결과 그토록 원하던 영생이 가능해질 수도 있을 것입니다.

여기서 질문 하나 드리겠습니다. 만약 여러분이 이런 과정을 통해 영생을 누리게 된다면, 먼 미래에 존재하게 될 이 불로불사의 생명체를 여러분과 동일시할 수 있을까요? 이렇게 묻는 이유는 오랜 세월이 흐르게 되면 원래 여러분을 구성하던 것들의 흔적이 남지 않을 수도 있기 때문입니다. 앞서 테세우스의 배처럼 말이죠.

인간으로서의 '형상' 그리고 인간으로서의 '기능'이 그대로 유지된다면 인간으로서의 정체성 또한 그대로 유지될 것입니다. 인간의 형상과 기능이 인간의 본질이기 때문이죠. 하지만 여러분을 단지 인간의 본질만으로 규정지을 수는 없습니다.

그렇다면 기존의 나를 구성하던 대부분이 다 바뀌어도, 나의 정체성을 잃지 않으려면 무엇이 더 필요할까요? 저는 그것이 우리의 '의식'이 아닐까 생각합니다. 만약 이 의식을 통해서 자신의 과거를 기억하고, 과거의 자신과 현재의 자신 사이에 존재하는 연결성을 인식하며, 그리고 현재의 자신이 미래에도 계속 연결될 것이라는 확신이 있다면, 비록 나를 구성하는 유형적인 요소들이 다 바뀌더라도 나의 정체성은 거의 그대로 유지될 것이라 저는 생각합니다.

'거의 그대로'라 말한 것은, 이와 같은 연결성을 인식하는 의식 말고도 우리의 정체성을 규정하는 또 다른 요인이 있을 가능성도 있기 때문입니다. 우리는 외부와 많은 교류를 합니다. 홀로 살아가는 존재가 아니기 때문이죠. 그런 과정에서 매우 복잡한 관계들이 얽히고설켜 우리의 정체성에 영향을 미칠 수도 있습니다. 하지만 이런 요인들은 무시하고 일단 의식이라는 핵심 요인에 집중해 설명을 이어가 보도록 하겠습니다.

영생 주식회사가 있다면?

"맞춤형 장기 복제 및 이식을 전문으로 하는 저희 영생 주식회사를 방문해주신 여러분 환영합니다. 막상 시술을 앞두고 걱정이 많으시겠지만, 지금까지 수많은 시술 과정에서 단 한 건의 부작용도 없을 정도로 안전하며, 오래전 많은 논란을 불러일으켰던 테세우스의 역설도 전혀 관련 없음을 자신 있게 말씀드릴 수 있습니다. 저희는 의식이 그대로 유지되는지를 면밀히 확인하면서 점진적인 장기 교체를 통해 최대한 여러분의 정체성이 훼손되지 않도록 주의하고 있습니다."

이 가상의 회사는 맞춤형으로 장기를 복제해 이식해줌으로써 생명을 연장하는 서비스를 제공하고 있습니다. 낡은 것을 버리고 새것으로 교체하는 생명 활동을 인위적으로 이어나가는 것이며, 그 횟수에는 제한이 없습니다. 이곳에서는 매우 조심스럽게 최대한 시간 차이를 두면서 낡고 병든 신체를 교체합니다. 너무 급격한 장기 교체는 이식받은 사람의 정체성 훼손을 일으킬 수 있다는 우려 때문입니다. 얼마 전에는 그동안 최대의 난제였던 의식의 영구 보존 기술도 개발했습니다. 뇌를 디지털화하는 기술인데요. 뇌가 노화되더라고 그 뇌를 스캔해 이를 컴퓨터에 업로드한 다음 다른 신체와 연결함으로써 기존의 한계를 획기적으로 개선했습니다.

지금까지 먼 미래에 혹시 있을지도 모를 상황을 이야기로 풀어보았습니다. 마침내 영생의 꿈이 이루어진 미래입니다. 이 이야기에서도 다루었지만, 영생이 가능하려면 우선 정체성의 유지라는 문제가 해결되어야 합니다. 테세우스의 역설을 해결해야 하죠. 다행히도 우리 후손들은 이 문제에 지혜롭게 잘 대처한 것 같습니다.

하지만 그럼에도 영원한 삶에는 여전히 몇 가지 문제가 남아 있습니다. 첫째는 상실의 고통입니다. 생명이 있는 존재에게 영생이란 축복임이 분명합니다. 하지만 그 축복에는 엄청난 대가가 따를 수 있습니다. 나 자신은 죽음을 피해 항상 젊음을 유지하지만, 친구나 가족, 그리고 주변 사람들이 그렇지 않다면, 그들을 잃어야만 하는 슬픔을 계속해서 겪게 될 것이기 때문이죠. 그런데 이 문제는 의외로 쉽게 해결될 수도 있습니다. 영생의 기술이 저렴하게 대중화된다면 말입니다. 나뿐만 아니라 내 주위의 모든 사람이 영생을 누린다면 상실의 고통을 걱정할 필요가 없겠죠.

하지만 영생의 축복은 그 이면에 또 다른 문제가 기다리고 있습니다. 육체의 노화를 피하고 자신의 정체성을 유지했음에도 여전히 해결하지 못한 '정신의 노화'가 불러올 문제입니다. 정신의 노화란 '인간의 정신이 시간이 지남에 따라 자연스럽게 변화를 겪는 과정'을 의미합니다. 나이가 들면서 조금씩 달라지는 정신의 상태를 의미하죠. 만약 육체적인 노화를 피하고 자신의 정체성을 유지하면서 영생의 삶을 누리게 되어도, 이에 수반하는 정신의 노화로 영생의 삶이 기대했던 것만큼 축복받을 일이 아닐 수도 있습니다.

흔히 10대의 시간은 시속 10km, 30대의 시간은 시속 30km, 60대의 시간은 시속 60km라 말합니다. 그만큼 나이가 들수록 세상에 대한 흥미가 점차 줄어들어 시간이 빨리 흐르는 것처럼 느껴지기 때문입니다. 우리가 어린아이였을 때를 생각해보죠. 호기심이 왕성해 작은 일도 흥미롭고, 하루하루 매우 신나지 않았나요? 하지만 나이가 들어갈수록 하루하루는 똑같은 일상의 반복처럼 느껴지죠.

천 년을 지루하지 않게 살 수 있을까?

다시 영생의 이야기로 돌아갑시다. 만약 여러분이 영생의 삶을 살면서 정체성을 유지한다면, 다시 말해 여러분의 의식이 아주 오랫동안 세상을 경험해왔다면 어떨까요? 저는 그러한 삶은 아주 아주 지루할 것 같습니다.

더글러스 애덤스의 『은하수를 여행하는 히치하이커를 위한 안내서』라는 SF소설에는 마빈이란 인공지능 로봇이 등장합니다. 이 로봇은 인간보다 월등한 지적 능력을 지니고 있고, 또 매우 오랫동안 살아왔기 때문에(심지어 몇 번의 시간 여행을 하면서 우주보다도 나이가 많다고 합니다) 세상의 거의 모든 일을 다 알고 있습니다.

그런데 이 로봇은 지독한 우울증에 시달리고 있습니다. 세상만사가 다 귀찮고 그 어떤 일에도 흥미가 없습니다. 왜냐하면, 이미 거의 모든 일을 직접적으로 또는 간접적으로 경험했기 때문입니다. 만약 영생의 삶을 산다면 우리 또한 이렇게 되지 않을까요? 모든 선택이 다 그러하듯, 영원한 삶을 선택하는 것 또한 그 대가가 따를 수 있습니다. 영생 주식회사의 계약서에 사인하기 전에 조금은 더 신중한 판단이 필요할 것 같습니다.

"영생의 삶을 누리게 된다 해도,
정신의 노화 때문에 영생의 삶이 기대했던 것만큼
축복받을 일이 아닐 수도 있습니다."

8

재미있을 때는 왜 시간이 빨리 갈까?

상대성 이론

고대 그리스에는 두 가지 시간 개념이 있었습니다. 첫 번째는 크로노스chronos입니다. 플라톤의 『티마이오스』에 따르면 데미우르고스demiurgos가 우주를 창조할 때 '영원함'을 완벽하게 재현할 수 없었기에, 다소 불완전하기는 하지만 수數에 따라 질서 있게 움직이도록 하였고, 이를 통해 시간, 즉 크로노스가 탄생하게 되었다고 합니다.

크로노스라는 시간은 우주에 새겨놓은 일종의 수입니다. 이 수들의 간격은 불변적으로 고정되어 있습니다. 마치 정밀하게 눈금이 새겨진 일종의 자처럼 말이죠. 자는 길이를 측정하는 척도로 시대나 장소와 관계없이 그 간격이 일정하게 고정되어 있습니다. 크로노스라는 시간 또한 그러합니다. 크로노스의 1분은 여기 지구에서나 저 멀리 250만 광년이나 떨어진 안드로메다 은하에서나 동일해야 하는 것이죠.

이 크로노스의 존재는 우리 주변에서 쉽게 발견할 수 있습니다. 휴대폰 화면이나 손목에 걸친 시계에서 순간순간 규칙적으로 바뀌는 숫자들은 크로노스가 언제나 우리와 함께하고 있음을, 그리고 우리 삶을 정확한 단위로 측정하고 있음을 인식시켜줍니다.

두 번째 시간 개념인 카이로스kairos는 개인에 따라 특별한 의미가 부여되는 시간으로 때에 따라서는 '기회'라는 의미로 사용되기도 합니다. 살아가면서 만나게 되는 기회가 곧 '특별한 시간'이라는 의미입니다. 카이로스의 흐름은 때에 따라 그 속도가 달라질 수 있습니다. 크로노스의 속도가 언제 어디서든 일정한 것과는 차이가 있는 것이죠. '왜 재미있는 일은 시간이 짧게 느껴질까?'라는 질문에 등장하는 시간은 바로 이 카이로스입니다.

시간은 변화를 측정하는 일종의 척도이다

2021년 프랑스의 한 동굴에서 '딥 타임Deep Time'이라는 이름의 재미있는 프로젝트가 진행됐습니다. 시계도 햇빛도 없는 상태에서 인간의 생체 리듬이 어떻게 적응하는지를 살펴보고자 15명의 사람이 자발적으로 동굴 안에서 감금 생활을 했죠. 그 결과 낮과 밤을 인식하지 못한 상태에서 참가자들의 생체 리듬은 32시간이 기준이 되었습니다. 이들에겐 하루가 24시간이 아니라 32시간이었던 것이죠.

동굴에서는 왜 시간이 천천히 흐르는 것처럼 느껴질까?

또한 흥미로운 사실은 참가자 대부분이 동굴에서 생활한 시간을 30일 정도로 추측했다는 것입니다. 실제로 그들이 동굴에서 생활한 시간은 40일이었죠. 분명 동굴 안과 밖에서는 동일한 시간이 흘렀지만, 동굴 안에서 느끼는 시간의 흐름은 실제 시간의 흐름과는 달랐던 것입니다. 그들은 시간이 천천히 흐르는 것처럼 느꼈던 것이죠.

시간은 손으로 만질 수도, 그렇다고 눈으로 볼 수도 없습니다. 그 정체를 명확하게 인식하는 것이 어렵죠. 하지만 시간이 존재한다는 사실만큼은 분명해 보입니다. 어떻게 확신하냐고요? 왜냐하면, 우리 주변의 모든 것들이 계속해서 변화하고 있기 때문입니다.

우리 우주는 아무것도 없는 무無의 세계에서 갑자기 태어났습니다. 먼저 공간이 태어나 엄청난 속도로 팽창하기 시작했습니다. 그리고 그와 동시에 그 공간을 채우는 에너지와 물질들도 생겨났죠. 매우 떠들썩한 탄생이었죠. 그 떠들썩함에 걸맞게 우리 우주는 끊임없는 변화가 일어나는 매우 역동적인 공간이 되었습니다. 이 변화에는 일정한 방향성이 있다고 앞서 설명했습니다. 질서에서 무질서로 말이죠.

시간의 정체가 아직까지 명확히 규명되지는 않았지만, 아마도 앞서도 설명한 우주에서의 일정한 변화의 방향성과 시간의 흐름은 밀접한 관계가 있을 것으로 생각합니다. 다시 말해, 우리 우주가 일정한 방향으로 변하기 때문에 시간이 일정한 방향으로 흐른다고 할 수 있죠. 과거에서 현재를 거쳐 미래로 말입니다. 오래전 아리스토텔레스는 "시간이란 변화를 측정하는 일종의 척도와 같다"라고 말하기도 했습니다.

재미있는 시간은 왜 빨리 지나갈까?

우리의 주관적인 시간 경험도 이와 관련이 있습니다. 만약 우리가 주변의 변화를 제대로 인식하지 못한다면, 시간이 생각보다 더 빠르게 흘렀다고 느낄 수도 있는 것입니다. 별다른 변화가 없는 것처럼 인식되면 시간에 대한 인식도 약해지는데, 그러면 시간이 천천히 흐른다고 느낍니다. 그러다 어느 순간 실제로 흘러간 시간을 확인하게 되면 '시간이 벌써 이렇게 지났나' 하고 깜짝 놀라는 것이죠. 앞서 동굴에 갇혀 지낸 사람들이 느낀 시간이 동굴 밖 사람들보다 느리게 흘렀던 것도 이 때문입니다.

이와는 반대로 갑자기 새로운 경험을 많이 하면, 나름 바쁘게 시간을 보냈다고 생각하니, 실제보다 더 긴 시간이 흐른 것처럼 느낍니다. 그런데 만약 시계를 확인한다면 '시간이 아직 이것밖에 안 흘렀어?'라고 의아해하겠죠. 앞서 10대의 시간은 시속 10km, 60대의 시간은 시속 60km라고 비유했는데요. 실제로 실험에서 그 비유가 사실임이 밝혀지기도 했습니다.

1996년 미국의 심리학자 피터 맹건은 10대부터 70대까지 다양한 연령층의 사람들을 대상으로 한 가지 실험을 진행했습니다. 마음속으로 3분을 세어보도록 한 후 실제 경과한 시간과 비교해본 것이죠. 그랬더니 20대 이하의 젊은이들은 3분 3초, 60대 이상의 노인들은 3분 40초란 결과가 나왔습니다.

나이가 들어갈수록 주변의 변화에 둔감해집니다. 아무래도 쌓이는 경험에 반비례해서 새롭다고 느낄 만한 경험의 기회는 점차 줄어들기 때문입니다. 게다가 신체의 노화도 영향을 미칩니다. 2019년 듀크대학의 에이드리언 베얀 교수가 발표한 연구결과에 따르면, 외부의 이미지 정보를 처리하는 인간의 신경 네트워크는 나이가 들어감에 따라 그 처리 능력이 점차 저하된다고 합니다. 다시 말해 신체적으로도 변화에 둔감해지는 것이죠. 이처럼 나이가 들면 동굴 속에 갇힌 사람들처럼 하루하루 별다른 변화가 없는 것처럼 느껴지니 시간도 천천히 흐르는 것 같지만, 실제로 확인한 시간은 그렇지 않으니 시간의 화살이 매우 빠르게 날아간다고 생각하는 것입니다.

재미있는 일의 경우도 이와 비슷합니다. 다들 경험이 있겠지만, 일이 너무 재미있으면 거기에 몰입하게 되죠. 그리고 너무 과하게 몰입하다 보면 나의 존재까지 잊게 된다는 무아지경의 경지까지 이릅니다. 그러면 주변의 변화에 둔감해지고, 때에 따라서는 시간이 흐른다는 감각 또한 잠시 마비되기도 합니다. 마음속 시간이 천천히 또는 아예 흐르지 않는 것이죠. 그와 반대로 지겹거나 괴로운 일에는 왜 이리 시간이 굼벵이 같은지 답답하기만 합니다. 20세기의 위대한 과학자 아인슈타인도 이런 말을 남겼습니다.

> "미녀의 마음에 들려고 노력할 때는 1시간이 마치 1초같이 흘러가지만, 뜨거운 난로 위에 앉아 있을 때는 1초가 마치 1시간처럼 느껴진다."

이처럼 개인의 특별한 시간 경험인 카이로스는 상대적입니다. 어떤 사람인가에 따라, 또 어떤 일을 하는가에 따라 그 흐름의 속도가 달리 느껴지기 때문이죠. 하지만 이런 것들은 어디까지나 상대적인 '느낌'일 뿐입니다. 시간이 더 느리게 또는 더 빠르게 흐르는 것처럼 느껴질 뿐, 크로노스라 불리는 실제 시간이 마치 고무줄처럼 늘었다 줄었다 하는 것은 아니기 때문입니다. 아마 '심리적인 상대성'이라 표현하는 것이 더 적당할 것입니다. '왜 재미있는 일은 시간이 짧게 느껴질까?'라는 질문에 대한 답변은 일단 이 정도면 충분하리라 생각합니다.

시간의 상대성

그래도 과학자의 입장에서 조금 더 이야기해보겠습니다. 우리 시대에 시간에 대한 매우 놀라운 발견이 이루어졌기 때문인데요. 시간의 상대성은 카이로스뿐만 아니라, 지금까지 절대적이라 믿었던 크로노스에도 적용된다는 사실입니다. 이 발견의 주인공은 앞서도 잠깐 등장했던 아인슈타인입니다. 그에 따르면 우리가 주관적으로 느끼는 시간뿐만 아니라 실제 시간도 상대적으로 흐릅니다. 더 정확히 말하면, 아주 빠르게 운동하는 사람의 시간은 실제로 천천히 흐릅니다. 중력도 영향을 미치는데, 중력이 큰 곳에 있는 사람의 시간 역시 실제로 천천히 흐르죠.

이 놀라운 발견은 그에 앞선 또 다른 놀라운 발견으로부터 시작되었습니다. 그것은 바로 '빛의 속도가 항상 일정하다'라는 발견입니다. 이게 왜 놀랍냐고요? 한 가지 예를 들어 설명해보겠습니다.

여러분은 지금 기차를 타고 여행 중입니다. 그런데 창밖의 아름다운 풍경을 감상하던 중 그만 깜짝 놀라고 맙니다. 옆 철로로 또 다른 기차가 굉음을 내며 지나갔기 때문인데요, 대체 어떤 기차길래 이처럼 무시무시한 속도로 지나쳐간 것일까요? 그런데 사실 그 기차의 속도는 여러분이 타고 있는 기차와 같습니다.

여러분이 타고 있는 기차가 시속 60km, 그리고 맞은편에서 오고 있는 기차도 같은 속도라면, 여러분이 느끼는 맞은편 기차의 속도는 얼마일까요? 정답은 시속 120km입니다. 맞은편 기차가 여러분에게 달려옴과 동시에 여러분 또한 그 기차로 달려가고 있기 때문이죠.

이번에는 같은 방향인 경우를 생각해보겠습니다. 여러분이 탄 기차는 시속 60km로 달리고 있습니다. 그런데 저 앞에서 여러분과 같은 방향으로 달리는 더 빠른 기차가 있습니다. 그 기차의 속도는 시속 80km라 해보죠. 그러면 이 경우 여러분이 바라본 그 기차의 속도는 얼마가 될까요? 여러분보다 더 빨리 달리는 기차이기 때문에 점점 더 멀어져가기는 하지만, 여러분이 느끼는 그 기차의 속도는 시속 80km는 아닙니다. 여러분이 열심히 쫓아가고 있으니, 거기서 여러분의 속도를 뺀 시속 20km로 그 기차가 멀어져가는 것처럼 보이죠.

그런데 말입니다. 빛의 경우 전혀 상황이 다릅니다. 그 어떤 경우든 우리가 관찰하는 빛의 속도는 초속 30만km로 일정하기 때문입니다. 예를 들어, 저 멀리 빛이 초속 30만km의 속도로 공간을 가로질러 날아가고 있고 여러분은 우주선을 타고 그 빛을 쫓아가고 있습니다. 먼 미래의 첨단기술로 만들어진 여러분의 우주선은 그 속도가 무려 초속 10만km에 이릅니다. 그러면 여기서 질문을 하나 드리겠습니다. 우주선에 탄 여러분이 바라본 빛의 속도는 얼마일까요?

앞서 기차의 경우가 생각나시나요? 만약 그때와 같다면 여러분을 앞서가고 있는 빛의 속도는 초속 20만km로 보여야 합니다. 그런데 놀랍게도 여러분이 쫓고 있는 빛의 속도는 여전히 초속 30만km로 보입니다. 어떻게 그럴 수 있느냐고요? 죄송하지만, 그 이유는 아직 잘 모릅니다. 그저 우리 우주가 가진 기본적인 특징으로 받아들일 뿐이죠. 한마디로 '우주가 원래 그렇게 생겨 먹었다'라고 받아들이는 것입니다. 아무튼, 일단은 그렇다 치고 이야기를 계속 이어가겠습니다.

아인슈타인은 이 놀라운 발견에 주목했습니다. 그리고 이를 토대로 한 가지 사고思考실험을 기획합니다. 사고실험이란 머릿속으로 진행하는 실험인데요, 실제 실험이 불가능한 경우에 매우 유용합니다. 다음은 그의 실험을 이해하기 쉽도록 제가 조금 각색한 내용입니다.

아인슈타인은 빠르게 움직이는 우주선 안에 있습니다. 그 우주선 바닥에는 램프가 있어 빛이 우주선 천장에 있는 거울에 닿은 후에 다시 바닥으로 되돌아온다고 해보죠. 그리고 우주선 밖에서 이러한 광경을 바라보며 정지해 있는 여러분이 있습니다.

다음 그림은 아인슈타인과 여러분이 각각 바라본 빛의 이동 경로입니다. 우주선 안에 있는 아인슈타인의 눈에는 빛이 수직 방향으로 왕복하는 것처럼 보이지만, 밖에 정지해 있는 여러분의 눈에는 빛이 비스듬한 방향으로 더 먼 거리를 이동합니다. 우주선이 앞으로 이동하기 때문에 이런 현상이 발생하죠.

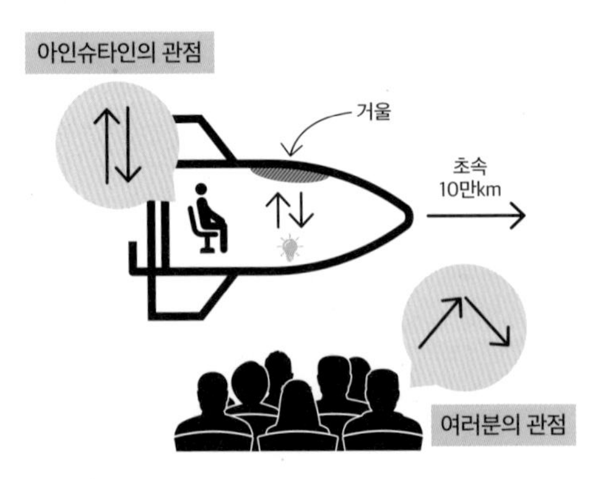

우주선 안과 밖에서 바라보는 빛의 이동 경로

그런데 어떤 경우든 빛의 속도는 초속 30만km로 일정하므로, 여러분이 보기에 더 먼 거리를 이동하는 빛은 그 시간이 더 천천히 흘러야만 합니다. 속도는 일정한데 더 먼 거리를 이동했다면 걸리는 시간도 그만큼 더 길어져야 할 것이기 때문이죠.

이 사고실험의 결론은 운동하는 물체의 시간은 더 천천히 흐르는 것처럼 보인다는 것입니다. 예를 들어, 시속 1000km로 날아가는 비행기 안에서는 1초가 1조 분의 1초 정도 느려집니다. 아직은 무시할 정도로 작지만 속도가 훨씬 더 빨라진다면 그 효과를 무시할 수 없습니다. 빛의 속도의 50%에 도달하면 시간은 1.2배로 느려지고, 빛의 속도의 90%라면 2.3배로 느려집니다.

시간의 흐름에 영향을 주는 요인은 이뿐만이 아닙니다. 중력이 강한 곳에서도 시간은 천천히 흐릅니다. 중력은 끌어당기는 힘입니다. 중력이 매우 강한 곳에서는 심지어 직진하던 빛 또한 그 경로가 휘어지죠. 끌어당기는 힘이 그만큼 강하기 때문입니다. 그렇게 경로가 휘어진 빛은 더 먼 거리를 가야 합니다. 그런데 빛의 속도는 언제나 일정하다고 했으니 거리가 멀어진 만큼 시간도 더 길게 주어져야 합니다. 따라서 중력이 강한 곳에서는 시간이 천천히 흐른다고 말할 수 있는 것입니다.

2014년 개봉한 영화 〈인터스텔라〉의 주인공인 우주 비행사 쿠퍼는 황폐해진 지구를 대신해 인류가 이주할 수 있는 새로운 행성들을 찾아 나섭니다. 그 과정에서 자신의 딸과 기약 없는 이별을 하죠. 그가 탄 우주선은 매우 빠른 속도로 항해를 합니다. 그리고 갑작스러운 사고로 중력이 매우 큰 블랙홀 옆을 지나가기도 합니다.

이제 그의 시간은 딸의 시간과 다르게 흘러갑니다. 우주선의 빠른 속도와 블랙홀의 강한 중력으로 쿠퍼의 시간은 지구와 비교해서 상대적으로 천천히 흘러가는 것이죠. 구사일생으로 지구에 돌아오는 데 성공한 쿠퍼는 어느새 자신보다 훨씬 더 늙어버린 딸을 발견하게 됩니다.

물론 일반적으로는 시간의 상대성을 체감하기는 어렵습니다. 우리가 경험하는 일상의 속도는 빛의 속도에 비교한다면 거의 멈춰 있는 것과 다름없으며, 사람들이 느끼는 중력의 차이 또한 거의 무시할 정도이기 때문입니다. 따라서 크로노스의 상대성은 아직 우리에게는 생소한 개념일 수밖에 없습니다.

하지만 먼 미래 우리가 본격적으로 우주로 진출한다면, 그때는 상황이 많이 달라지겠죠. 아마도 미래의 과학자들은 '왜 재미있는 일은 시간이 짧게 느껴질까?'라는 질문보다는, '왜 우주 여행을 떠난 내 친구의 시간은 천천히 흐를까?'라는 질문을 더 많이 받게 될지도 모릅니다.

“어떤 사람인가에 따라, 또 어떤 일을 하는가에 따라
그 흐름의 속도가 다르게 느껴집니다.”

9

우리는 왜 숨을 쉴까?

* 산소와 에너지 *

오랜만에 미술관 나들이를 나왔습니다. 특별한 그림을 보기 위해서인데요. 운보 김기창 화백이 그린 군마도입니다. 그 그림을 보게 되면 소리에 집중하라는 말을 예전부터 들었던 터라 사람들의 발길이 조금은 뜸해진 틈을 타 그림 앞 한가운데 자리를 잡고 가만히 그림을 응시하기 시작했습니다. 그러자 잠시 후 소리가 들려오기 시작했습니다. 땅을 박차는 말들의 우렁찬 말발굽 소리, 그리고 그 역동적인 움직임을 만들어내느라 거칠게 쏟아내는 숨소리.

김기창 화백은 어릴 때 병으로 청각을 상실하고 언어 장애까지 얻게 되었다고 합니다. 소리와는 거리가 멀어 보이는 사람이지만, 그의 그림은 소리로 가득 차 있습니다. 군마도를 채우고 있는 여섯 마리의 말들은 마치 '살아 숨 쉬는 듯'하죠. 귀로 듣는 소리보다 마음으로 듣는 소리가 더 강렬할 수 있음을 저는 그의 그림을 통해 알게 되었습니다.

군마도(김기창, 1955)

말들의 거친 숨소리에 집중하다 보니 문득 한 가지 생각이 들었습니다. '숨이야말로 살아있음을 가장 잘 표현하는 상징임이 틀림없다'라고 말이죠. 제가 그림을 보고 마치 말들이 '살아 숨 쉬는 듯하다'라고 표현한 것처럼 말입니다.

그러고 보니 우리 주변의 살아있는 것들은 모두 숨을 쉽니다. 동물들뿐만 아니라 소리 없이 숨을 쉬는 식물들도 그러하죠. 반대로 숨이 없으면 그것은 곧 죽음을 의미합니다. 그래서 죽은 이를 두고 '숨이 멎었다', '숨을 거두었다'와 같은 표현을 쓰기도 합니다. 그렇다면 왜 우리는 숨을 쉬어야 하는 걸까요?

숨이란 무엇인가

고대 그리스에서 숨을 의미하는 단어는 프시케psyche였습니다. 프네우마pneuma라는 기계적인 호흡을 의미하는 단어도 있었지만, 프시케는 이와는 달리 영혼까지도 포함한 의미였습니다. 그래서인지 영어에서 마음 또는 영혼을 뜻하는 사이키psyche의 어원이 되기도 했습니다. 인간의 육체와 구분되는 영혼이란 존재를 믿었던 사람들은 눈에 보이지 않는 이 신성한 존재가 숨을 통해 몸과 상호 작용한다고 생각했습니다.

그들에 따르면 프시케는 우리 몸의 각 부분을 에워싸고 결합시킵니다. 모든 존재는 세월의 흐름에 따라 점차 흩어져야만 하는 운명을 지니고 있습니다. 우리 또한 예외는 아니죠. 그런데도 우리가 살아있는 동안 온전한 형태를 유지할 수 있는 것은 바로 이 프시케 덕분입니다.

숨을 쉴 때 영혼을 들이마신다고?

프시케는 오로지 살아있는 사람에게만 머물 뿐 죽은 사람으로부터는 사라져버립니다. 우리가 살아서 숨 쉬는 동안은 잠시 프시케가 우리 몸을 떠날 수는 있지만 이내 곧 다시 돌아옵니다. 하지만 죽음을 눈앞에 두고 있는 사람은 그의 입 또는 상처를 통해 프시케가 빠져나가 지옥의 신 하데스에게로 가버리죠. 그러면 그는 마침내 죽음을 맞게 됩니다. 몸의 각 부분을 한데 묶던 것이 사라지니 몸 또한 서서히 분해되어 사라져버리게 됩니다.

고대 그리스에서 만물을 구성하는 근본 물질 가운데 하나로 흙, 물, 불 이외에 공기를 주장했던 이유도 이와 관련이 있습니다. 기원전 6세기경 활동한 아낙시메네스에 따르면 공기의 일종인 프시케가 우리 몸의 각 부분을 에워싸고 결합시키듯, 공기가 이 세상을 둘러싸 결합시킨다고 생각했습니다. 이러한 생각으로부터 그는 무한한 공기가 만물을 둘러싸고 있으면서 모든 것을 창조해내는 근본 물질이라 주장하게 되었죠.

이처럼 고대인들이 생각한 숨은 단순히 공기를 들이마시고 내쉬는 호흡 과정만은 아니었습니다. 거기에는 우리를 우리답게 하는 중요한 무언가가 있다고 믿었던 것이죠. 그리고 그들은 그것을 영혼, 즉 프시케라 불렀습니다. 숨을 쉬는 과정은 바로 우리의 영혼과 우리의 육체가 하나가 되는 과정입니다. 하지만 현대를 사는 우리는 더는 그러한 설명을 믿지는 않습니다. 과학적으로 숨이 지닌 진짜 의미를 알게 되었기 때문이죠.

우리가 숨을 쉴 때 일어나는 일

우리가 숨을 쉴 때 들이마시는 것은 영혼이 아니라 산소입니다. 내쉬는 것은 이산화탄소라 불리는 기체이고요. 이렇게 보면 숨이란 일종의 기체 교환 반응이라 할 수 있습니다. 그렇다면 우리는 왜 산소가 필요할까요? 간단히 말하면 효율적인 에너지 생성을 위해서입니다.

우리는 에너지를 얻기 위해 대표적으로 탄수화물을 섭취합니다. 탄수화물은 포도당이라 불리는 작은 분자가 수천 개 이상 서로 결합한 형태인 고분자입니다. 식물은 광합성을 하는 과정에서 이 포도당을 만들고, 포도당을 서로 결합해 탄수화물이란 형태로 내부에 저장하죠.

우리가 섭취한 탄수화물은 여러 소화 기관을 거치면서 그곳에서 분비되는 소화 효소의 작용으로 다시 원래의 모습으로 되돌아갑니다. 결합이 끊어지면서 다시 포도당으로 분해되죠. 커다란 몸집의 탄수화물에 비교해 훨씬 더 작고 가벼워진 포도당은 이제 혈액에 실려 세포 안으로 이동해 들어갈 수 있게 됩니다.

세포 안에서 포도당은 여러 화학적인 반응들을 거치며 더 작은 물질들로 분해됩니다. 그리고 이 과정에서 ATPAdenosine triphosphate라 불리는 새로운 물질이 생성됩니다. 이 ATP에는 충전된 배터리처럼 많은 에너지가 저장되어 있습니다. 나중에 우리 몸이 직접 이용할 수 있는 에너지원이 됩니다. 그런데 여기서 끝이 아닙니다. 세포 안에는 미토콘드리아라는 아주 작은 기관이 포함되어 있는데 여기서 포도당으로부터 분해된 물질들로 ATP를 추가로 더 생산합니다. 그런데 이 과정에서 산소가 사용되면 ATP의 생산량은 급격히 늘어나죠. 그리고 이 과정에서 나중에 호흡으로 배출될 이산화탄소가 부산물로 생성됩니다.

만약 세포 안에서 산소 없이 1개의 포도당을 분해하면 모두 4개의 ATP를 얻을 수 있지만, 산소가 있으면 무려 34개의 ATP를 얻을 수 있습니다. 에너지 생성의 효율이 9배 이상이 되는 것이죠. 우리가 숨을 쉬면서 산소를 흡입하는 이유는 바로 여기에 있습니다.

산소 없이 살 수 있다고?

하지만 사실 산소는 생명체에게 유해한 물질입니다. 철을 녹슬게 하듯 우리 몸도 산화시킬 수 있기 때문입니다. 이 과정에서 노화가 촉진되고 질병이 발생할 위험도 커집니다. 하지만 그럼에도 훨씬 더 많은 에너지를 얻을 수 있다는 장점 때문에 산소를 이용해 숨 쉬는 방식이 선택되었습니다. 비록 부작용이 있기는 하지만 그보단 장점이 더 많았기 때문이었죠.

그런데 앞의 설명대로라면 효율이 낮긴 해도 산소 없이 에너지를 얻을 수 있습니다. 실제로 그런 방식으로 살아가는 생물들이 존재하기도 하고요. 그 대표적인 예로는 우리에게 발효라 알려진 현상을 만들어내는 일부 미생물들이 있습니다.

눈에 보이지 않을 정도로 매우 작아 이런 이름이 붙기는 했지만, 미생물들이야말로 우리 지구의 터줏대감이라 할 수 있습니다. 약 38억 년 전 처음 등장한 이래 지금까지도 번성하고 있기 때문입니다. 이들이 살기 시작했던 초기 지구는 산소가 부족했습니다. 당연히 숨 쉬는 일은 불가능했죠. 이들에게는 산소 없이 영양분을 분해하여 에너지를 얻는 방식이 유일한 생존 전략이었습니다.

하지만 오늘날처럼 산소가 풍부해진 환경에서도 일부 미생물들은 여전히 예전 전략을 유지하는 때도 있습니다. 갑작스러운 환경 변화에 더 잘 적응하기 위해서인데요. 다시 말해, 산소가 풍부하면 산소로 숨을 쉬며 에너지를 얻고, 산소가 부족해 숨을 쉴 수 없으면 영양분을 분해하는 과정만으로 소량이긴 하지만 에너지를 얻는 것이죠.

발효를 일으키는 미생물인 효모 또한 이 이중 전략을 구사합니다. 효모는 산소가 풍부한 조건에서 포도당을 물과 이산화탄소로 완전히 분해하면서 에너지를 얻습니다. 하지만 산소가 없으면 포도당을 물과 알코올 또는 젖산 등으로 분해하면서 에너지를 얻게 됩니다. 산소가 없으면 분해 과정이 불완전해져 이산화탄소 대신에 알코올 또는 젖산 등이 남게 됩니다. 이산화탄소는 산소가 있어도 더는 분해가 되지 않지만, 알코올 등은 산소가 있으면 더 분해할 수 있습니다.

효모의 종류에 따라 만들어지는 부산물이 다릅니다. 알코올이 만들어지는 발효는 술을 만들 때 이용되고, 젖산이 만들어지는 발효는 요구르트나 김치 등을 만들 때 이용됩니다. 이 밖에도 미생물들이 산소 없이도 에너지를 얻는 방식은 여러 종류가 있습니다. 그중에서도 알코올이나 젖산처럼 우리 인간에게 유익한 부산물이 얻어지는 과정을 특별히 발효라 부르게 된 것입니다.

우리가 살아가기 위해서는 에너지가 필요합니다. 그리고 그 에너지는 우리가 섭취하는 영양분을 분해하면서 얻죠. 그런데 이 과정에 산소가 있으면 더 완전한 분해가 이루어지면서 더욱더 많은 에너지를 얻을 수 있게 됩니다. 물론 산소가 없이도 가능하지만, 산소가 있으면 그 효율이 월등히 높아지는 것이죠. 그래서 우리는 숨을 쉽니다.

• 2부 •

일상의 태도, 과학으로 생각하기

THINKING
WITH SCIENCE

1

우리 눈은 왜 두 개일까?

* 원근법과 시차 *

예수 그리스도는 십자가에 못 박혀 죽기 전날 열두 제자와 마지막 만찬을 갖습니다. 이 자리에서 예수는 "너희들 가운데 한 사람이 나를 배신하리라"라고 말합니다. 그러자 만찬에 참석했던 사람들은 깜짝 놀라며 큰 혼란에 빠집니다. 과연 누가 배신자란 말인가? 혹시 내가?

레오나르도 다빈치의 대표작 〈최후의 만찬The Last Supper〉은 이 놀랍고도 충격적인 역사의 한 장면을 담고 있습니다. 치밀한 계획에 따라 공간을 구성하고 인물을 배치했으며, 인물의 표정과 동작을 세밀하게 표현해 그림 안에 여러 가지 작은 이야기를 잘 담아냈죠. 마치 예수의 죽음을 주제로 한 영화나 연극을 본 것처럼 풍부한 감정이 솟아나고 깊은 생각에 빠지게 하는 놀라운 작품입니다.

과학자의 관점에서 볼 때 이 작품에는 더 놀라운 비밀이 숨겨져 있습니다. 적당한 거리를 두고 그림을 응시하면 마치 입체 영상을 보는 듯한 환영에 빠지기 때문입니다. 작품이 걸려 있는 산타 마리아 델레 그라치에Santa Maria delle Grazie 성당의 수도원 식당에 서서 그림을 바라보면 예수와 열두 제자들 뒤로 공간이 더 있는 듯한 느낌이 듭니다. 마치 식당 공간 한가운데에서 실제 만찬이 진행되고 있는 듯하죠.

어떻게 2차원의 평면에 그린 그림에서 3차원 공간을 체험할 수 있는 것일까요?

최후의 만찬(레오나르도 다빈치, 1495~1498)

평면에서 3차원의 환영을 볼 수 있는 이유

비밀은 원근법에 있습니다. 원근법은 '멀고 가까운 것을 표현하는 기법'입니다. 멀리 있는 것은 작게 보이고, 가까이 있는 것은 크게 보인다는 단순한 원리에 바탕을 두고 있지만 사실 매우 정밀한 수학적 계산이 필요한 작업입니다.

15세기 이탈리아의 건축가 브루넬레스키는 평행하게 뻗어야 할 선들을 한 점으로 모으면 공간의 입체감을 표현할 수 있다는 사실을 발견합니다. 가까울수록 크게 보이고, 멀수록 작게 보이는 현상을 비례 관계를 이용해 정확하게 묘사하게 된 것이죠. 그리고 평행선들이 모이는 점을 소실점이라 불렀습니다. 우리 눈에 보이는 공간이 그 한 점을 향해 점차 축소되다가 마침내 사라져버리기 때문에 이런 이름이 붙었죠.

원근법에는 3차원 공간에 대한 정보들이 들어 있습니다. 그래서 우리 뇌는 그 정보들을 이용해 2차원 평면인 그림에서 3차원 공간의 환영을 보게 되는 것이죠. 원근법에서 핵심이 되는 세 가지 정보를 먼저 알려드리겠습니다.

첫 번째 정보는 소실점을 향해 멀어질수록 물체들의 크기가 작아지는 '축소 현상'입니다. 수학적으로 비례하며 작아지는 물체의 크기를 통해 거리감을 느끼는 것으로 거리가 두 배 더 멀어지면 크기 또한 그에 비례하여 두 배 더 작아지는 식입니다.

두 번째 정보는 '집중 현상'입니다. 축소 현상에 따르면 뒤에 있을수록 크기가 작아지는데, 문제는 거리가 멀어질수록 앞에 있는 것과 비교하여 뒤엣것이 줄어드는 비율도 감소한다는 점입니다. 아래 그림을 보면 관찰자에게서 멀어질수록 전봇대 사이의 간격과 전봇대의 길이가 줄어드는 비율이 점차 줄어듭니다. 이러한 '집중 현상'에 관한 정보 또한 2차원의 그림에서 실제와 흡사한 입체감을 느끼게 해줍니다.

세 번째 정보는 앞엣것이 뒤엣것을 가리는 '중첩 현상'입니다. 깊이감 있는 3차원 공간에서는 앞(전경)과 뒤(배경)라는 개념이 존재하므로 어찌 보면 당연한 현상이라 할 수 있죠.

이러한 정보와 수학적 원리를 조금만 이해하면, 소실점을 중심으로 선들을 그리고, 이를 이용하여 누구나 쉽게 2차원 평면에서 3차원 공간을 사실감 있게 구현할 수 있습니다.

그런데 다빈치의 그림에는 한 가지 정보가 더 들어 있습니다. 멀리 있는 물체일수록 흐리게 보인다는 관찰 결과를 반영한 정보로, 이를 '대기 원근법'이라 분류합니다. 물체와 관찰자 사이에 있는 공기층이 두꺼울수록 물체가 더 흐리게 보인다는 의미에서 이런 명칭이 붙었습니다. 앞서 브루넬레스키가 고안한 원근법은 '선 원근법'이라 부르기도 합니다. 소실점을 향해 모이는 선들을 토대로 표현하기 때문입니다.

우리 눈에 대기는 투명하게 보입니다. 그 안에 아무것도 없어 빛이 그대로 통과하는 것 같죠. 하지만 대기 중에는 우리가 공기 입자라 부르는 질소, 산소와 같은 분자, 그리고 수증기가 응결된 작은 물방울, 미세먼지 등이 둥둥 떠다니고 있습니다. 이 입자들 때문에 빛이 나아가는 데 방해를 받으며 물체가 뿌옇게 흐려 보입니다.

〈최후의 만찬〉 속 주인공인 예수와 열두 제자 뒤에 놓인 풍경을 자세히 보면 창문 너머로 보이는 들판과 산이 경계가 뚜렷하지 않고 매우 흐릿하게 표현되어 있습니다. 이런 표현 때문에 이 풍경은 상당히 멀리 떨어져 있다는 인상을 받게 됩니다. 그럼으로써 작품 속 만찬장은 마치 공기로 가득 찬 실제 공간인 것처럼 느껴지죠.

다빈치는 수학적 원리에 따라 추상화된 공간을 표현하는 기존의 선 원근법만으로는 사실적인 표현에 한계가 있다고 생각했던 것 같습니다. 그래서 이를 보완하고자 실제 자연을 관찰하고 그 결과를 토대로 대기 원근법을 도입한 것입니다.

눈이 두 개인 이유

지금까지 2차원 평면에서 어떻게 3차원의 입체감을 구현했는지에 대해 알아봤습니다. 그런데 곰곰이 생각해보면 우리가 실제 세상을 입체적으로 바라보는 현상 또한 단순한 문제가 아닙니다.

우리는 눈을 통해 세상을 들여다봅니다. 눈의 가장 바깥에 있는 수정체를 지난 빛이 우리의 망막에 상으로 맺히고, 이것이 신호로 바뀌어 우리 뇌로 전달되면 우리는 비로소 시각을 통해 세상을 바라보게 됩니다. 그런데 망막에 맺히는 상은 2차원입니다. 우리 눈이 둥근 공 모양이긴 하나, 망막은 그 가장 안쪽 면에 위치하기 때문이죠. 2차원 평면에 맺힌 상이 3차원 입체로 인식되는 결과는 앞서 다빈치의 작품의 경우와 비슷합니다.

그러나 우리의 시각적 경험은 2차원 그림에서 느끼는 3차원 환영과는 그 질이 다를 수밖에 없습니다. 비록 2차원 망막에 맺히는 상이기는 하지만, 실제 3차원 공간을 투영한 상이기 때문입니다. 2차원 그림에 원근법을 통해 인위적으로 첨가된 3차원 정보보다 더 많은 정보가 반영되어 있으니, 훨씬 더 사실적인 3차원 공간이 머릿속에 구현될 수 있습니다.

그러한 정보들 가운데 가장 대표적이면서도 우리가 태어날 때부터 천부적으로 갖게 되는 능력과 관련 있는 것이 바로 시차視差입니다. 한 가지 실험을 해보겠습니다. 검지를 편 다음 얼굴에서 조금 떨어져 두 눈 사이에 놓고 한 눈만으로 번갈아 보는 실험입니다. 손가락이 어떻게 보이나요? 위치가 좌우로 조금씩 바뀌고 있다는 사실을 인식했나요? 바로 이러한 현상을 시차라 하죠. 우리가 두 개의 눈으로 물체를 바라보기 때문에 발생하는 현상입니다.

두 눈으로 물체를 바라보면 뇌로 전달되는 두 개의 최종 이미지에는 이처럼 시차가 발생합니다. 이것을 그대로 두면 마치 도수가 맞지 않는 안경을 쓴 것처럼 세상이 보일 겁니다. 그래서 우리 뇌는 시차가 있는 두 이미지를 합쳐 하나의 이미지로 만들어 거기에 담긴 시차의 정보를 이용해 원근감과 입체감을 부여합니다. 두 개의 이미지를 조합하면 더 정밀한 입체감을 얻을 수 있고, 두 이미지 사이의 각도 정보를 통해 정확한 원근감도 파악할 수 있기 때문입니다. 시차의 각도가 작아질수록 실제 물체까지의 거리는 더 멀리 떨어져 있습니다.

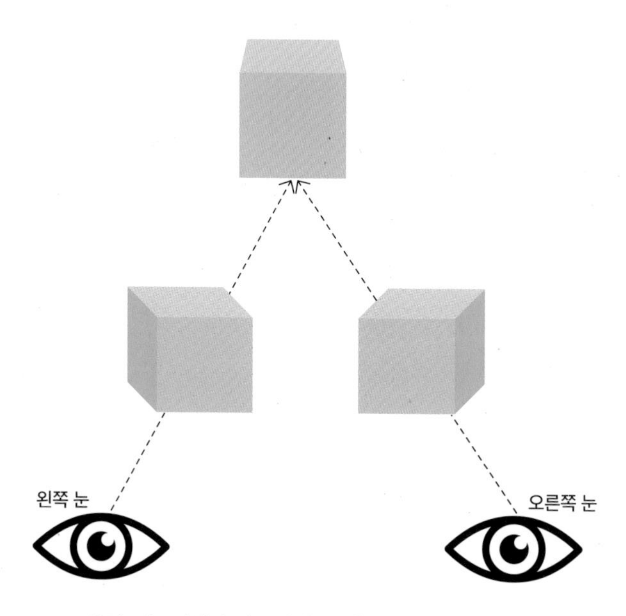

우리 뇌는 시차가 있는 이미지를 합쳐서 하나로 만든다

3D 입체 영화를 제작할 때 두 대의 카메라를 사용하는 이유 또한 바로 여기에 있습니다. 두 대의 카메라는 시차가 있는 두 개의 영상 이미지를 각각 만들어 한 이미지는 오른쪽 눈으로, 다른 한 이미지는 왼쪽 눈으로 볼 수 있도록 해줍니다. 화면에는 두 이미지가 겹쳐 있지만, 우리가 쓰는 특수 안경에는 한쪽 눈에 한 가지 이미지만 들어오도록 하는 기능이 있습니다.

대부분 생물은 눈이 두 개입니다. 그래야만 입체적으로 볼 수 있기 때문이라고 흔히 말하지만, 사실 하나의 눈만 있어도 어느 정도 공간의 입체감을 파악할 수는 있습니다. 앞서 설명한 원근법에서 필요한 시각 정보들은 하나의 눈만으로도 얻을 수 있기 때문입니다. 만약 그렇지 않다면, 외눈박이 괴물인 키클로페스가 자신의 집에 침입한 오디세우스 일행을 그처럼 쉽게 잡아먹을 수는 없었을 것입니다.

물론 눈이 두 개라면 더 정밀해집니다. 원근법 정보 이외에 시차 정보가 더해지기 때문이죠. 포식자로부터 먼저 도망치기 위해, 아니면 먹이를 먼저 발견하기 위해서라도 눈이 두 개라면 더 유리했을 것입니다. 그리고 그렇게 우리는 진화했습니다.

그렇다면 눈이 더 많을수록 좋지 않을까요? 경제학에는 희소성의 원칙이란 것이 있습니다. 수요에 비해 자원은 언제나 한정되어 있다는 의미인데요. 그래서 경제학은 자원을 효율적으로 배분하는 데 그 주안점을 둡니다. 우리 몸의 경제학도 이와 유사합니다. 몸이 사용할 수 있는 에너지는 한정되어 있으니 모든 기능에 무한정 에너지를 분배할 수는 없습니다.

눈도 마찬가지입니다. 그 개수가 많으면 많을수록 시각의 측면에서는 유리하겠지만, 에너지 분배라는 측면에서는 그 개수에 제한이 필요하기 때문입니다. 그리고 그렇게 정해진 가장 효율적인 숫자가 두 개인 것이죠. 스위스의 심리학자 카를 구스타프 융은 다음과 같이 말했습니다.

> "당신의 시야는 자신의 마음을 들여다볼 때만 또렷해질 것이다. 밖을 내다보는 사람은 꿈을 꾸지만, 안을 들여다보는 사람은 깨닫는다."

세상을 살다 보면 두 개의 눈만으로는 부족함을 느끼는 경우가 많습니다. 눈에 보이는 것이 다는 아니라는 말의 의미를 되새기게 되는데요. 때로는 본질을 깊이 꿰뚫고, 때로는 저 멀리까지 볼 수 있는 혜안慧眼이 필요합니다. 이 혜안이라면 굳이 두 개여야 할 이유는 없습니다. 많으면 많을수록 좋죠. 그러니 두 개뿐인 눈이 아쉽다면 이를 보완할 혜안을 계속 늘려가는 게 어떨까요?

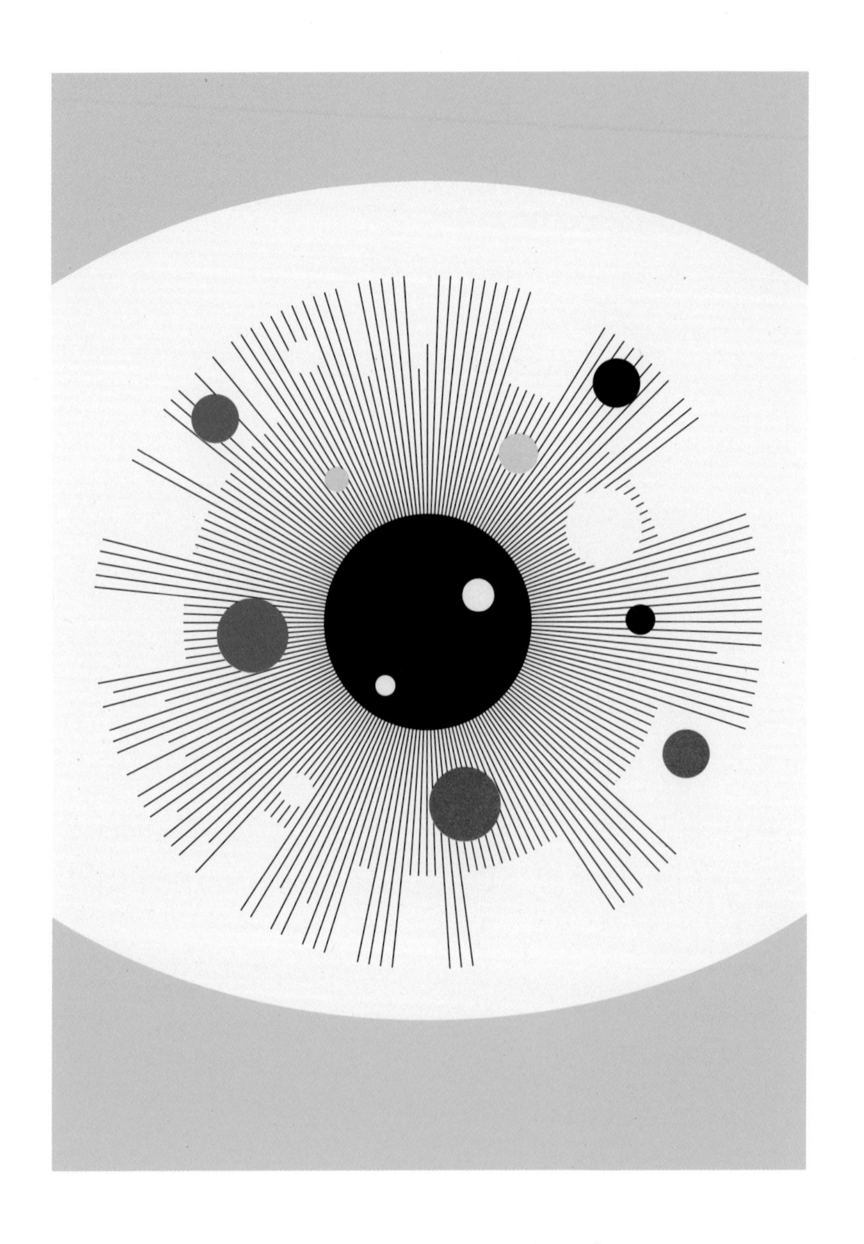

“두 개뿐인 눈이 아쉽다면
이를 보완할 혜안을 계속 늘려가는 게 어떨까요?”

2

작은 디테일이 큰 차이를 만드는 이유

* 주석 페스트 현상 *

어제까지 멀쩡했던 유물이 산산이 조각난 것을 발견한 직원은 당황스럽습니다. 러시아의 혹독한 추위 때문인가 추측해보지만, 더 오래된 다른 유물들은 다 멀쩡한 것을 보면 다른 이유가 있는 듯합니다. 그러고 보니 전에도 유물들이 갑자기 부서졌다는 이야기를 들었던 것 같습니다. 특히 주석으로 만들어진 유물들이 말이죠.

하지만 누구도 그 정확한 원인을 알지 못했습니다. 그래서 단순히 '박물관 병'이라 부르기도 했다고 하는데요. 박물관에 있는 유물이 병에 걸린 것처럼 죽었다는 뜻입니다. 몇 차례 전 유럽을 할퀴고 지나갔던 원인 불명의 흑사병, 즉 페스트의 이름을 따 '주석 페스트'란 명칭도 얻었습니다.

주석이란 용어가 생소하신가요? 사실 주석은 우리에게 매우 친숙한 금속 가운데 하나입니다. 녹는점이 그다지 높지 않고, 적당히 무르면서도 잘 늘어나는 성질이 있어 제품으로 가공하기에 좋기 때문이죠. 게다가 쉽게 녹이 스는 철에 비해 부식 등에 강하다는 장점도 있습니다.

주석

주석의 치명적인 단점

기원전 3000년경에 시작된 최초의 금속 문명인 청동기 시절에도 이 주석이 사용되었는데요. 청동은 구리와 주석을 혼합하여 만듭니다. 구리와 주석을 대략 9:1의 비율로 섞으면 다소 무른 구리를 더 단단하게 해주고, 녹는점이 낮아져 무기 등을 만드는 데 용이했습니다.

그런데 이처럼 장점만 있을 것 같은 주석에도 치명적인 단점이 하나 있습니다. 그것은 바로 낮은 기온에 장시간 방치하면 쉽게 바스러진다는 것인데요. 앞서 러시아 박물관에서 그러했던 것처럼 말이죠. 웬만해선 크게 문제를 일으키지 않던 주석이 왜 극한의 추위를 만나 오래 방치되면 갑자기 부서지는 것일까요? 본격적인 설명에 앞서 잠시 우리에게 친숙한 연필심과 다이아몬드에 대해 살펴보겠습니다. 거기서 중요한 개념을 얻을 수 있기 때문입니다.

연필심은 흑연이란 물질로 만들어집니다. 그리고 이 흑연은 탄소라는 원자가 결합하여 만들어지죠. 그런데 다이아몬드 또한 탄소가 결합하여 만들어집니다. 즉, 싸구려 연필심과 고가의 다이아몬드의 성분이 똑같다는 말입니다.

하지만 그 성질은 완전히 다릅니다. 우선 흑연은 매우 물러 잘 부스러집니다. 그래서 연필심의 재료로 사용합니다. 이에 반해 다이아몬드는 매우 단단하죠. 광물의 단단함은 '모스 경도' 수치로 비교하는데, 다이아몬드의 수치는 10으로 가장 단단한 광물이란 타이틀을 당당히 차지합니다. 그에 반해 흑연은 1에 가까워 매우 무른 성질을 나타냅니다.

그밖에도 전기를 통하는 성질이나, 투명도와 같은 성질에서도 확연하게 차이가 나는데요. 이처럼 같은 원소로 구성되어 있지만, 성질이 전혀 다른 물질로 분류되는 것들을 '동소체'라고 합니다. '동일한 원소로 되어 있는 물체'라는 뜻이죠. 이 동소체의 비밀은 원자들의 결합 방식에 있습니다.

결합 방식에 따라 달라지는 물질

흑연과 다이아몬드는 모두 탄소라는 작은 원자들이 결합하여 만들어진다고 했는데요. 바로 이때 결합하는 방식의 차이 때문에 흑연과 다이아몬드라는 두 물질로 분류가 됩니다. 먼저 흑연의 경우는 탄소 원자들이 마치 넓은 판 모양으로 결합합니다. 2차원 형상으로 옆으로만 결합하는 것이죠. 이에 반해 다이아몬드는 위와 아래로도 결합하여 3차원의 구조를 지니게 됩니다.

잘 이해되지 않죠? 그렇다면 쉬운 비유를 통해 다시 설명해보겠습니다. 저는 원자들 간의 결합을 설명할 때 흔히 우리 몸에 달린 두 팔을 예시로 드는데요. 원자가 다른 원자랑 결합하는 모습은 마치 우리가 다른 사람과 손을 잡아 서로의 팔이 연결되는 것과 비슷합니다. 단, 원자는 우리와 달리 팔의 개수가 원자의 종류마다 서로 다릅니다.

예를 들어, 수소 원자는 팔이 1개이고, 산소 원자는 2개, 그리고 탄소 원자는 4개입니다. 팔이 4개라는 것은 4군데에서 결합할 수 있다는 것입니다. 그런데 흑연은 이 중에서 팔 3개만을 사용해 2차원 평면의 주위에 있는 다른 탄소 원자들과 손을 잡습니다. 하지만 다이아몬드는 4개의 팔을 모두 사용하는데요. 옆뿐만 아니라 위아래의 3차원 공간에 있는 다른 탄소 원자들과 손을 잡죠.

기하학적으로 보자면, 흑연은 중간에 탄소 원자가 놓이고 그 주변에 삼각형 형태로 3개의 탄소가 있는 삼각형 모양들이 쭉 옆으로 이어져 있습니다. 이에 반해 다이아몬드는 중간에 놓인 탄소 원자를 중심으로

4개의 탄소가 정사면체 모양을 이루며 배치됩니다. 그리고 이 정사면체들이 서로 연결되며 입체적으로 공간을 채우게 되죠. 이와 같은 결합 방식의 차이는 두 물체의 단단함의 차이를 만들어내는데, 아무래도 4개의 팔로 입체적으로 결합하고 있는 다이아몬드의 강도가 더 클 수밖에 없습니다.

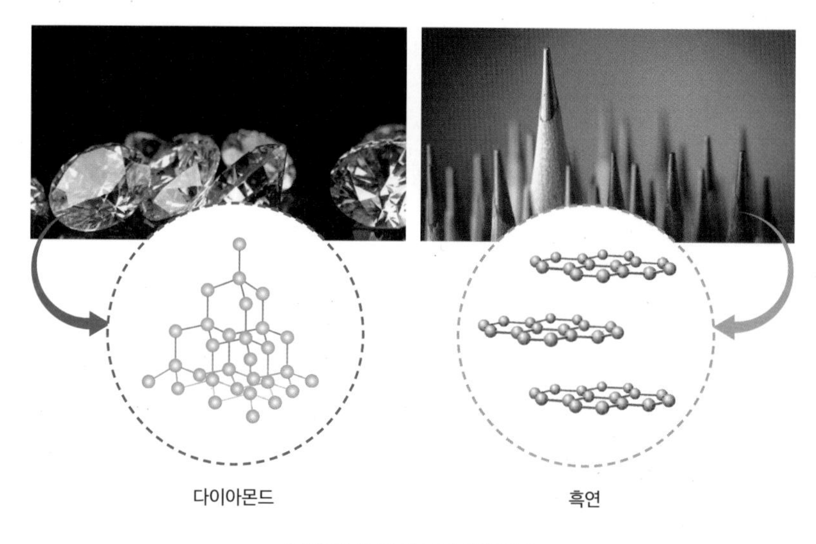

다이아몬드와 흑연의 결합구조

자, 이제 다시 주석에 대해 설명하겠습니다. 지금까지 흑연과 다이아몬드에 대해 장황하게 설명한 까닭은 바로 이 주석에도 동소체가 있기 때문입니다. 그리고 이 동소체의 존재가 바로 한겨울에 주석을 바스러지게 하는 주석 페스트 현상의 원인입니다.

탄소 원자들이 결합하여 만들어진 흑연과 다이아몬드처럼, 주석 원자들이 결합하여 만들어진 '백색 주석'과 '회색 주석'이라는 동소체가 존재합니다. 주석 원자들로 구성되었다는 점에서는 동일하지만, 원자들의 결합 방식은 서로 달라 그 성질에 있어 큰 차이를 보이죠.

백색 주석은 평소 우리 주변에서 볼 수 있는 주석의 형태입니다. 차가운 맥주를 담는 인기 있는 주석 잔도 이 백색 주석의 모습을 하고 있죠. 그런데 온도가 낮아지면 특이하게도 백색 주석은 회색 주석으로 변합니다. 동소체 사이에 변환이 일어나는 것인데 그 시작점은 약 13도 부근이라 알려져 있습니다. 13도 이하에서는 백색 주석보다는 회색 주석이 더 안정한 상태이기 때문입니다.

변환되기 전 백색 주석은 어느 정도 강도를 지닌 금속재료이지만, 문제는 회색 주석입니다. 마치 유리와 같은 구조로 되어 있어 강도가 매우 낮습니다. 게다가 변환 과정에서 백색 주석과 비교하면 그 부피가 4배 정도 팽창하기 때문에 쉽게 회색의 분말 형태로 부서집니다.

그런데 주석 페스트가 온도가 낮아졌다 해서 갑자기 발생하지는 않습니다. 수개월에서 수년까지 매우 오랫동안 천천히 진행되는 과정이죠. 게다가 순수한 주석이 아니라 구리, 납, 아연 등과 함께 섞어 만드는 합금의 경우에는 주석 페스트 현상에 대한 저항력이 강해집니다. 아주 낮은 온도에서도 백색 주석이 쉽게 회색 주석으로 변환되지는 않는 것이죠. 실제로도 주석 제품 대부분은 합금의 형태로 만들어지는데, 그 이유는 첫째, 주석의 가격이 너무 비싸고, 둘째, 너무 무른 성질을 지닌 주석의 강도를 높일 필요성도 있기 때문입니다.

이러한 이유로 우리 주변에서 주석 페스트 현상을 쉽게 목격하기는 어렵습니다. 앞서 예로 든 러시아 박물관 유물의 주석 페스트 현상도 매우 오랫동안 천천히 진행되었을 것입니다.

그런데 주석의 이와 같은 갑작스러운 죽음은 많은 사람의 관심을 끌 만한 이야기 소재가 되었습니다. 어떤 예측할 수 없는 운명의 장난으로 말미암아 순식간에 나락으로 떨어진 영웅의 이야기처럼 말이죠. 그래서 이와 관련된 이야기들이 생겨났습니다. 그리고 실제 영웅도 등장했죠.

모든 불운은 주석에서 비롯되었다?

1812년 6월 프랑스의 나폴레옹 황제는 대군을 이끌고 러시아를 침공합니다. 러시아의 혹독한 겨울이 두렵기는 했지만, 단숨에 모스크바를 점령하면 러시아가 항복하리라는 생각에 큰 모험을 감행한 것이죠. 하지만 모스크바를 점령한 그에게 러시아는 항복하지 않았습니다. 러시아는 겨울이 되면 나폴레옹이 퇴각할 수밖에 없을 것이라 확신했던 것입니다. 추위와 배고픔으로 고통받던 프랑스 군대는 마침내 퇴각을 결정합니다. 하지만 그 과정에서 많은 병사를 잃었죠. 처음 출발할 때 69만 명에 달했던 대군이 2만 명 정도만 남을 정도로 처참한 결과였습니다.

나폴레옹의 원정 실패는 그가 가장 염려했던 러시아의 혹독한 겨울 추위 때문이었습니다. 추위가 오기 전 확실하게 전략적인 승리를 거두어야 했지만 그러하지 못했던 것이죠. 그의 이러한 판단 착오가 가장 큰 요인이긴 하지만, 그에 못지않게 아주 사소한 요인 하나가 지적되곤 합니다. 그것은 바로 단추입니다.

당시 군인들은 매우 화려한 군복을 입었는데, 군복에는 위용을 뽐내기 위한 단추도 필히 달렸죠. 사실 장식 목적보다 중요한 것은 옷을 고정하기 위한 기능적인 용도였습니다. 오늘날에는 지퍼라는 편리한 장치가 있지만, 당시에는 끈으로 묶거나 단추를 채우는 것이 유일한 방법이었습니다. 외투에 달린 단추로 옷을 고정하면 옷이 바람에 날리지 않고, 찬바람이 옷 안으로 침투하는 것을 막을 수 있습니다.

나폴레옹의 모스크바 퇴각(아돌프 노르텐, 1851)

그런데 문제는 주석으로 단추를 만들었다는 것입니다. 러시아의 겨울 추위에 군복 외투에 달려있던 주석 단추들이 바스러지며 떨어졌습니다. 눈과 함께 휘몰아치는 바람에 외투는 이리저리 날렸고, 칼같이 매서

운 찬바람은 외투 안으로 그대로 들어왔습니다. 처음에는 손으로 외투를 움켜잡으며 견뎠지만, 계속되는 추위와 배고픔에 차츰 손아귀의 힘은 빠져나갔습니다. 그렇게 하나둘 병사들은 차디찬 눈 바닥에 쓰러지며 목숨을 잃었습니다. 사실 이 이야기의 진위는 확실하지 않습니다. 주석 단추와 관련하여 남겨진 기록이 없기 때문입니다.

한편, 이와 더불어 자주 언급되는 또 한 가지 유명한 이야기가 있습니다. 1911년 당시 영국의 스콧 원정대는 아문센과 '최초의 남극 정복'이라는 타이틀을 놓고 치열하게 경쟁했는데 한 달 정도의 시간 차를 두고 그 타이틀을 놓치고 말았죠. 이후에 스콧 원정대가 경쟁에 패배한 원인을 분석했는데, 그중 하나가 통조림이었습니다.

스콧 탐험대는 식량의 상당 부분을 통조림 형태로 준비했는데 당시 통조림은 밀봉을 위해 납땜을 할 수밖에 없었습니다. 이때 사용된 땜납은 주석과 납을 합금해 만들었는데요. 일부 과학자들은 땜납에 포함된 주석이 추운 날씨에 주석 페스트 현상을 나타냈고, 추운 날씨로 내용물이 얼어 팽창하면서 밀봉된 부분이 쉽게 터졌을 거라 추측합니다. 게다가 연료가 든 통에서도 틈이 벌어지면서 연료가 새어 나와 식량이 오염되기까지 했습니다. 이래저래 악운이 겹쳐 이들은 탐험 기간 내내 식량과 연료 부족 문제에 직면했습니다. 여러 악재가 겹치면서 결국 원정대원 중 누구도 고국으로 돌아가지 못했습니다.

하지만 나폴레옹의 러시아 원정 이야기와 마찬가지로 이 또한 신빙성이 그리 있어 보이진 않습니다. 군복에 사용했을지도 모를 주석 단추나 통조림에 쓰인 땜납은 순수한 주석이 아니라 다른 금속이 섞인 합금

형태여서 주석 페스트 현상이 잘 일어나지 않았을 확률이 높습니다. 게다가 아무리 극한의 추위였다 하더라도 이 현상은 서서히 진행되기 때문이기도 하죠. 물론 이런 현상이 일부 발생했을 수도 있지만, 큰 영향을 줄 정도는 아니었을 것입니다.

흑연과 다이아몬드는 모두 탄소 원자로 만들어진 물질이지만 결합 방식의 디테일은 물질의 인생을 바꿔놓았습니다. 누군가의 손에 쥐어져 몸이 갈리는 인생과 고귀함의 상징으로 만인이 탐하는 인생으로 말이죠. 하지만 이 인생은 태어남과 동시에 고정되는 것은 아닙니다. 고가의 금속으로 태어났어도 온도가 낮아지면 쉽게 부스러지고 마는 존재가 되어버리는 주석처럼 말이죠.

미국 특수작전사령관을 지낸 윌리엄 맥레이븐 제독은 지난 2014년 자신의 모교 텍사스대학 졸업식 연설에서 "세상을 바꾸고 싶으면 당신의 침대부터 정리하세요"라고 말했습니다. 우리가 사소하다고 생각하는 작은 일부터 차근차근히 해나가다 보면, 결국 세상을 바꿀지도 모를 큰일 또한 해낼 수 있다는 자신의 오랜 경험을 담은 조언이었습니다. 저도 이 영상을 보고 제 아이에게 침대 정리를 시켰답니다. "작은 디테일이 큰 결과를 만든다"라고 하면서 말이죠.

"흑연과 다이아몬드는 모두 탄소 원자로 만들어진 물질이지만
결합 방식의 디테일은 물질의 인생을 바꿔놓았습니다."

3

왜 잘나갈 때 겸손해야 할까?

* 대멸종 *

1993년 스티븐 스필버그가 감독한 영화 〈쥐라기 공원〉이 개봉했습니다. 나무의 수액이 굳어지며 만들어지는 호박 안에 갇혀 있던 모기에서 공룡의 피를 뽑아내 과거의 공룡을 부활시킨다는 줄거리였습니다. 아이디어도 참신했고 워낙 공룡이 인기 있는 소재이기도 했지만, 가장 결정적이었던 흥행 요인은 당시 인간 DNA의 암호를 해독하기 위한 '게놈 프로젝트'가 한창 추진되면서 생명공학에 대한 관심이 그 어느 때보다 높았기 때문입니다.

이 영화가 흥행했기 때문인지는 몰라도 공룡이 마지막으로 살았던 시기를 쥐라기라고 오해하는 분들도 많습니다. 쥐라기는 45억 년 지구 역사를 몇 개의 시기로 나누었을 때 그중의 한 시기입니다. 대략 2억

100만 년 전부터 1억 4500만 년 전까지입니다. 육지에는 대형 파충류 그리고 은행나무와 같은 겉씨식물들이 번성했습니다. 바다를 대표하는 생물로는 딱딱한 껍질을 가진 연체동물인 암모나이트가 있었죠.

물론 영화에서처럼 이 시기에도 공룡이 번성하기는 했지만, 실제로는 쥐라기 이후 이어지는 백악기까지 더 오랜 세월 동안 지구의 주인은 공룡이었습니다. 영화에 등장했던 티라노사우루스도 사실 쥐라기가 아닌 백악기에 살았던 공룡입니다. 키는 대략 10m, 몸무게는 무려 5t 이상인 무시무시한 육식 공룡이었죠. 지금까지 알려진 가장 큰 녀석은 아르젠티노사우루스인데, 몸길이는 약 35m, 몸무게는 70t에 이를 정도입니다.

이처럼 커다란 덩치를 자랑하며 도무지 경쟁 상대가 없을 것만 같았던 공룡들의 전성시대는 6500만 년 전, 그때 그 사건으로 종말을 맞이하게 됩니다.

오랜 세월 지구의 주인이었던 공룡

생물 종의 약 75%가 사라진 사건

백악기가 거의 끝나갈 무렵인 약 6500만 년 전 어느 날, 하늘에서 엄청난 굉음과 함께 커다란 불덩어리가 떨어졌습니다. 이 불덩어리의 정체는 지름 10km에 이르는 거대한 소행성이었습니다. 작은 크기였다면 대기권에 진입하면서 거의 다 불타 없어졌겠지만, 워낙 크기가 컸던 탓에 지상에까지 도달하고 말았죠. 낙하 지점은 오늘날의 멕시코 유카탄 반도 일대였습니다. 당시 충격은 히로시마에 떨어졌던 원자폭탄을 100억 개 터트린 정도로 엄청났다고 합니다.

이 충격으로 지름 수백km에 이르는 구덩이가 파였으며, 엄청난 규모의 지진과 해일이 일어났습니다. 순식간에 수많은 생물이 목숨을 잃었죠. 하지만 아직 끝이 아니었습니다. 폭발과 함께 솟구친 엄청난 양의 뜨거운 분출물이 지구 중력에 이끌려 다시 낙하하면서 순식간에 지구 표면 온도를 수천 도까지 상승시켰습니다. 이로 인해 불지옥이 펼쳐져 많은 생물이 그야말로 불에 타 죽었습니다. 그런데 이보다 더 끔찍한 비극이 기다리고 있었습니다.

상대적으로 크기가 큰 분출물은 중력에 의해 낙하했지만, 미세한 분진들은 매우 오랫동안 대기권을 떠다녔습니다. 대류 현상이 일어나지 않아 매우 안정적인 지상 30km 부근의 성층권에서 특히 그러했습니다. 이 때문에 한낮인데도 하늘은 온통 잿빛이거나, 아니면 어두컴컴하게 변해버렸습니다. 태양 빛이 거의 다 차단된 것이죠.

그러자 광합성으로 살아가는 식물들이 멸종하기 시작했고, 이어서

식물을 먹고 사는 초식동물도 타격을 입었습니다. 초식동물이 대부분 사라지자 이들을 잡아먹는 육식동물도 멸종하기 시작했죠. 지구 생태계는 한순간에 완전히 붕괴하였는데, 특히 몸집이 거대해서 많이 먹어야만 하는 공룡이 가장 큰 손해를 입었습니다.

이때 공룡을 포함해 생물 종의 약 75%가 멸종했다고 합니다. 종의 멸종이라면 한 집단 전체가 사라지는 것을 말합니다. 운 좋게 살아남은 종이라 할지라도 소수의 개체만 살아남을 정도였으니, 사실상 생물 대부분이 지구상에서 갑자기 사라져버린 엄청난 사건이었습니다.

언제까지 '인간'이 지구를 지배할 수 있을까?

지금까지 설명한 내용은 약 6500만 년 전 공룡이 갑자기 멸종한 원인에 대한 가장 일반적인 가설입니다. 소행성 충돌 사건 전에도 이미 공룡은 서서히 멸종해가고 있었다고 주장하지만, 소행성 충돌이 결정적인 역할을 한 것만큼은 분명하다고 대부분의 과학자는 생각합니다.

학계에서는 생존했던 종의 75% 이상이 한꺼번에 멸종했던 사건을 대멸종이라고 정의합니다. 과학자들이 추정하는 이러한 대멸종은 지금까지 모두 다섯 번 있었고, 가장 최근이자 유명한 사건이 바로 공룡이 멸종한 이 대멸종이죠.

앞서 다른 대멸종 사건들 대부분은 지구 자체의 환경 변화에 의한 것이었습니다. 대규모 화산 폭발이나 화재 등으로 지구 온난화가 진행되거나, 바다의 미생물이 급속도로 번식하면서 산소가 부족해진 것 등이 그 원인이었죠. 하지만 공룡의 멸종은 소행성 충돌이라는 갑작스러운 외부 요인에 의해 일어났습니다. 평온하기만 하던 하늘에서 갑자기 떨어진 죽음의 소행성. 미처 대비할 시간조차 없었던 마지막 순간.

이처럼 극적인 사건은 사람들의 흥미를 끌 만했습니다. 시시각각 지구를 향해 다가오는 소행성과의 충돌을 막기 위해 고군분투하는 영웅들의 이야기를 다룬 〈아마겟돈〉이나 〈딥 임팩트〉와 같은 영화의 소재가 되기도 했습니다.

만약 소행성의 충돌이 없었다면 어쩌면 공룡은 더 오랫동안 지구의 주인이었을지도 모릅니다. 그러면 우리를 비롯한 포유류가 지금처럼 번성하지는 못했을 것입니다.

오래전 포유류의 조상들은 땅 위의 거대한 포식자들을 피해 주로 땅굴을 파고 숨어 살았습니다. 하지만 그 덕분에 불지옥에서도 운 좋게 소수가 살아남았죠. 위기는 누군가에게 기회가 된다는 말이 있습니다. 공룡들이 사라져버린 지구, 우리 조상들은 더는 숨어서 살 필요가 없어졌습니다. 새롭게 주인 자리를 차지할 기회가 찾아온 것이죠.

누가 뭐래도 현재 지구의 주인은 우리 인간입니다. 지구 어디에든 인간이 없는 곳은 이제 거의 없을 정도로 생물학적으로도 완벽하게 적응했습니다. 게다가 이제는 스스로 환경을 변화시키는 단계에까지 이르렀죠. 수동적이기만 했던 이전 주인들과는 달리, 자연마저도 지배할 기세인 우리의 성공이 그저 놀랍기만 할 뿐입니다.

하지만 왜 이리 불안할까요? 우리는 선택받은 운명을 성공으로 이끌

만큼 능력도 탁월하고, 엄청난 행운까지 지녔습니다. 한껏 자신감이 넘칠 만도 한데, 가장 영광스러운 순간에 끔찍한 비극을 맞았던 과거의 주인공들이 자꾸만 떠오르는 이유 뭘까요?

죽음을 기억하라, 메멘토 모리

이제 막 돌아온 개선장군이 화려한 마차를 타고 있습니다. 이민족과의 싸움에서 승리하며 로마의 큰 걱정거리 하나를 해결했으니, 거리마다 개선장군에 대한 찬양이 넘쳐납니다. 하늘에 흩날리는 꽃잎들과 사람들의 함성에 개선장군은 절로 어깨에 힘이 들어갑니다. 이제부터 자신의 앞에 펼쳐질 탄탄대로에 대한 기대감으로 세상을 다 얻은 듯한 기분입니다. 그런데 바로 이때 뒤에서 누군가 외칩니다.

"메멘토 모리memento mori, 메멘토 모리!"

고대 로마에서는 개선장군이 행진할 때, 노예 한 명이 그 뒤를 따르며 이렇게 외쳤다고 합니다. "메멘토 모리." 우리 말로는 "죽음을 기억하라"라는 뜻인데요. 화려한 영광은 그야말로 찰나의 순간 끝날 수도 있으니, 언제나 신을 공경하고 겸손하라는 뜻입니다. 계속된 성공에 자만하고 오만함을 드러내는 순간 닥칠 수 있는 위험을 경고하는 것이죠.

전설에 따르면 약 1만 년 전 화려한 문명을 자랑했던 아틀란티스 대

메멘토 모리, 죽음에 대한 경고

륙도 오만함에 눈이 멀어 사치와 방탕에 빠지고, 폭력적인 제국의 길로 들어섰다고 합니다. 그러던 어느 날 대규모 화산이 폭발하며 바닷속으로 가라앉았죠.

어쩌면 지나친 자신감과 오만함은 영광스러운 시절이 끝나가고 있음을 알리는 신호는 아닐까요? 기원전 6세기 에게해의 아름다운 섬 사모스를 지배하던 폴리크라테스라는 독재자 또한 그러했습니다. 그는 야망이 매우 큰 인물이었습니다. 사모스섬뿐만 아니라 그 주변의 다른 섬들 또한 자신의 지배하에 두고 싶어 했습니다. 그리고 계속 승승장구하며 자신의 소망을 이루어 나갔죠. 그러던 어느 날 그는 갑자기 불안해지기 시작했습니다. 행운과 성공만이 계속 이어질 수는 없다는 생각이 들었던 것입니다.

때마침 그와 동맹을 맺고 있던 이집트의 왕 아마시스가 그에게 귀하게 여기는 보물 하나를 바다에 버리라고 충고합니다. 스스로 불운을 맞이하면 혹시 닥칠지 모를 더 큰 불운을 미리 막을 수 있을 것이라고요. 그는 그 말을 따라 보석이 박힌 금반지를 바다에 버렸습니다.

하지만 얼마 지나지 않아 그 반지가 다시 되돌아왔습니다. 한 어부가 진귀한 생선을 잡았다며 폴리크라테스에게 진상했는데 생선의 배를 가르자 반지가 발견된 것입니다. 그는 탄식을 내뱉을 수밖에 없었죠. 아마도 피할 수 없는 비극적 운명을 직감했을 것입니다. 그리고 얼마 후 그는 재물에 대한 욕심 때문에 그만 눈이 멀어 적국인 페르시아의 속임수에 빠지게 되고, 끔찍한 최후를 맞이했죠.

'열흘 가는 붉은 꽃은 없다'라는 뜻의 '화무십일홍花無十日紅'이란 고사성어가 있습니다. 제아무리 아름답고 붉은 꽃이라도 그 아름다움이 영원히 계속될 수는 없다는 자연의 순리에 빗대어, 권력과 부귀영화 또한 한순간일 뿐이라는 교훈을 담은 말입니다. 만약 폴리크라테스가 계속된 성공에도 겸손한 마음으로 매사 조심했다면 어땠을까요? 그래도 언젠가는 자신의 운이 다하고 더 이상의 성공이 없는 시기가 다가왔을 테지만 적어도 잔인하게 살해당한 후 십자가에 매달리는 끔찍한 최후는 피할 수 있지 않았을까요?

잇따른 성공과 행운으로 들뜰수록 더욱 겸손해질 필요가 있습니다. 겸손한 마음으로 차분히 상황을 직시한다면, 어쩌면 파국적인 운명을 피할 수 있을지 모릅니다.

“가장 영광스러운 순간에 끔찍한 비극을 맞았던
과거의 주인공들이 자꾸만 떠오르는 이유는 뭘까요?”

4

그래도 목표를 세워야 하는 이유

* 관성의 법칙 *

나이가 들수록 새로운 목표를 세우고 도전하는 일이 점차 힘들어집니다. 몸이 따라주지 않는 문제도 있지만 그동안 익숙한 삶의 방식을 바꿔야만 하는 일 또한 그리 만만치는 않습니다. 물론 더 젊다 해도 어렵긴 마찬가지입니다. 하지만 그래도 목표는 세워야 한다고 말합니다. 왜 그럴까요? 이와 관련해 재미있는 실험이 있는데요. 다음은 마크 매코맥의 책 『하버드에서도 가르쳐주지 않는 것들』에 수록된 이야기입니다.

1979년 하버드 경영대학원에서는 한 가지 설문조사가 진행됩니다. 자신이 미래에 달성하고 싶은 인생의 목표를 문장으로 명확하게 써두었는지, 그리고 그것을 위한 계획을 수립했는지를 졸업생들에게 물어본 것이죠. 그런데 응답한 학생들 가운데 약 3%만이 '그렇다'라고 답했습니다. 84%는 아예 목표를 가지고 있지도 않았고, 13%는 '여행을 가겠다' 등과 같은 아주 소박하면서도 단순한 목표만이 있었다고 합니다.

10년이 지난 후 그 졸업생들의 삶을 평가했습니다. 삶의 평가 기준은 사람마다 다르지만, 경영대학원 졸업생이라는 특성을 고려해 경제적인 기준, 즉 금전적인 수입이 기준이 되었습니다. 그 결과, 작은 목표나마 가지고 있었던 졸업생들은 목표 자체가 없었던 대부분의 졸업생보다 평균적으로 수입이 두 배였습니다. 더 놀라운 것은 자신의 목표를 명확하게 문장으로 써두고, 계획까지 수립했다고 답한 3% 졸업생들은 나머지 97% 졸업생들보다 무려 열 배나 더 높은 수입을 올리고 있었죠.

물론 경제적인 성공이 반드시 인생의 성공을 의미하는 것은 아닙니다. 하지만 어쨌든 인생의 목표를 세운 경우와 그렇지 않은 경우는 그 결과에서 큰 차이가 있을 수 있음을 이 실험은 보여주고 있습니다.

목표를 위해 행동하고, 행동을 습관화하라

뚜렷한 목표만 있다고 다 성공하는 것은 아닙니다. 그 목표를 위한 부단한 노력도 필수겠죠. 산에 오르겠다는 생각만으로 산 정상에 설 수는 없을 테니까요. 목표가 높을수록 계획이 필요합니다. 큰 목표에 이르기 위해 단기적으로 실행 가능한 계획을 세우는 것이죠. 때로는 중간중간 작은 목표를 세우는 것도 도움이 됩니다.

저는 건강을 위해 등산을 시작했습니다. 그런데 처음부터 난관이었습니다. 산 초입부터 숨은 가파르고 두 다리는 후들후들 떨렸고 정신까지 혼미했죠. 그래서 작은 목표부터 세웠습니다. 우선 무리한 등산보다는 둘레길부터 걷기로 했죠. 그리고 오래 걷는 것에 꽤 익숙해질 무렵, 그리 높지 않은 작은 산을 택해 도전했습니다. 그리고 점차 산의 높이를 올렸죠. 높은 산은 중간중간 쉬는 시간도 정했습니다. 차근차근 나아가지 않았다면 아마도 중간에 포기하고 말았을 것입니다.

'시작이 반이다'라는 말이 있습니다. 목표를 달성하려면 일단 그 목표를 위한 한 걸음부터 내딛어야만 합니다. 그리고 차근차근 나아가면 되죠. 사실 그 첫걸음이 어렵지 이후 한 걸음 한 걸음이 쌓이면 어느새 목표에 가깝게 다가선 자신을 볼 수 있습니다. 그리고 시간이 지남에 따라 그 걸음은 마치 습관처럼 자연스러운 일이 되죠.

저는 이 '습관화'야말로 성공의 또 다른 핵심 요인이라 생각합니다. 그리고 이 습관화를 위해서는 일정한 방향으로 꾸준히 반복되는 어떤 행동이 있어야 합니다. 그런데 만약 처음부터 방향을 지시하고 행동을 이끄는 목표 자체가 없다면, 성공을 위한 습관 또한 형성될 수 없겠죠. 앞서 하버드 경영대학원의 졸업생 대다수가 그러했던 것처럼 말입니다.

프랑스의 작가이자 철학자 폴 브루제는 이렇게 말했습니다.

> "용기를 내어 생각하는 대로 살아라, 그렇지 않으면 사는 대로 생각하게 될 것이다."

우리의 행동은 생각의 지배를 받습니다. 편하게 현실에 안주하면 결코 현실에서 벗어날 수 없지만, 더 나은 미래를 위해 구체적인 목표를 세운다면 우리는 그에 맞게 행동하게 될 것입니다. 그리고 작은 행동들이 모여 습관이 되고 습관들이 점차 모이면 우리는 결국엔 목표에 가깝게 다가서게 되겠죠.

그러고 보니 이 '습관화'는 과학에서 말하는 '관성慣性'과 매우 유사합니다. 관성이란 어떤 사물이 자신의 운동 상태를 그대로 유지하려는 성질입니다. 예를 들어, 공을 굴리면 처음 정해진 방향으로 공이 계속 굴러가는데 이는 관성 때문입니다. 만약 이 공을 멈추려면 외부에서 새로운 힘이 필요합니다. 마치 사람의 습관도 한번 형성되면 바꾸기가 쉽지 않아 큰 노력이 필요한 것처럼 말이죠.

움직이는 배 위에 공을 떨어트린다면?

르네상스 시대를 대표하는 천재 과학자 갈릴레오 갈릴레이는 지동설을 믿었습니다. 우주의 중심에 지구가 있고 그 주위를 태양이 도는 것이 아니라, 정반대로 지구가 태양 주위를 돈다는, 당시로서는 매우 혁명적인 주장을 신봉했던 것이죠. 그는 자신의 저서 『두 우주체계에 대한 대화』에서 서로 반대 의견을 피력하는 두 주인공 간의 논쟁을 통해 자신의 소신을 아주 조심스레 밝힙니다. 아무래도 서슬 푸른 종교의 눈치를 볼 수밖에 없는 시대적 상황 때문이었습니다.

주인공 살비아티는 지동설의 지지자이고, 또 다른 주인공 심플리치

갈릴레오 갈릴레이

오는 천동설의 지지자입니다. 이 둘의 대화를 중재하는 사그레도라는 인물도 등장하는데, 사실 이 사람도 지동설에 호의적인 입장이죠. 아마도 갈릴레오가 자신을 투영시킨 인물일 것입니다.

이들의 여러 대화 가운데 '이동하는 배'에 관한 이야기가 등장합니다. 이 배에는 한 사람이 타고 있는데, 그는 이동 중인 배에서 자신의 손에 들고 있던 물체를 떨어트립니다. 그 물체는 어떠한 모습으로 떨어질까요? 배가 앞으로 가고 있으니 물체는 배의 이동 방향과 반대쪽으로 포물선을 그리며 떨어지지 않을까요? 정답은 잠시 후에 공개하도록 하겠습니다.

잠시 배에서 내려 육지로 올라가도록 하겠습니다. 한 가지 실험이 더 남았기 때문인데요. 아까 배 위에서 그러한 것처럼 이번에도 손에 들고 있던 물체를 한번 떨어트려 보겠습니다. 물체는 곧장 수직선을 그리며 낙하합니다. 가만히 땅 위에 서서 떨어트리니 당연히 아래로 떨어지지 않으냐고요? 잠시만 더 설명을 들어보시죠.

조금 전 우리는 손에서 물체가 수직으로 낙하하는 모습을 보았습니다. 그런데 만약 지구가 돈다고 한다면, 물체는 떨어트린 사람 뒤쪽으로 포물선을 그리며 낙하해야 하지 않을까요? 왜냐하면 지구가 움직이면 그 위에 있는 사람도 앞으로 움직이지만, 손에서 벗어난 물체는 제자리에 그대로 있으면서 아래로 떨어질 것이기 때문입니다.

물론 여러분은 이 설명이 틀렸다는 것을 알겠지만 당시 사람들은 그렇지 않았습니다. 따라서 땅 위에 서 있는 사람이 떨어트린 물체가 수직으로 낙하하는 현상은 '지구가 움직이지 않는다는 증거'라 주장하게 되었죠. 그런데 여기서 대반전이 일어납니다. 앞서 진행했던 실험의 결과

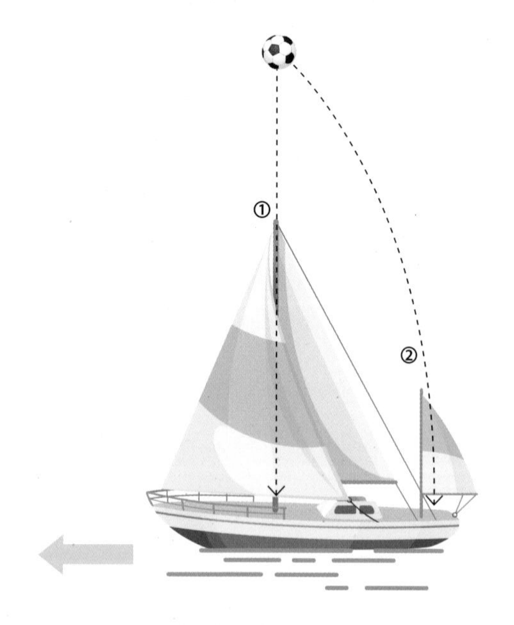

이동하는 배에 공을 떨어트리면?

가 궁금하셨죠. 앞으로 나아가는 배 위에서 떨어진 물체는 과연 어떻게 될까요? 정답은 바로 '수직으로 낙하한다!'입니다.

이런 현상이 일어나려면 앞으로 나아가는 배와 함께 떨어지는 물체도 앞으로 나아가야 합니다. 만약 물체가 그 자리에 머물러 있다면 배의 뒤쪽으로 포물선을 그리며 떨어져야 했을 테니까요. 그런데 배는 앞으로 진행하지만, 왜 그 배에서 분리된 물체는 배의 방향을 계속 따라가면서 떨어지는 걸까요?

바로 이때 관성이라 개념이 등장합니다. 앞서 어떤 물체가 자신의 운동 상태를 그대로 유지하려는 성질을 관성이라 말씀드린 바 있습니다. 그렇다면 움직이는 물체는 외부에서 힘이 가해지지 않는 이상 그 방향으로 계속 움직이려 하는데, 배 위에서 낙하한 물체 또한 이 관성에 의해 배와 마찬가지로 계속 앞으로 나아가려 하죠. 그래서 우리 눈에는 수직으로 낙하하는 것처럼 보이는 것입니다.

그렇다면 지상에서 물체를 떨어트릴 때 수직으로 낙하하는 것이 지구가 움직이지 않는 증거라고 주장했던 사람들은 입장이 매우 난처해집니다. 움직이는 배에서도 물체는 수직으로 낙하했기 때문이죠. 이것만으로 지구가 움직이는지 여부를 알 수 없기 때문입니다.

갈릴레오는 이 이야기를 통해 지동설을 부정하기 위한 주장 가운데 한 가지가 잘못되었음을 증명합니다. 그리고 간접적으로 지동설을 옹호한 것이죠. 그런데 여러분도 잘 아시는 것처럼 그의 이런 태도는 종교계의 불만을 불러일으켰고, 결국에는 신성 모독으로 재판에 회부되고 말았습니다.

관성을 이용하여 목표로 향하기

갈릴레오는 지동설을 옹호하기 위해 처음으로 관성이라는 개념을 도입했습니다. 흔히 뉴턴이 관성을 발견했다고 알고 있지만, 사실 뉴턴은 갈릴레오의 유산을 물려받은 것입니다. 그리고 뉴턴은 이를 더 확장해 다음과 같이 표현했습니다.

"물체에 힘을 가하지 않으면, 정지한 물체는 계속 정지하고, 일정한 속도로 운동하던 물체는 계속 그 속도로 운동한다."

관성은 의외로 우리 주변에서 흔하게 발견됩니다. 멈춰 있던 버스가 갑자기 출발하면서 몸이 뒤로 기울어지는 것이나, 급정차하는 버스에서 몸이 앞으로 쏠리는 것 등은 모두 이 관성의 효과입니다. 지구 위에 서 있는 우리가 지구의 빠른 자전 속도(시속 1670km)를 감지하지 못하는 것 또한 관성 때문입니다. 물론 앞선 예에서처럼 이동 중인 배에서 떨어진 물체가 수직 낙하하는 원인이 되기도 하죠.

앞서 하버드 경영대학원 졸업생들의 이야기와 함께 목표의 중요성을 말씀드렸습니다. 그리고 실천 가능한 체계적인 계획의 중요성도 강조했죠. 하지만 무엇보다 중요한 것은 그 목표를 향해 용기 있게 나아가는 것입니다. 그러면 한번 움직이기 시작한 공이 계속 움직이듯, 우리에게도 관성이 작용할 것입니다. 그리고 그 관성은 우리를 원하는 목표로 서서히 이끌어줄 것입니다.

“관성은 우리를 원하는 목표로 서서히 이끌어줄 것입니다.”

5

높이 오르면 왜 더 멀리 보일까?

* 고차원 이론 *

날씨가 좋은 날이면 가끔 등산을 합니다. 건강을 위해 운동 삼아 시작했는데, 처음에는 초입부터 힘들었지만 지금은 체력이 좋아져 두세 번 정도 짧게 쉬고 바로 정상까지 올라갑니다. 등산이 능숙해지자 체력뿐만이 아니라 시야도 넓어졌습니다. 처음엔 너무 힘들어 땅만 보고 올라갔지만, 점차 주위를 둘러보는 여유가 생겼죠. 하늘을 향해 멋지게 뻗은 나무들, 이름 모를 풀과 꽃, 그리고 때때로 저 멀찍이 저를 유심히 바라보는 다람쥐까지 눈에 들어왔습니다.

그렇게 주변을 살피며 산을 오르다 보면 어느덧 중간 쉼터가 나옵니다. 쉼터라고 누군가 정해놓은 곳은 아니지만, 사람들의 발길을 잠시 붙잡는 곳이니 바로 그곳이 쉼터인 셈이죠. 저 또한 그곳에서 자연스레 발길이 멈춥니다. 울창했던 숲을 지나 갑자기 확 트인 풍경이 펼쳐지기 때문이죠. 저 멀리 번잡한 도심이 한눈에 내려다보입니다. 탁 트인 시야만큼이나 마음도 탁 트이는 느낌입니다. 저 아래 세상에서는 항상 느껴야만 했던 마음속 긴장감이 사라지니 몸까지 상쾌해집니다. 그래, 이 맛에 산에 오르는구나 비로소 깨닫는 순간입니다.

마침내 도착한 산 정상. 때마침 날씨까지 화창하니 위에서 내려다보는 전경에는 막힘이 없습니다. 이 순간 당나라 시인 왕지환이 지은 『등관작루』에 실린 '욕궁천리목欲窮千里目 갱상일층루更上一層樓'라는 문장이 떠오릅니다. '천 리를 더 멀리 보려거든, 다시금 한 층 더 올라야 한다'는 뜻인데요, 바로 여기서 갱상일루更上一樓라는 고사성어가 유래했습니다. 산 정상에 서니 비로소 이 말의 의미를 제대로 알 것 같습니다.

여기서 질문 하나, 높이 오르면 왜 더 멀리 볼 수 있는 걸까요?

높이 오를수록 멀리 볼 수 있는 과학적 이유

높이 오르면 더 멀리 보이는 것은 당연하죠. 하지만 이 당연한 듯 보이는 일에 매우 중요한 의미가 담겨 있습니다. 첫 번째는 바로 지구가 둥글다는 사실입니다. 오래전 사람들은 지구가 평평하다고 생각했습니다. 왜냐하면, 그래야 우리가 지금처럼 땅에 발을 붙이고 편안하게 살 수 있을 테니까요. 만약 지구가 둥글면 공 위에 선 사람처럼 매우 불안할 것이라 생각했죠. 그리고 실제로도 저 멀리까지 뻗은 땅을 보고 있으면 지구가 평평해 보이기는 합니다.

기원전 5세기경 그리스의 아낙시만드로스는 최초의 세계 지도를 그렸습니다. 그의 지도에는 당시 그리스로 대표되는 유럽을 비롯해 아시아 그리고 리비아(아프리카)가 표시되어 있었습니다. 그리고 이 세 대륙은 오케아노스oceanos라 불리는 커다란 바다로 둘러싸여 있죠. 오케아노스

아낙시만드로스가 그린 최초의 세계 지도

는 원래는 바다의 신이었습니다. 하지만 점차 바다 그 자체를 의미하게 되었고, 바다를 뜻하는 영어단어 '오션ocean'의 어원이 되기도 했습니다.

2차원의 평면 지도만 놓고 본다면, 그의 지도나 오늘날의 세계지도나 그다지 큰 차이는 없어 보입니다. 하지만 이 지도를 아낙시만드로스의 설명에 따라 3차원 입체 형상으로 나타내면 큰 차이점을 발견할 수 있습니다. 오늘날 세계지도가 구의 형상인 지구를 2차원으로 펼쳐서 표현한 것이라면, 당시의 세계지도는 원통형인 지구를 위에서 내려다본 모습을 그린 것이기 때문입니다.

아낙시만드로스에 따르면 흙으로 만들어진 커다란 원통형 기둥 위에 우리는 살고 있습니다. 기둥 윗부분의 요철은 산과 계곡, 그리고 평원을 만들어내고, 기둥 가장자리의 저지대는 물로 가득 찬 바다입니다. 그런데 사람들은 여기에 더해 이런 상상을 했습니다.

"만약 지구의 끝에 도달한다면 밖으로 떨어질지도 모른다. 그리고 이렇게 떨어지는 사람들은 그 아래에 있는 무시무시한 괴물들과 만나게 될 것이다."

하지만 모두가 다 그렇게 생각한 것은 아니었습니다. 어쩌면 지구가 둥글지도 모른다고 의심한 사람들도 있었죠. 그들이 근거로 내세운 가장 대표적인 사실은 저 먼바다로부터 항구를 향해 들어오고 있는 배의 모습이었습니다. 만약 지구가 평평하다면, 저 멀리서 다가오는 배는 아주 작은 점으로부터 시작해서 점점 더 커지는 모습으로 관찰될 것입니다. 하지만 실제로는 마치 바닷속에서 올라오기라도 하는 것처럼 배의 돛대부터 시작해서 서서히 떠오르는 모습이었죠.

그밖에 또 다른 근거도 있었습니다. 달이 지구의 그림자에 의해 가려지는 월식 현상이 바로 그것인데요. 태양 빛에 의해 달의 표면에 만들어진 지구의 그림자가 둥글다는 사실은 지구 또한 실제로는 둥글다는 사실을 암시했기 때문입니다.

그리고 마지막으로 들 수 있는 또 다른 하나의 근거는 바로 이번 이야기의 주제인 '높이 올라가면 더 멀리 본다'와 관련이 있습니다. 잠시 눈을 감고 탁 트인 아주 넓은 평야에 서 있다고 상상해보시죠. 저 멀리 지평선, 그러니까 땅의 끝이 보입니다. 이제 여러분은 옆에 솟아 있는 높은 탑 위로 올라갑니다. 자, 눈 앞에 어떤 풍경이 펼쳐지나요?

만약 지구가 평평하다면 아무리 보는 위치가 높아지더라도 지평선까지의 거리는 일정할 것입니다. 하지만 실제로 보이는 풍경은 이와는 사뭇 다릅니다. 높이 올라갈수록 지평선까지의 거리가 점점 더 멀어져 갑니다. 그 이유는 바로 지구가 평평하지 않고 둥글기 때문입니다.

더 높이 올라야 더 멀리 볼 수 있는 이유에 대한 첫 번째 과학적인 설명은 이것으로 마무리하겠습니다. 너무 쉬운 이야기라 살짝 실망하셨나요? 하지만 아직 실망하시기엔 이릅니다. 지금부터는 조금 다른 관점에서 접근해볼 텐데요. 현대의 중요한 과학적 발견과도 관련이 있는 매우 심오한 이야기입니다. 먼저 본격적인 설명에 앞서 이와 관련한 재미난 작품 하나를 소개하겠습니다.

평평한 세상, 플랫랜드

에드윈 에보트가 1884년 발표한 『플랫랜드Flatland』란 소설을 아시나요? 제목을 번역하면 '평평한 세상' 정도가 되겠네요. 소설은 주인공 미스터 스퀘어square, 일명 네모 씨의 과거 회상으로부터 시작합니다.

그는 평평한 2차원 세계에 사는 주민입니다. 2차원의 세계는 가로와 세로의 방향만 있을 뿐 높이는 없습니다. 그래서 위에서 내려다보거나 아래에서 올려다보는 것이 불가능합니다. 오로지 옆만 볼 수 있습니다. 2차원 평면에 어떤 존재를 나타내려면 평평한 도형이 되어야 합니다. 네모 씨처럼 네모일 수도 있고, 원형 아니면 그 밖의 다른 다각형일 수도 있습니다.

이에 반해 우리가 사는 세계는 3차원입니다. 가로, 세로에 더해 높이가 하나 더 있기 때문입니다. 참고로 1차원은 직선, 0차원은 점을 의미합니다. 그런데 어느 날 네모 씨는 우연한 기회에 3차원 세계인 스페이스랜드Spaceland를 방문하게 됩니다. 그리고 그곳에서 그는 매우 충격적인 경험을 하게 됩니다. 높이라는 개념이 만들어내는 신기한 현상들이 눈앞에 펼쳐졌기 때문인데요. 어떤 사물이 위나 아래로 이동하는 현상은 스페이스랜드에서는 매우 정상적이지만, 네모 씨의 눈에는 그 사물이 갑자기 사라지는 마법처럼 보인 것이죠.

그동안 세계의 전부라 생각했던 2차원의 플랫랜드는 사실 전체 세계 가운데 일부일 뿐이며, 자신이 살면서 그동안 경험했던 것들 또한 더욱 큰 진실의 일부라는 사실을 깨닫게 되었습니다. 3차원 세계의 관점은 2

차원 세계의 그것보다 훨씬 더 많은 것을 알게 해주었습니다.

다시 자신의 2차원 세계로 돌아온 네모 씨는 주위 사람들에게 3차원 세계의 신기한 이야기에 대해 들려주었지만 사람들은 그 말을 믿지 않았습니다. 심지어 미치광이로 취급해 그는 종신형에 처하고 말았죠. 평론가들은 이 소설이 당시 빅토리아 시대의 경직된 영국 사회를 풍자하고 있다고도 말합니다. 그보다 우리가 주목할 것은 이 이야기에 담겨 있는 차원에 대한 놀라운 통찰입니다. 더 높이 오르면 더 멀리 볼 수 있다는 말이 지닌 더 철학적 의미를 담고 있기 때문이죠.

2차원 세계 사람들은 높이를 인식할 수 없어 입체적인 모양 역시 제대로 파악할 수 없습니다. 그렇기 때문에 만약 이들이 사는 플랫랜드에 원기둥과 같은 입체가 등장하면 평면에 투영되는 각도에 따라 아마도 서로 다른 모양으로 보일 것입니다. 원기둥이 곧게 서 있다면 원형으로 보일 것이고, 원기둥이 옆으로 비스듬하게 누워 있다면 타원형으로, 원기둥이 옆으로 완전히 눕는다면 직사각형으로 인식되겠죠.

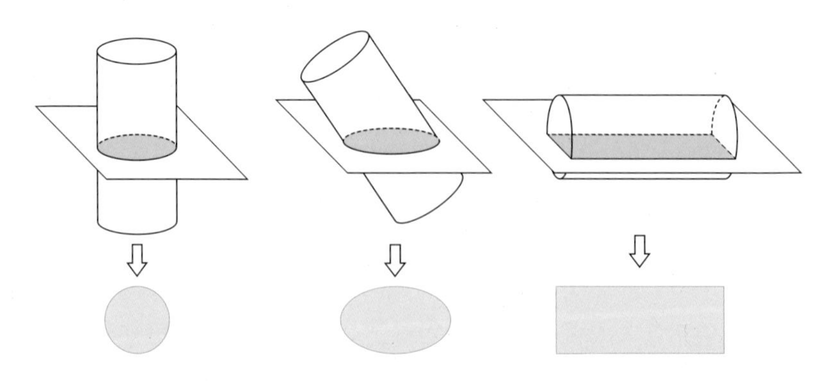

평면에 투영되는 각도에 따라 달라지는 모양

그들은 원, 타원, 그리고 직사각형의 존재를 서로 다른 존재라고 확신하겠지만 실제로는 동일한 존재였죠. 만약 그들이 3차원 세계에 있었다면 이 진실을 바로 깨달았을 것입니다.

높이 올라야 더 멀리 볼 수 있는 이유를 이번에는 차원의 관점에서 접근해보았습니다. 앞서는 높이 올라간다는 것이 3차원 세계에서 높이 방향으로의 이동을 의미했다면, 이번에는 더 낮은 차원에서 높은 차원으로의 이동을 의미했죠. 그리고 높은 차원으로 올라감은 더 멀리 봄, 즉 더 진실에 가까이 감을 의미합니다.

그렇다면 3차원 스페이스랜드의 주민인 우리는 어떨까요? 네모 씨처럼 만약 우리도 더 높은 차원, 즉 4차원이나 5차원 공간으로 이동할 수 있다면 더 멀리 볼 수 있지 않을까요? 그러면 더 진실에 가깝게 다가갈 수 있지 않을까요? 물론 그런 다차원 공간이 존재한다면 말입니다.

진실에 더 가까이 가는 법

최근 3차원을 넘어선 다차원 공간이 존재할지 모른다는 과학적인 논의가 진지하게 이루어지고 있습니다. 그 가운데 대표적인 한 이론에 따르면 우리가 속한 이 세계는 실제로는 3차원이 아니라 놀랍게도 9차원이라고 합니다. 이 이론은 모든 것이 하나의 끈string으로 이루어져 있다고 주장합니다. '신발 끈' 할 때 그 끈입니다. 다만 그 크기가 아주 아주 작아서 관찰은 불가능한 끈이죠. 이 세계를 구성하는 기본 입자들의 실체도 바로 이 끈입니다. 이 끈은 진동하는데, 그 진동하는 패턴에 따라 우리에게는 서로 다른 입자들로 나타난다고 이 이론에서 설명합니다. 물론 이론일 뿐이라 직접적인 관찰이나 증명은 불가능하고 수학적인 접근만 가능하죠. 그런데 이 이론이 성립하려면 3차원의 공간만으로 부족하고 9차원은 되어야 한다고 합니다. 그 이유를 설명하려면 복잡한 수학적 지식이 필요하니 여기서는 생략하도록 하죠. 다만 이 이론이 옳다고 가정하고 이야기를 계속 진행하겠습니다.

우리가 관찰할 수 있는 것은 3차원 공간입니다. 끈의 진동으로 모든 것을 설명하는 이 이론에서 등장하는 나머지 6차원은 도대체 어디에 있을까요? 현재까지 가장 그럴듯한 답변은 이 여분의 6차원이 아주 작게 말려서 커다란 3차원 공간 곳곳에 숨어 있다는 것입니다.

아마도 우리 우주가 처음 탄생해서 아주 작은 크기였을 때는 9개의 공간 차원이 있었지만, 지금처럼 거대한 우주로 팽창하는 과정에서 (아직은 알지 못하는 어떤 이유로 인해) 3개 차원만이 급격히 팽창하는 불균형이 일어났고, 이 때문에 지금과 같은 상태가 되었을 것이라 합니다.

아쉽게도 이 또한 모두 추측입니다. 하지만 이 이론을 통해 제기되는 차원와 관련되는 문제에는 앞서 소설에서 살펴본 바와 같은 매우 심오한 통찰이 숨어 있습니다. 더 높은 차원의 관점은 더욱더 멀리, 그리고 더욱더 진실에 가까워진다는 통찰 말입니다.

더 멀리 보기 위해 산에 오르는 것처럼, 때로는 우리의 관점이나 시야를 더 넓히려 노력할 필요가 있습니다. 지금까지 미처 알지 못했던 진실을 깨닫게 될지도 모르니까요.

“높은 차원으로 올라가는 것은

진실에 더 가까이 다가가는 것을 의미합니다.”

6

완벽하다고 무조건 좋은 게 아닌 이유

* DNA 복제 *

이제는 문을 닫은 지 꽤 오래 지난 듯한 낡은 전자오락실에서 샘 플린은 아버지와의 추억을 회상하고 있습니다. 그런데 갑자기 그의 몸이 미지의 세계로 빨려 들어가는 일이 발생합니다. 그가 도착한 곳은 그리드grid라 불리는 디지털화된 가상의 세계입니다.

미래 지향적인 풍경이 낯설기는 하지만 그곳에도 사람들은 살고 있습니다. 그런데 사실 그들은 모두 디지털화된 프로그램이었죠. 샘은 갑자기 누군가로부터 추격을 당합니다. 처음에는 자신이 정체불명의 이방인이라 그런 줄 알았지만 그 내막은 훨씬 더 복잡했습니다.

이곳의 창조자는 오래전 갑자기 실종된 자신의 아버지 케빈 플린이었습니다. 그리고 자신을 추적하는 무리의 리더는 한때 아버지를 도와

이 가상 세계를 함께 만들던 클루라는 인물인데, 이 클루는 케빈 플린이 자신을 본떠 만든 복제 프로그램이었습니다.

클루는 샘을 사로잡아 오래전 몸을 숨겨버린 케빈을 찾아내는 데 이용하려 했습니다. 그는 쿠데타로 케빈을 몰아내고 가상세계를 장악했지만, 그리드를 통제할 마스터키가 없었기 때문이죠. 그런데 클루는 왜 자신을 만든 창조주이자 협력자인 케빈을 배신한 걸까요?

천재 공학자이자 사업가이기도 한 케빈은 완벽하게 작동되는 가상세계를 만들고자 했습니다. 그리고 그에 앞서 클루와 트론이란 프로그램화된 인물도 만들었습니다. 그들의 도움을 받아 조금씩 가상세계를 만들던 중 케빈은 이내 무언가 문제가 있다는 것을 발견합니다. 그 문제는 바로 완벽함에 대한 지나친 집착이었습니다. 완벽함만으로는 세계가 제대로 작동하지 않는다는 것을 깨달은 것입니다.

하지만 클루는 계속 완벽함에 집착했습니다. 애초에 그렇게 설계된 프로그램이기 때문이죠. 의도하지는 않았지만, 그리드 내에서 자연스럽게 생겨나는 것들을 그는 무조건 없애려 했습니다. 완벽함에 방해가 된다고 여겼기 때문이죠. 그리고 완벽한 세계에 대해 점차 회의를 느끼는 케빈에게도 불만을 품게 되었고, 결국 케빈을 쫓아내고 트론을 세뇌시키면서 그리드를 장악해버렸습니다.

샘의 활약과 트론을 포함한 다른 프로그램들의 도움으로 완벽함에 대한 클루의 지나친 집착은 그 종말을 맞이합니다. 안타깝게도 그 과정에서 다시 아버지를 잃지만 샘은 무사히 원래 세상으로 돌아올 수 있었습니다.

이상은 2010년 개봉한 영화 〈트론, 새로운 시작〉의 대략적인 줄거리였습니다. 디지털화된 가상세계라는 참신한 소재, 어둠과 빛이 잘 조화된 영상미, 그리고 화려한 특수 효과도 볼 만했지만, 저를 가장 사로잡았던 것은 바로 완벽함을 바라보는 새로운 시선이었습니다.

그리드의 창조주 케빈은 이렇게 말합니다.

> "완벽함이란 실현 불가능한 꿈이야. 하지만 늘 우리 눈앞에 있기도 하지."

20:80, 파레토의 법칙

이탈리아의 경제학자 빌프레도 파레토는 부의 불균형에 관한 문제를 분석하다가 흥미로운 사실을 발견합니다. 전체 인구 중 상위 20%가 전체 부의 80%를 가지고 있다는 통계 분석 결과를 얻은 것이죠.

이후 이와 유사한 경험적 사실들이 다른 여러 분야에서도 발견되었고 이를 '파레토의 법칙'이라 부르게 되었습니다. '20%의 핵심 인력이 전체 성과의 80%를 창출한다', '20%의 충성 고객이 전체 매출의 80%를 만들어낸다' 등 변형된 의미로도 사용되었습니다. 심지어 로마 황제들 가운데 자연사한 경우와 그렇지 않은 경우도 20:80의 비율을 보인다며 이 또한 파레토 법칙의 한 예라 주장하는 경우도 있었습니다.

법칙이란 명칭이 붙기는 했지만 과학에서 말하는 엄밀한 의미에서

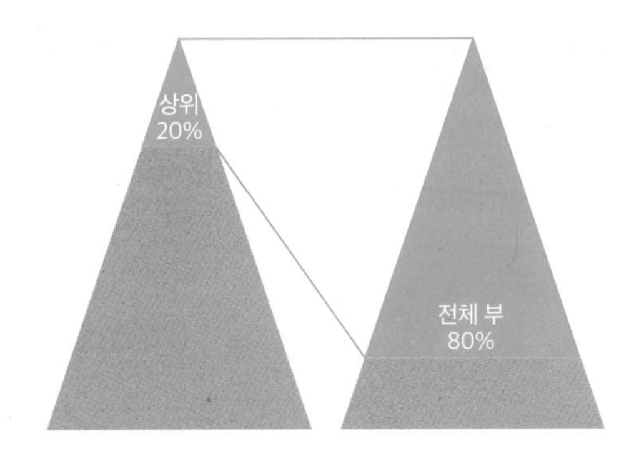

파레토의 법칙

의 법칙은 아닙니다. 단지 경험적인 수치 정도라 할 수 있죠. 하지만 그 안에는 세상이 완벽함만으로 돌아가는 것은 아니라는 심오한 통찰이 숨어 있죠. 우리가 사는 세상은 어느 정도, 아니 어쩌면 꽤 많은 정도로 '완벽하지 않음'을 허용하는 듯 보입니다.

일본의 진화생물학자 하세가와 에이스케 교수에 따르면 개미 집단 내에서도 파레토 법칙과 유사한 법칙이 존재한다고 합니다. 왠지 모르게 개미는 전부 성실할 것 같지만, 실제로 20% 정도의 개미만 열심히 일하고 나머지 80%는 그렇지 않다고 하죠. 하세가와 교수는 이 게으른 80%를 더 조사했는데, 60% 정도는 가끔은 일을 하지만 나머지 20%는 아예 일하지 않고 빈둥거리기만 한다는 사실을 알아냈습니다.

어떻게 보면 대단히 비효율적인 것 같죠? 그러나 하세가와 교수의 생각은 달랐습니다. 80% 개미들 또한 중요한 역할이 있기 때문입니다. 20% 개미들만으로는 집단이 원활하게 돌아가지 않는다는 걸 발견했죠. 개미들이 일하는 방식은 이러합니다. 일거리가 생기면 먼저 가장 부지런한 개미들이 그 일에 전념합니다. 하지만 아무리 부지런해도 일을 하다 보면 지쳐버립니다. 만약 이들이 지쳤는데 일은 아직 많이 남았다면, 그다음으로 부지런한 개미들이 일하기 시작합니다. 이런 식으로 일종의 교대 근무가 시행되는 것입니다.

물론 대부분 일의 성과는 파레토의 법칙대로 20%의 개미들이 만들어 냅니다. 하지만 만약 어떤 중요한 일을 반드시 완수해야 할 때 20%의 개미들이 지쳐버렸다면 어떨까요? 나머지 80%의 개미들이 없다면 큰 위기에 처할 수 있습니다. 평소에는 비록 효율성이 낮을지도 몰라도 충분한 예비 전력이 있어야 최악의 사태를 막을 수 있는 것입니다.

어쩌면 우리 세상도 개미 사회와 마찬가지로 어느 정도의 비효율성을 용인하는지도 모르겠습니다. 너무 완벽함만 추구하기보다 여유를 두는 편이 장기적으로 더 유리하기 때문입니다. 지금 당장은 효율성이 낮아 보이는 나머지 80%의 집단이 일종의 보험이 되는 셈입니다.

생물의 변이는 어떻게 발생하는가

이처럼 '완벽하지 않음'이 '완벽함'을 보완하는 역할에만 머무는 것만은 아닙니다. 때로는 완벽함보다 더 중요한 역할을 하기도 합니다. 그 대표적인 예를 생명의 진화에서 발견할 수 있습니다. 잠시 진화론 이야기를 해보겠습니다.

현대 진화론을 완성한 사람은 찰스 다윈입니다. 그는 영국 해군 소속의 박물학자 신분으로 남아메리카와 갈라파고스 제도 일대를 조사했습니다. 그리고 이때 각 지역의 서로 다른 생물 종이 원래 하나의 동일한 종에서 갈라져 나왔을지도 모른다고 생각했습니다. 하지만 정확한 메커니즘은 설명할 수 없었습니다.

찰스 다윈

변이는 어떻게 발생하고, 어떻게 후손에게 전달되는지 궁금했던 그는 『인구론』의 저자로 유명한 영국의 경제학자 토마스 로버트 맬서스의 연구에서 진화의 비밀을 풀어낼 아이디어를 얻습니다. 멜서스의 이론에 따르면, 전 세계 인구는 지속해서 증가하지만 언젠가는 환경적인 제약 요인에 의해 제동이 걸리고, 종국에는 어떤 균형점에 도달할 것이라고 합니다.

모든 생명은 인간처럼 번식의 욕구가 있고, 이러한 욕구는 가장 원초적이면서 강력합니다. 여건만 허락된다면 가급적 많은 후손을 남기려 하겠죠. 하지만 일시적인 과잉 상태로 태어난 개체들이 먹을 충분한 식량이 없다면 어떻게 될까요? 잔인한 이야기일지 모르지만 선택을 해야 합니다. 어떤 개체가 살아남고 또 어떤 개체는 도태될지 말이죠. 다윈은 이러한 선택을 '자연'이 한다고 생각했습니다. 조금이라도 더 생존 확률이 높은 개체를 자연이 선택한다는 뜻입니다.

사실 이러한 선택은 이미 우리에게도 익숙합니다. 오래전부터 인류는 동식물의 인위적인 교배, 선택적 재배 등을 통해 원하는 품종의 동식물을 만들었습니다. 그러한 과정에서 발생하는 변이들 가운데 원하는 것들을 선택하여 생존할 기회를 더 많이 부여한 것이죠.

우리의 주식이 되는 밀, 옥수수, 쌀 등이 그러했고 가축들 또한 그러했습니다. 늑대로부터 선택적으로 개량된 개만 보더라도 인간의 선택이 얼마나 큰 영향을 미치는지 잘 알 수 있습니다. 다윈은 이러한 '인위적 선택'에 대응하는 개념으로 '자연 선택'을 구상했습니다. 인간처럼 자연도 어떤 방향으로 선택을 한다는 뜻입니다.

하지만 다윈은 자연 선택이 일어나기 이전에 어떻게 같은 종 안에서 (선택의 후보들이 되는) 다양한 변이가 생겨나고 그것들이 축적되는지는 명확히 알지 못했습니다. 그 메커니즘이 정확히 밝혀진 것은 DNA가 발견되고 그 역할에 대해서 자세히 알게 된 이후입니다.

DNA의 복제와 변이

생명의 가장 큰 특징은 자기 복제입니다. 영원한 삶을 누릴 수 없는 생명이 차선책으로 택한 전략이죠. 바로 자신의 정보를 후대에 넘기는 것입니다. 이를 유전 정보라 하며 DNA에 수록되어 있습니다. 1990년부터 15년간 진행된 '게놈 프로젝트'에 따르면, 그 정보의 양은 페이지마다 1000개의 글자가 실린 1000페이지 분량의 책 3300권에 달한다고 합니다.

유전 정보를 후손에게 전달하려면 자신이 가진 정보를 먼저 복사해야 합니다. 자신을 원본으로 해서 말이죠. DNA는 이를 위해 복제라는 과정을 거칩니다. 기존 DNA를 원본으로 또 하나의 DNA를 만들어내는 것입니다. 바로 이 복제된 DNA의 형태로 후손에게 정보가 전달되는데, 문제는 이 과정이 완벽하지만은 않다는 사실입니다.

1990년대 말 전 세계적으로 '6시그마 캠페인'이 유행이었습니다. 시그마란 경영학에서 불량품에 대비되는 양품良品의 비율을 나타내는 용어입니다. 1시그마는 65%가 양품인 데 비해, 6시그마는 99.99966%가 양품인 비율입니다. 6시그마 캠페인은 공장에서 생산되는 제품의 불량률을 획기적으로 낮춰 품질을 개선하자는 혁신 운동으로, 공정 개선 등을 통해 제품의 불량이 거의 없는 상태를 만들려는 노력입니다. 하지만 그렇다 하더라도 불량률이 결코 0%가 되지는 않습니다.

우리 몸의 공장이라 할 수 있는 세포의 상황도 이와 비슷합니다. 제아무리 정교하게 설계되고 운영되는 세포이지만 간혹 불량품이 발생하는 것은 어쩔 수 없습니다. 세포에서 일어나는 DNA의 복제 과정 또한 마찬가지입니다. 간혹 드물게 DNA 복제 과정에서 오류가 발생하고 맙니다. 그 확률은 10억 분의 1 정도로, 매우 낮은 확률이기는 하지만 오류를 완전히 피할 수는 없죠.

그런데 만약 이 오류가 우리 몸을 구성하는 체세포에서 일어난다면 각종 질병의 원인이 될 수 있습니다. 2017년 미국 존스 홉킨스 의과대학에서 조사한 바에 따르면 인간에게 가장 위협적인 암의 발생 원인 66%가 DNA 복제 과정의 오류 때문이고 합니다(다른 요인으로는 환경이 29%, 유전이 5%라 합니다).

그리고 이 오류가 생식 세포에서 일어난다면 후손에게 전달되는 DNA의 정보가 원본과 달라지는데, 바로 이것이 같은 종 안에서 다양한 변이가 발생하는 원인입니다. 만약 이러한 변이가 변화된 환경에 더 적합하다면, 자연 선택 때문에 그러한 방향으로 변이가 더욱 가속화되면서 결국에는 새로운 종으로의 분화까지 일어나게 됩니다.

참고로 기후도 DNA 복제 과정에서의 변이와 관련이 있습니다. 뉴질랜드 오클랜드 대학의 한 연구팀에 따르면 적도 부근의 생물이 다양한 이유 중 하나가 다른 지역보다 DNA 복제 시 오류가 더 활발히 일어나기 때문이라고 합니다. 기온이 높은 지역에서는 화학 반응이 촉진되는데, 몸 안에서 일어나는 화학 반응인 대사 활동도 마찬가지로 촉진됩니다. 몸 안의 공장이라 할 수 있는 세포들이 더 활발하게 활동을 하다 보니 그 과정에서 예기치 못한 오작동도 더 많이 발생하죠. 대표적으로 라디칼이라 불리는 반응성이 높은 물질도 많이 생성되는데 이 물질은 DNA에 손상을 가한다고 알려져 있습니다. 그러면 DNA가 복제되는 과정에서 오류가 더 자주 발생하죠.

이처럼 '완벽하지 않음'은 진화라는 과정에서 매우 중요한 역할을 해왔습니다. 만약 이 모든 과정이 완벽함만으로 채워졌다면, 생명의 진화는 결코 일어나지 못했을 것입니다. 그리고 지금의 우리도 없었겠죠.

학생들을 대상으로 한 강연이 끝나고 잠시 교장 선생님과 이야기를 나눈 적이 있습니다. 학생들의 호기심에 가득 찬 눈빛 그리고 놀랍도록 창의적인 질문 세례에 감명받은 나머지 저는 교장 선생님께 그 비결을 물었습니다. 그러자 선생님은 이렇게 답하셨죠.

"아이들에게 자주 멍을 때리라고 말합니다. 항상 공부만 하다 보면 바보가 되니까요."

일을 함에 있어서 완벽함의 추구는 기본입니다만, 때로는 그 완벽함을 위한 '완벽하지 않음' 또한 필요하다는 사실을 잊어서는 안 되겠습니다. 오히려 그 여유가 우리의 생각을 다른 방향으로 진화시킬 수도 있으니까요. 오늘은 여러분도 잠시 여유를 가져보면 어떨까요? 저도 잠시 글을 쓰는 일 멈추고 멍 좀 때려보겠습니다.

"모든 과정이 완벽함만으로 채워졌다면,
생명의 진화는 결코 일어나지 못했을 것입니다."

7

사람들은 왜 자신을 특별하게 여길까?

* 인류 원리 *

저는 요즘 한창 드라마에 빠져 있습니다. 스토리도 스토리지만 등장인물이 하나하나 다 매력적이어서 매회 빠짐없이 챙겨보았습니다. 특히 조연들의 연기가 일품입니다. 멋진 주인공을 더 멋지게 보이도록 도우면서도, 때로는 주인공 못지않은 존재감을 뽐내는 경우도 많습니다. 그래도 역시 주인공은 주인공입니다. 조연들이 제아무리 매력적이라 해도 드라마의 흐름은 언제나 주인공을 중심으로 진행되죠.

인생이라는 드라마도 마찬가집니다. 내가 주인공인 인생의 드라마에서는 언제나 내가 중심이 됩니다. 나는 그 누구보다도 더 특별한 존재이죠. 미국 코넬대 심리학과의 토마스 길로비치 교수는 이러한 자기 중심적 사고와 관련하여 재미있는 실험을 진행했습니다.

모두가 나를 주목할 거라는 착각

먼저 '대학생이 왜 저런 옷을 입어?'라고 생각할 만큼 이상한 옷을 입은 학생을 다른 평범한 학생들이 있는 장소에 들어가게 합니다. 그리고 몇 명이나 그 사람이 입은 옷을 의식하는지 알아봤습니다.

먼저 피실험자들에게 "그 장소에 있던 사람들 중에 몇 명이나 당신의 이상한 옷차림을 알아챘을까요?"라고 묻자 그들은 평균적으로 '50% 정도의 사람들'이라고 답했습니다. 절반 정도는 자신에게 눈길을 주고 또 자신을 평가하고 있을 거라고 생각했죠. 하지만 실제 결과는 달랐습니다. 그 장소에 있던 다른 사람들 가운데 약 25% 정도만이 피실험자들을 인식하고 있었죠.

심리학에서는 이를 '스포트라이트 효과'라고도 부릅니다. 마치 내가 무대의 주인공이 되어 언제나 스포트라이트를 받고 있다는 착각을 하는 우리의 기본적인 본성을 표현한 용어입니다. 이와 비슷한 개념으로 '자기중심적 편향'이라는 말도 있습니다. 모든 일을 자기에게 유리한 방향으로 평가하는 경향입니다. 그러다 보니 잘된 일은 모두 내 탓, 잘못된 일은 모두 남의 탓으로 돌리게 됩니다.

예를 들어, 팀을 이루어 어떤 과제를 수행할 때, 만약 그 과제가 성공적으로 끝나면 내가 그 성공에 큰 역할을 한 것 같고, 반대로 실패하면 다른 팀원들 때문이라고 생각하는 것이죠. 사실 고백하자면 저도 이런 경험이 많은데요. 여러분은 어떠신가요?

이러한 성향은 때로 우리가 올바른 판단을 내리거나 적절한 행동을 하는 것을 방해합니다. 예를 들어, 무대 울렁증도 무대 위에서 다른 사람의 시선을 너무 많이 의식해 생기는 증상입니다. 자신을 너무 과신하는 바람에 생기는 문제도 많습니다. 한 연구에 따르면 운전자들 중 자신이 다른 사람보다 운전을 잘한다고 생각하는 사람의 비율이 무려 82%라고 합니다. 이러한 과신이 지나칠수록 사고로 이어질 위험도 높겠죠.

그런데 자기중심적인 성향이 반드시 부정적인 효과만 있는 것은 아닙니다. 만약 그랬다면 오랜 진화 과정에서 이런 성향이 계속 유지되지는 못했겠죠. 지금까지도 우리의 기본 본성으로 남아 있다면 그만한 이유가 있을 것입니다. 이에 대해 심리학자들은 자기중심적 사고는 개인의 자존감을 높이는 역할을 해 개인의 생존 활동에 더 적극성을 부여한다고 설명합니다.

사람들은 왜 자신을 특별하게 여길까?

나는 어디에서 태어났는가

그렇다면 과학자들은 자기 중심적 사고를 어떻게 생각할까요? 이 주제는 실제로 과학자들 사이에서 회자되는 주제이기도 합니다. 우주의 탄생과 우리의 존재에 관한 아주 심오한 이야기이기도 하죠. 본격적으로 들어가기에 앞서, 먼저 옛날이야기 하나 해볼까 합니다.

1600년 로마의 한 광장, 많은 사람이 지켜보는 가운데 한 이단자의 화형식이 열렸습니다. 기둥에 묶여 온몸이 불타고 있는 그는 한때 수도회의 사제이기도 했던 조르다노 브루노입니다. 그는 어쩌다 이처럼 천벌을 받아 마땅한 이단자가 된 것일까요? 그는 한때 자신이 믿고 따르던 종교적 가르침을 버리고 이런 주장을 하고 다녔습니다.

> "우리는 무한하게 큰 공간 안에 있으며, 이 공간에는 무수히 많은 다양한 세상들이 존재한다. 우리가 사는 이 세상은 그 가운데 단지 하나일 뿐이며, 우리가 죽으면 이 세상을 떠나 또 다른 세상에서 환생할 수 있다."

그는 지구가 우주의 중심이 아니라는 코페르니쿠스의 지동설을 신봉했고, 더 나아가 신이 자신을 본떠 만든 우리 인간과 그리고 우리가 사는 이 세계의 특별한 유일성마저도 부정했습니다. 당연하게도 그의 생각은 종교계의 격렬한 반발을 불러일으킬 수밖에 없었죠. 사실 그의 주장은 과학적이라 할 수는 없습니다. 실제로 그는 과학적인 탐구보다는 신비주의에 심취했던 인물이었죠. 하지만 그의 이러한 주장이 당시 사람들에게 매우 큰 충격을 주었던 것만큼은 분명합니다.

이 우주 그리고 그곳에 사는 우리는 어떻게 생겨났을까요? 가장 근원적이면서도 난해한 질문입니다. 어쩌면 그래서 우리는 오래전부터 신의 존재를 받아들였는지도 모르겠습니다. 이처럼 아름답고 질서정연한 우주가 저절로 생겼을 리는 만무하고, 어떤 초월적인 존재가 인간을 위해 창조했다고 믿게 된 것이죠. 신의 존재라는 가설이 필요 없어진 오늘날 과학의 시대에도 이 질문은 여전히 난해하기만 합니다.

우주의 초기 조건이 달랐다면?

우리 우주는 무無의 상태에서 태어났습니다. 무에서의 요동으로 공간이 만들어지고, 그 공간을 채우는 물질과 에너지가 생성되었죠. 요동이란 말 그대로 '어지럽게擾 움직인다動'라는 뜻인데요, 그 움직임의 상태를 특정할 수 없습니다. 따라서 초기 우주가 탄생했을 때의 조건은 그야말로 복불복 상태였을 것입니다.

만약 우주의 초기 조건들이 지금과 달랐다면 어땠을까요? 그렇다면 우주의 모습은 지금과는 전혀 달라졌을 것이고, 어쩌면 우리는 탄생하지도 못했을 것입니다. 예를 들어 만약 양극(+)과 음극(-)이 서로 끌어당기는 전자기력이 지금보다 작았다면 어땠을까요? 아마도 원자핵을 중심으로 전자들이 분포하는 원자가 만들어지지 못했을 것입니다. 원자가 없다면 물질도 없고, 물질이 없다면 별과 행성 그리고 우리 또한 생성되지 못했겠죠.

만약 인력이 너무 강했다면 어땠을까요? 인력은 물질들이 서로서로 끌어당기는 힘입니다. 따라서 지금보다 중력이 더 강했다면, 우주의 물질들은 계속해서 뭉쳐져 블랙홀로 가득 찬 암흑 같았겠죠.

우리 같은 생명을 구성하는 핵심 원소인 탄소의 탄생은 더욱 극적입니다. 탄소는 헬륨의 원자핵 3개가 서로 융합해서 만들어집니다. 원자핵 3개가 동시에 충돌하여 융합하는 것은 거의 불가능에 가깝다고 알려져 있죠. 그런데도 이런 일이 가능했던 이유는 다음과 같습니다.

먼저 헬륨 원자핵 2개가 만나 서로 가까운 거리에서 주위를 도는 특수한 상태가 됩니다. 일단 원자핵 2개가 서로 가깝게 고정된다는 뜻입니다. 이제 여기에 원자핵 하나만 더 충돌하면 3개의 원자핵이 동시에 융합하여 탄소 원자가 될 수 있습니다. 3개의 원자핵이 동시에 충돌하여 융합하는 것은 거의 불가능하지만, 2개가 미리 서로 인접해 있는 상태에서 또 다른 1개가 충돌하는 것은 충분히 일어날 수 있죠. 그런데 이처럼 특수한 상태가 되기 위해서는 우주의 초기 조건들이 매우 정밀하게 조정되어야만 합니다.

이러한 상황을 놓고 과학자들의 고민은 깊어만 갔습니다. 마치 우리의 존재를 염두에 둔 듯한 우주의 상태를 합리적으로 설명하기 어려웠습니다. 또다시 신의 존재라는 가설이 등장할지도 모른다는 당혹감을 느끼기도 했습니다.

그런데 어쩌면 이 질문에 대한 답변은 너무나도 단순할 수 있다는 견해가 새롭게 등장했습니다. 우리 우주가 '원래부터 그렇게 생겨 먹었다'라고 생각하자는 것입니다. 이러한 견해를 '인류 원리'라고 하는데요, 이에 따르면 우리 우주가 애초 인간의 탄생을 염두에 두고 특수하게 만들어진 것이 아니라, 우연히 만들어진 이 우주가 어찌하다 보니 인간이 태어날 수 있는 적당한 조건이 되었다는 설명입니다.

이 우주라는 드라마에서 우리는 그저 수없이 많은 등장인물 가운데 하나일 뿐입니다. 드라마의 각본에 따라 등장하게 된 것이죠. 하지만 우리는 우리 자신의 관점으로 이 드라마를 바라봅니다. 마치 우리가 주인공이라도 되는 것처럼 말입니다. 더 나아가 이 드라마가 우리를 위해 쓰였다고 생각하기도 합니다. 하지만 사실은 드라마의 각본이 바뀌었더라면 우리도 등장하지 못했을지 모르죠.

만약 이러한 견해가 맞았다면, 어쩌면 오래전 브루노가 주장했던 것처럼 우리 우주 또한 유일하지 않을 수도 있습니다. 다른 어딘가에 우리 우주와는 전혀 다른 조건으로 구성된 또 다른 우주(들)가 존재하고, 또 그 우주(들)에 우리 같은 생명이 존재하고 있을 수 있죠.

그렇다면 우리는 전혀 특별할 것이 없을까요? 한편으로는 조금 다르게 생각할 수도 있을 것 같습니다. '우리는 여전히 자신을 특별한 존재로 여겨도 된다'라고 말이죠. 왜냐하면, 무한하게 많은 가능성 가운데 태어나 바로 이 아름다운 우주에 우리가 존재하기 때문입니다. 우리는 그야말로 특별한 행운을 얻은 셈이죠.

"이 우주라는 드라마에서 우리는 그저
수없이 많은 등장인물 가운데 하나일 뿐입니다."

8

눈이 녹으면 왜 물이 되는가?

* 상전이 현상 *

"눈이 녹으면?"이란 질문을 받는다면 여러분은 어떻게 답하시겠습니까? 우연한 기회로 〈유퀴즈 온 더 블록〉에 출연했을 때 받았던 질문 중 하나인데요. 사실 이 질문을 받았을 때는 무척이나 당황스러웠습니다. 너무나도 답이 뻔한 질문이었으니까요. 저는 이렇게 답했습니다. "눈이 녹으면 당연히 물이 되죠."

그런데 나중에서야 알게 되었습니다. 그 질문은 저에게만 주어진 것이 아니었죠. 질문의 의도는 정답을 찾기 위한 것이 아니라 관점의 차이를 알기 위해서였습니다. 저는 엉겁결에 이과의 대표로서 그 질문에 답하게 되었던 것이죠. 저를 포함한 이과들은 대부분 물이라 답했지만, 문과의 경우는 '봄이 온다'와 같은 매우 감상적인 답변을 했습니다. 저는 그 답변을 듣고 조금 충격을 받았습니다. '어떻게 저런 생각을 할 수 있지?'라고 말이죠. 물론 문과의 그러한 답변에 감동을 받은 것은 덤이고요. 방송 이후 이과의 대표로 그 질문을 받은 것이라면, 더 과학적으로 답할걸 하며 후회했습니다. 그래서 이번 기회를 빌려 그 질문을 조금 더 과학적으로 다뤄보려 합니다.

물질의 불연속적 변신, 상전이 현상

왜 눈이 녹으면 물이 될까요? 과학적으로 들여다보아도 매우 신기한 현상이 아닐 수 없습니다. 눈이라는 고체 상태의 물질이 갑자기 물이라는 액체 상태의 물질로 '짠' 하고 변하기 때문입니다. 눈과 물 사이에 어떠한 연속적인 변화가 아니라 불연속적으로 상태가 갑자기 확 변하는 것이죠. 과학에서는 이처럼 물질의 상태가 불연속적으로 바뀌는 현상을 상전이相轉移라 부릅니다.

이러한 상전이 현상은 복잡계에서 발생한다는 특징이 있습니다. 여기서 복잡계란 '수많은 요소로 구성된 집단'을 의미하는 것으로, 이 구성요소들 사이의 수많은 상호작용이 모여 집단 전체의 성질로 나타납니다. 그리고 상相이란 이런 과정을 거치면서 하나의 균일한 물리적 성질을 갖게 되는 집단을 의미합니다. 비록 미시적인 관점에서 보면 그 구성요소들은 동일할지라도, 온도나 압력 등 여러 요인에 의해 거시적인 관점에서는 서로 다른 상으로 존재할 수도 있죠.

물의 경우가 바로 이 복잡계의 한 예입니다. 작은 한 컵의 물이라도 그 안에는 수없이 많은 물 분자들(예를 들어, 150mL 물 한 컵에 대략 10^{24}개)이 존재합니다. 따라서 우리가 개개 분자들의 상태와 작용에 대해서 정확히 아는 것은 불가능합니다. 하지만 이 분자들로 구성된 집단의 전체적인 성질을 파악하는 것은 가능하죠. 액체 상태의 물, 고체 상태의 얼음, 기체 상태의 수증기 등도 바로 이러한 전체적인 상태로 구분한 것이며, 각각이 하나의 상相이 됩니다. 비록 나무는 보지 못하지만, 전체적인 숲은 볼 수 있는 것과도 같습니다.

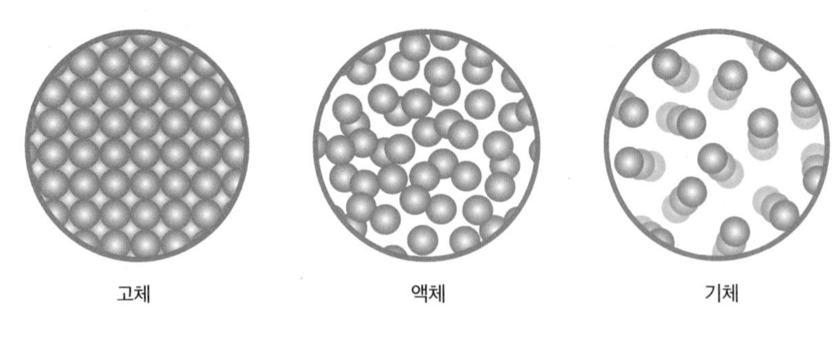

물질 상태의 물리적 변화

얼음이나 눈은 고체 상태로 물 분자들이 서로 강하게 결합되어 있는 상태입니다. 모양도 일정하게 유지되죠. 액체인 물은 이러한 강한 결합이 끊어지면서 분자들이 자유롭게 돌아다니기 시작하는 상태로 비록 고체보다 적기는 하지만 분자들 사이의 결합력이 어느 정도 작용하여 덩어리를 형성할 수 있습니다. 이에 반해 물이 기체가 되면 분자들 사이의 결합력이 거의 사라지면서 물 분자들은 아무런 구속 없이 자유롭게 공간을 질주하게 됩니다. 이처럼 고체, 액체, 기체 상태의 물을 구분 짓는 것은 그것을 구성하는 요소들의 전반적인 상태입니다. 분자들 각각에 대한 설명은 필요하지 않죠.

그런데 왜 이러한 복잡계에서 주로 상전이 현상이 발생할까요? 왜 고체 상태인 얼음이 상온이 되면 갑자기 물이 되고, 물이 100℃ 이상이 되면 갑자기 수증기로 바뀌는 것일까요? 상전이는 우리 주변에서도 흔하게 관찰되는 현상이지만, 사실 이를 과학적으로 설명하기는 어렵습니다. 난해한 이론과 복잡한 수식들이 등장하기도 하죠. 하지만 우리가 반드시 그 단계까지 이르러야 하는 것은 아니니, 조금은 쉽게 개념적인 차원에서 설명해보도록 하겠습니다.

엔트로피 법칙의 작용

물 분자들은 두 가지 상반된 작용을 받습니다. 첫째는 분자들 사이의 '결합력'입니다. 물 분자는 그 내부가 양극(+)과 음극(-)으로 부분적으로 나뉘어 있어, 각각의 분자들은 전기적인 힘으로 서로 결합할 수 있습니다. 그리고 이 결합은 온도가 낮을수록 더 잘 일어납니다. 낮은 온도에서는 분자들 사이의 거리도 짧아지고 분자들의 움직임도 둔해지기 때문이죠.

두 번째 작용은 '무질서의 증가'와 관련 있습니다. 자연에는 일정한 방향성이 있는 것처럼 보이는데, 그것은 바로 질서에서 무질서로의 진행입니다. 우리 우주는 처음에는 질서 있게 탄생했지만, 시간이 지남에 따라 점차 무질서한 상태로 바뀌는 것이죠.

이러한 방향성은 우리 주변에서도 쉽게 찾아볼 수 있습니다. 앞서 설명했듯이 뜨거운 물과 차가운 물을 섞으면 미지근한 물이 되는 현상, 방안에 방향제를 놓으면 향기 분자들이 한곳에 뭉쳐 있기보다 여기저기 퍼지는 현상이 그 예이죠. 이처럼 무질서가 증가하는 방향으로의 변화가 자연스러운 현상을 과학자들은 '엔트로피 법칙'이라 부르며, 무질서한 정도를 나타냅니다.

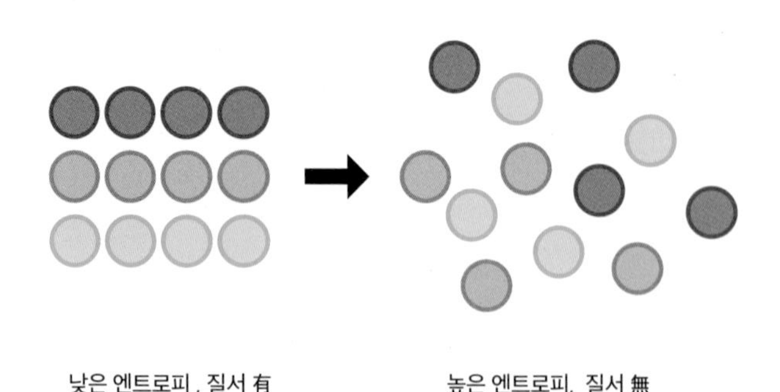

무질서할수록 높아지는 엔트로피

물 분자들 또한 이 엔트로피 법칙에서 벗어날 수 없습니다. 분자들은 한군데 뭉쳐 있기보다는 여기저기로 흩어지는 것이 더 자연스럽습니다. 그리고 온도가 높을수록 무질서는 더 빨리 증가합니다. 왜냐하면 분자들의 운동 또한 더 빨라지기 때문이죠.

지금까지 내용을 한번 정리해보겠습니다. 물 분자들은 두 가지 상반된 작용을 받습니다. 서로 가깝게 분자들을 묶어두려는 '결합 작용'과 분자들이 서로 멀어지게 만드는 '엔트로피 법칙의 작용'입니다. 그리고 이 두 작용은 물이라는 복잡계의 전체 상태를 좌우하는 요인이 됩니다.

예를 들어, 물의 온도가 점점 낮아지다가 0℃ 이하가 되면, 물 분자들 사이의 결합력이 엔트로피 법칙을 극복할 정도로 커지게 됩니다. 그러면 순간적으로 분자들이 차곡차곡 결합하면서 고체 상태인 얼음으로 변해버리죠. 만약 얼음 온도를 높이면, 정반대로 엔트로피 법칙이 분자들 사이의 강한 결합력을 이기게 되고, 그 순간 얼음은 녹아 물이 됩니다. 액체 상태의 물을 가열하여 100℃ 이상이 될 경우도 상황은 비슷합니다. 온도가 높아지면 엔트로피 법칙의 힘이 더 강해지다가 어느 순간 액체 상태에서 작용하던 물 분자들 사이의 결합력이 끊어지고 바로 이때 물은 증발하여 기체 상태가 됩니다.

이처럼 복잡계에 존재하는 두 개의 상반된 작용은 그중에서 어느 것이 더 우세하냐에 따라 그 구성 요소들의 상태를 결정하고, 이는 곧 복잡계 전체의 상태를 결정합니다. 그리고 이러한 상태 전환은 연속적이 아니라 불연속적으로 일어나죠. 두 작용 가운데 하나가 더 우세해지는 순간 상태가 갑작스럽게 변하는 것입니다.

바로 이것이 '왜 눈이 녹으면 물이 되는가?'에 대한 과학적인 설명입니다. 조금 더 일반적으로는 수많은 구성 요소가 존재하는 복잡계에서 발생하는 상전이 현상에 대한 설명이기도 합니다.

기업에서 관찰되는 상전이 현상

그런데 신기한 것은 이러한 상전이 현상이 비단 자연계에서만 관찰되는 것은 아니라는 점입니다. 과학자이자 기업가인 사피 바칼은 자신의 저서 『룬샷』에서 이렇게 설명합니다. 작은 규모의 스타트업이 거대한 대기업으로 성장해가면서 발생하는 현상이 마치 상전이 현상과 비슷하다고 말이죠. 눈이 녹아 물이 되듯이 기업의 문화가 갑자기 확 달라지는 터닝 포인트가 있음을 지적한 것입니다.

그에 따르면 기업의 전체적인 문화를 결정하는 데에는 두 가지 작용이 관여합니다. 첫째는 '금전적 보상', 즉 열심히 일하고 성과가 좋으면 좋을수록 더 많은 부를 얻을 수 있는 시스템입니다. 둘째는 '지위적 보상'으로 노력과 성과에 따라 더욱더 높은 지위에 오르는 시스템입니다.

소규모 스타트업의 경우는 그 구성원의 수가 적고 수평적인 조직문화가 특징입니다. 따라서 만약 그 기업이 성공한다면 구성원 모두 다 엄청난 금전적 보상을 받을 수 있습니다. 유망한 스타트업이 거대 기업에 인수되거나 주식 시장에 상장되면서 그 창업자들이 돈방석에 앉게 되었다는 이야기를 우리는 자주 듣게 되죠.

하지만 기업이 점차 성장할수록 이러한 금전적인 기대보다는 권위, 연봉 인상 등 지위에 따른 보상을 더 기대합니다. 개인이 아무리 열심히 한들 그 성과는 수많은 구성원에게 분산되어, 개인이 얻을 수 있는 금전적 기대는 이전보다 작아지지만, 조직이 거대해지면 관리자의 역할은 이전보다 더 강조되기 때문입니다.

이 상반되는 두 가지 작용들 가운데 어떤 것이 더 우위에 있는가에 따라 기업의 운명이 결정됩니다. 앞서 물의 상태가 분자들 사이의 결합력과 엔트로피 법칙에 따라서 결정되듯 말이죠. 만약 금전적 보상이 더 큰 역할을 한다면 그 기업은 위험을 마다하지 않는 더 적극적인 자세를 취할 것이고, 반대로 지위적 보상이 더 중요하다면 훨씬 더 안정성을 추구하는 문화가 정착될 것입니다.

그런데 이와 같은 변화 또한 물의 상전이처럼 어느 순간 갑자기 일어납니다. 기업의 규모가 점차 커지다가 어느 순간 지위적 보상의 영향력이 금전적 보상보다 우위에 서게 되면, 갑자기 기업의 문화가 달라지는 것이죠. 그러면 처음에는 빠르게 변하며 도전적이었던 스타트업이 어느 순간 움직임이 둔한 공룡 기업으로 변하게 됩니다. 그 구성원들의 자질은 크게 달라진 것이 없는데도 말이죠.

베를린 붕괴와 상전이 현상

1990년에 일어난 독일 베를린 장벽의 붕괴 현상을 이 상전이 현상에 빗대어 설명하기도 합니다. 장벽 붕괴 이전의 독일 시민 사회에는 두 가지 작용이 존재했습니다. 첫째는 사람들이 서로 교류하며 네트워크를 형성하려는 작용입니다. 그리고 이와 상반되는 두 번째 작용은 시민들의 교류와 네트워크 형성을 방해하는 작용, 그 대표적인 것이 바로 베를린 장벽이었습니다.

초기에는 시민 네트워크들의 크기가 점차 연속적으로 증가합니다. 그런데 이내 장벽이라는 방해를 만나면서, 네트워크의 수는 증가하지만 이들의 크기는 더 성장하지 못하고 정체됩니다. 하지만 이때 이들 사이에서 매개 역할을 하는 사람들의 수가 일정 이상이 되면, 마침내 이들의 성장을 방해하는 작용을 극복하게 되죠. 그러면 소규모 네트워크들끼리 연계하면서 폭발적인 속도로 거대한 네트워크가 탄생합니다.

이상은 지난 2013년에 서울대와 스위스 취리히 연방공대가 공동으로 진행한 연구 결과입니다. 다시 한번 요약해보자면, 0°C 이상으로 온도가 올라가면 단단했던 얼음이 순간적으로 녹아 물이 되는 것처럼 일정한 조건이 갖추어졌을 때 거대한 네트워크가 급격하게 탄생하면서 베를린 장벽이 붕괴한 것입니다.

"눈이 녹으면?"이라는 질문에는 이과와 문과가 같은 세상을 얼마나 다른 눈으로 보고 있는지 알아보려는 의도가 있었습니다. 역시나 이 두 집단의 답변은 너무나도 달랐죠. 그런데 이 질문이 내포하는 의미는 그 이상인 것 같습니다. 눈이 녹아 물이 되는 현상은 우리 주변의 또 다른 현상들과도 밀접한 관련이 있기 때문이죠. 앞서 살펴본 것처럼 기업의 경영도 그렇고, 정치적 현상도 그러합니다.

이런저런 질문에 답하다 보면 종종 이와 비슷한 경험을 하곤 합니다. 제 과학적인 관점에 더해 또 다른 관점들이 존재함을 비로소 깨닫게 되는 것이죠. 열린 마음이 있어야 세상을 좀 더 제대로 바라볼 수 있지 않을까요?

"눈이 녹아 물이 되는 현상은 우리 주변의
또 다른 현상들과도 밀접한 관련이 있습니다."

9

적당한 스트레스가 필요한 이유

활성화 에너지

아들이 갑자기 가슴과 등이 아프다고 합니다. 며칠 동안 운동을 열심히 하더니 근육통이 생긴 줄 알고 파스를 몇 장 붙여줬는데, 다음 날 보니 근육이 엄청나게 부풀어 있었습니다. 상태가 심각해 얼른 아이를 데리고 근처 병원으로 향했죠. 의사 선생님은 횡문근융해증이라고 진단했습니다. 근육세포가 파괴되면서 근육 성분이 녹아 나오는 병이라 합니다. 위험할 수도 있으니 응급으로 입원해 치료를 받았습니다. 아무래도 너무 무리해서 운동한 것이 원인 같다고 하는데, 최근에 몸을 만들겠다고 한여름에도 몇 시간씩 운동하더니 탈이 났나 봅니다.

운동을 하면 우리 몸은 일종의 스트레스를 받는다고 합니다. 스트레스를 받은 몸은 거기에 대응하는 데 필요한 기능을 더 강화하죠. 그 과정에서 예전보다 더 건강해집니다.

아들이 몰두했던 근력운동도 마찬가지입니다. 근육에 강한 부하를 걸어주면 근육은 미세하게 손상을 입고, 회복하는 과정에서 이전보다 더 강해지죠. 이후 가해질지도 모를 다른 스트레스에 대비하기 위해서입니다. 하지만 뭐든지 적당히 해야 합니다. 정도가 지나치면 회복할 수 없는 단계에 이르러 결국에는 병이 나고 말죠.

흡열 반응과 발열 반응

무언가 변화를 주려면 적당한 스트레스가 필요한 것은 비단 우리 몸만의 이야기는 아닙니다. 기존 물질들을 이용해 새로운 물질을 만들거나, 물질의 상태를 변화시키는 반응에서 적당한 스트레스가 필요한 경우가 많기 때문입니다. 반응은 크게 두 가지로 나뉘는데 외부에서 열에너지를 흡수하는 반응과 외부로 열에너지를 방출하는 반응입니다. 전자를 '흡열 반응', 그리고 후자를 '발열 반응'이라고 합니다.

먼저 흡열 반응은 우리 주변에서도 그 예를 쉽게 찾을 수 있습니다. 대표적으로 얼음이 녹아 물이 되는 현상이 있죠. 고체 상태인 얼음은 물분자들이 서로 강하게 결합되어 있는데, 그 결합을 끊어 액체 상태로 만들려면 외부로부터 열에너지를 흡수해야만 하기 때문입니다. 또 다른 예로는 소금과 같은 물질을 물에 녹이는 과정도 있습니다. 소금이 녹기 위해서는 고체 상태인 소금의 내부 결합을 끊어주어야 하죠.

이러한 현상을 이용한 재미있는 실험이 하나 있습니다. 바로 슬러시 만들기 실험입니다. 먼저 큰 지퍼 팩에 얼음과 소금을 약 3:1의 비율로 넣고 그보다 작은 지퍼 팩에 과일 주스를 담고 밀봉한 후 큰 지퍼 팩에 넣고 흔들어 줍니다. 잠시 후 작은 지퍼 팩을 열어보면 주스는 슬러시가 되어 있습니다. 얼음과 소금을 섞을 때 주변의 온도가 내려가면서 액체가 슬러시 형태로 바뀐 것이죠. 얼음이 녹아 물이 되고, 소금이 그 물에 녹는 것 둘 다 흡열 반응이니 전체적으로 주변의 열을 흡수하는 효과가 발생했기 때문입니다.

흡열 반응이 일어나는 이유는 반응 시작 단계와 반응 완료 단계 사이에서 에너지 수준이 차이 나기 때문입니다. 더 정확히 말하자면, 시작 단계보다 완료 단계의 에너지 수준이 더 높습니다. 그래서 외부로부터 에너지를 흡수해야만 반응이 진행될 수 있죠. 만약 그 수준 차이가 크다면 더 많은 에너지를 가해야 비로소 반응이 일어날 것입니다.

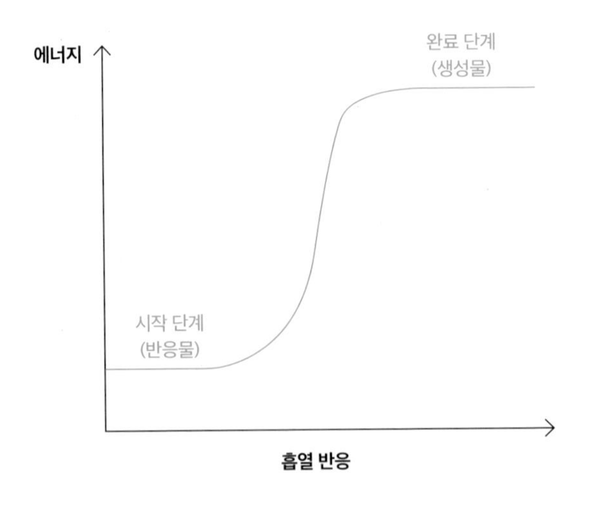

그렇다면 이 에너지 수준의 차가 정반대이면 어떨까요? 다시 말해 완료 단계보다 시작 단계의 에너지 수준이 더 높은 경우입니다. 그렇다면 반응을 위한 추가 에너지가 필요하지는 않습니다. 오히려 가지고 있던 에너지의 일부를 외부로 방출해야만 하죠. 이런 반응을 발열 반응이라 합니다.

발열 반응은 높은 에너지의 더 불안정한 상태에서 낮은 에너지의 더 안정한 상태로 되는 과정이니 저절로 자연스럽게 일어날 것 같습니다. 마치 높은 곳에 있는 물이 저절로 아래로 떨어지는 것처럼 말이죠.

하지만 의외로 그렇지만도 않습니다. 이 경우 또한 앞서 설명한 흡열 반응처럼 외부에서 일정한 양의 에너지를 가해야만 하죠. 더 낮은 에너지 상태로 되는 과정에서 오히려 열을 가해 주다니 뭔가 앞뒤가 맞지 않는 것처럼 보입니다.

발열에는 최소한의 에너지가 필요하다

당연한 이야기지만 반응이 일어나려면 먼저 반응물을 구성하는 분자들이 서로 만나야만 합니다. 그런데 이것으로 끝이 아닙니다. 서로 만나기는 했는데 반응을 일으킬 최소한의 에너지가 없다면 그 만남은 의미가 없기 때문이죠. 이 최소한의 에너지를 과학자들은 활성화 에너지라 부릅니다. 반응을 활성화시키는 데 필요한 에너지란 뜻입니다.

일단 이 활성화 에너지가 가해지면, 분자들 간의 만남은 곧바로 반응으로 이어집니다. 그리고 이 반응은 더 높은 에너지 상태가 더 낮은 에너지 상태로 되는 것이니, 외부로 열을 방출하면서 마치 높은 곳의 물이 아래로 흐르듯 자연스럽게 진행됩니다.

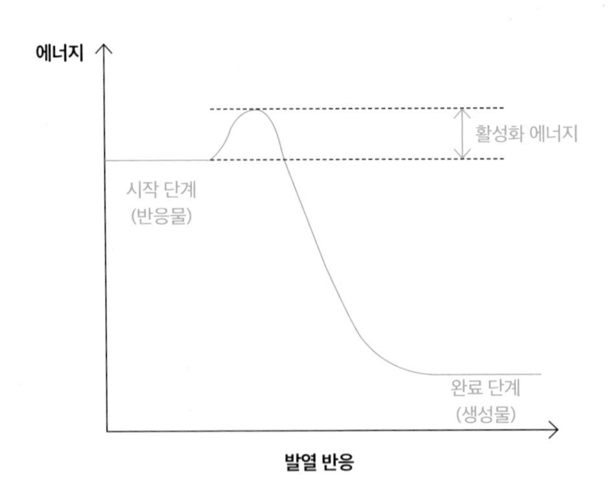

활성화 에너지가 가해지기 전 반응물은 마치 적당한 스트레스를 받기 전 우리들의 모습과 비슷합니다. 어떤 변화를 만들어낼 가능성은 충분하지만, 뭔가 이유 없이 정체된 모습이죠. 하지만 적당한 스트레스가 우리 몸의 변화를 만들어내듯, 이 활성화 에너지는 자연스러운 반응이 실제로 일어나도록 이끌어줍니다.

그런데 때에 따라서는 이 활성화 에너지가 너무 큰 경우가 있습니다. 그러면 반응이 일어나기 매우 힘들어지죠. 원활한 반응을 위해서는 활성화 에너지라는 장벽의 높이를 낮추어야만 합니다. 바로 이를 위해 촉매라는 물질을 사용합니다.

촉매란 반응물이나 생성물 그 자체는 아니지만, 반응이 원활히 잘 일어날 수 있도록 도움을 주기 위해 첨가되는 물질입니다. 실제로도 산업 분야에서 다양한 종류의 촉매들이 개발되어 사용되고 있습니다. 반응을 원활하게 하면 더 저렴한 가격으로 더 빠르게 원하는 물질을 생산할 수 있기 때문이죠.

적당한 스트레스가 건강에 이로운 이유

비단 산업만이 아니라 우리 몸에도 다양한 종류의 촉매들이 있습니다. 단백질을 기반으로 만들어지는 효소라 불리는 물질들인데요, 생체 내 다양한 화학 반응의 활성화 에너지를 낮춰줌으로써 반응이 원활하게 일어나도록 해줍니다. 다시 말하자면, 반응이 일어나는 데 필요한 초기의 스트레스 정도를 적당한 수준으로 조절해주는 것입니다. 만약 이 효소가 없다면 애초에 반응할 수 없거나, 반응을 위한 에너지가 너무 많이 필요하게 되어 우리의 생명 활동은 원천적으로 불가능해집니다.

지난 2010년 미국 오하이오주립대 연구팀이 발표한 논문에 따르면, 암에 걸린 환자라고 해서 무조건 스트레스가 없는 환경을 조성해주는 일이 좋은 것만은 아니라고 합니다.

연구팀은 실험을 위해 25마리의 쥐에게 인간의 암세포를 주입했습니다. 그리고 그중 20마리는 장난감, 쳇바퀴 등과 같은 것들이 설치된 우리에 함께 넣었고, 나머지 5마리는 아무것도 없는 우리 안에 각자 따로 넣어 두었습니다. 그리고 관찰을 시작했습니다.

그 결과 다른 쥐들과 함께 생활하며 적당한 스트레스를 받은 20마리의 쥐들은 나머지 5마리에 비해 종양이 더 작게 자라거나, 일부는 아예 자라지 않았다고 합니다. 약간의 스트레스가 아예 스트레스가 없는 환경에 비해 건강에 더 유익했던 것입니다.

자연에서 일어나는 많은 반응뿐만 아니라, 때로는 우리에게도 적당한 스트레스가 필요합니다. 새로운 변화를 일으키는 자극이 되기 때문이죠. 게다가 건강 또한 챙길 수 있으니, 스트레스를 무조건 부정적으로만 바라볼 필요는 없을 것 같습니다.

“때로는 우리에게도 적당한 스트레스가 필요합니다.
새로운 변화를 일으키는 자극이 되기 때문이죠.”

• 3부 •

이상한 호기심, 과학으로 해결하기

THINKING WITH SCIENCE

1

하늘은 왜 파랗게 보일까?

빛의 산란

장마가 끝난 후의 하늘은 청명하다는 표현이 딱 들어맞습니다. 깨끗하고 투명한 파란 하늘을 보면 마치 바닷가에 있는 듯 상큼한 느낌이 듭니다. 특히 한국의 가을 하늘은 참 아름답기로 유명하죠. 청명한 파란색도 일품이지만, 커다란 고래 한 마리가 춤추며 헤엄치고 있는 바다를 연상시킬 정도입니다. 그러한 하늘의 깊이감은 바라보는 이로 하여금 잠시 넋을 잃게 만듭니다.

가을날, 날씨를 전하는 한 기자가 "대기 상층부에 유입된 찬 공기의 영향으로 하강 기류가 발생해 미세 먼지를 없앴고, 햇빛이 산란되면서 파란 하늘을 보였다"는 과학적인 설명을 이어가다가 "고흐가 물감을 풀어놓은 듯하다"라는 감성적인 표현까지 덧붙입니다. 참 멋진 표현입니다.

별이 빛나는 밤(빈센트 반 고흐, 1889)

고흐의 그림은 강렬한 색채가 특징입니다. 그의 그림에 등장하는 해바라기의 노란색 그리고 하늘의 파란색은 실제 우리가 보는 색보다 훨씬 더 강렬합니다. 심지어 그의 작품 〈별이 빛나는 밤〉을 보면 밤하늘조차도 짙은 파란색으로 그려내고 있죠. 사람들은 그림에서 열정에 불타오르는 불안정한 고흐의 마음을 느낄 수 있다고 말하기도 합니다.

태양 빛이 있어야 물체의 색이 표현된다

오래전 사람들은 물체의 색은 그 물체의 고유한 속성이라 생각했습니다. 예를 들어, 사과가 빨간 것은 사과가 빨간색이라는 속성을 고유하게 지니고 있기 때문이라고 생각했죠.

하지만 오늘날 과학이 밝혀낸 사실은 이와 다릅니다. 하늘을 비롯해 모든 물체가 나타내는 색은 태양 빛으로부터 유래합니다. 태양 빛이 있어야 비로소 물체의 색이 표현되기 때문이죠. 색이란 속성이 물체에 있는 것이 아니라 빛에 들어 있던 것입니다.

흑사병이 유럽을 휩쓸고 있던 1660년대 케임브리지 대학을 다니던 뉴턴은 휴교령이 떨어지자 어쩔 수 없이 고향으로 돌아왔습니다. 그리고 어릴 때부터 그랬듯이 혼자 사색하고 연구하는 데 집중하기 시작했죠. 그는 이 시기에 빛에 관해서도 연구를 시작했습니다. 빛은 직진하지만, 물질의 성질이 바뀌는 경계면에서는 그 경로가 꺾입니다. 이를 굴절 현상이라 하는데요. 물이 담긴 유리컵에 빨대를 꽂으면 수면을 기준으로 빨대가 꺾여 있는 것처럼 보이는 것도 바로 이 때문입니다. 공기를 지나던 빛이 물과 공기가 만나는 경계면에서 꺾인 것이죠.

뉴턴은 프리즘이라는 유리로 된 삼각 기둥 모양의 장치를 이용해 빛의 경로를 살펴보았습니다. 그러자 빛은 공기와 프리즘의 경계면에서 굴절되었는데, 그러자 아주 신기한 현상이 나타났습니다. 흰색의 태양 빛이 빨주노초파남보의 여러 가지 색상으로 분리된 것입니다. 사실 태양 빛은 한 가지 색상이 아니라 여러 색상의 빛들이 섞여 우리 눈에는 마치 흰색처럼 보였던 것이죠. 이를 백색광이라 부릅니다. 빛이 직진할 때는 경로가 같으므로 우리가 미처 구분하지 못했지만, 경로가 꺾이는 굴절이 일어나자 자신들의 정체를 드러냈습니다. 뉴턴에 따르면 각각의 색상들은 경로가 꺾이는 정도가 달랐던 것입니다.

이제 태양 빛이 여러 색상의 빛들로 구성된 일종의 빛의 다발과도 같다는 사실이 밝혀졌습니다. 그런데 하늘은 왜 하필 이 여러 색상 가운데 파란색을 선택적으로 띠는 걸까요? 먼저 빛의 성질에 대해 조금 더 알아보도록 하죠. 우리가 색을 보게 되는 원리에 관한 것입니다.

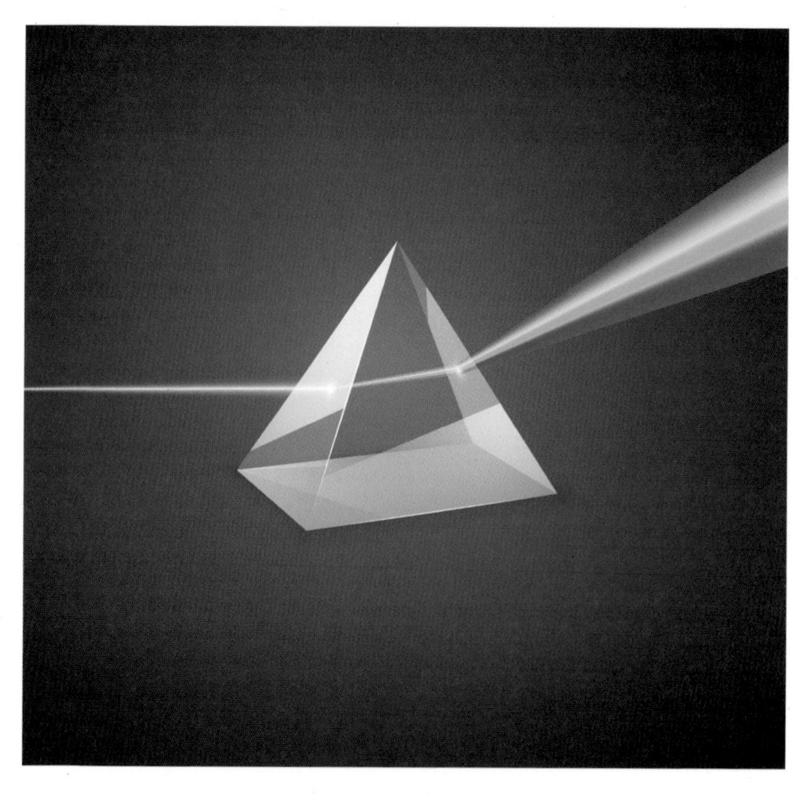

굴절이 일어나자 다양한 색상으로 분리되는 빛

빛의 성질

뉴턴의 연구에 따르면 색은 태양 빛 안에 존재하고 있었습니다. 사물이 그 자체로 본래 어떤 색을 지닌 것이 아니라, 태양 빛이 그 사물에 색을 부여하고 있었던 것입니다.

먹음직스러운 빨간 사과를 예로 들어 그 과정을 한번 설명해보겠습니다. 먼저 태양 빛이 사과의 표면에 도달합니다. 그리고 이 빛에는 여러 색상의 빛들이 마치 다발처럼 섞여 있습니다. 그런데 앞서 빛의 굴절에서 그러한 것처럼 각각의 빛은 이때도 서로 다른 행동을 하게 됩니다. 어떤 색상의 빛은 사과 표면에서 흡수되는 반면, 또 어떤 빛은 표면에서 반사되어 나오는 것이죠. 그런데 빨간 사과의 경우에는 빨간색 빛은 반사되고 그 나머지 색상의 빛은 흡수됩니다. 바로 이 때문에 우리 눈에는 사과가 빨갛게 보이는 것입니다.

다른 물체들의 경우 또한 마찬가지입니다. 물체 표면의 성질에 따라 흡수되고 반사되는 빛의 종류가 달라지는데, 파랗게 보이는 물체는 표면에서 파란색 빛은 반사하지만, 나머지 색상의 빛들은 흡수합니다. 반사하는 빛이 여러 종류이면 그 빛들이 혼합된 색으로 보이는데, 예를 들어 빨간빛과 초록빛이 반사되면 노란색으로 보이게 되는 것이죠.

눈치 빠르신 분은 벌써 알아챘겠지만, 하늘이 파랗게 보이는 이유 또한 이와 관련이 있습니다. 하늘이 파란색 빛만을 선택적으로 반사하기 때문이죠. 하지만 깊이감 있는 청명한 하늘의 색을 제대로 설명하기 위해서는 조금 더 설명이 필요합니다.

빛의 산란

마지막으로 설명할 개념은 빛의 산란입니다. 일반적으로는 반사와 유사한 개념으로 이해해도 되지만, 산란은 말 그대로 빛이 산산이 조각나 이리저리 어지럽게 튕겨 나온다는 의미로, 빛이 균일하게 다시 튕겨 나오는 반사와는 다소 차이가 있습니다. 반사는 표면이 거울처럼 매끄러운 경우에 일어나지만, 표면이 울퉁불퉁할 때는 빛은 산란합니다.

사실 앞서 빨간 사과의 사례에서 빛의 반사라는 표현을 사용했지만, 정확하게는 빛의 산란에 가깝다고 할 수 있습니다. 사과 표면도 자세히 들여다보면 매끄럽지 않고 울퉁불퉁하니까요. 그렇다면 빨간색 빛이 산란되기 때문에 사과가 빨갛게 보인다고 표현하는 것이 더 정확하겠죠.

그렇다면 이번 주제인 하늘은 어떨까요? 하늘의 경우는 반사일까요? 아니면 산란일까요? 물론 산란이 일어나는 경우입니다. 그러면 하늘이 울퉁불퉁한 것일까요? '매끄럽다' 아니면 '울퉁불퉁하다'와 같은 표현은 2차원의 면을 설명할 때 사용하는 용어입니다. 하지만 하늘과 같은 3차원 공간에서도 이와 비슷한 효과가 나타날 수 있죠.

여러분도 잘 아시듯이 하늘이라는 공간은 공기로 가득 차 있습니다. 그리고 이 공기는 질소, 산소, 수소 등과 같은 아주 작은 입자들로 구성되어 있죠. 하늘에서 빛의 산란을 일으키는 것은 바로 이 입자들입니다. 이 입자들의 존재가 하늘을 마치 울퉁불퉁하게 만드는 것이죠.

태양으로부터 날아오는 빛은 하늘을 통과하면서 공기 입자들과 만나는데, 이 과정에서 주로 파란색 계통의 빛들이 입자들에 부딪혀 사방으로 튕기면서 산란이 일어납니다. 빨간색 그리고 이와 가까운 다른 빛들은 대부분 공기 입자들을 그대로 타고 넘으면서 우리가 있는 지표면까지 도달하게 됩니다.

왜 파란색만 산란되냐고요? 적절한 비유를 한번 들어보겠습니다. 파란색 빛은 뱁새에, 빨간색 빛은 황새에 비유해보죠. 네, 맞습니다. '뱁새가 황새를 따라가면 가랑이 찢어진다'라는 속담에 나오는 새들입니다. 자기 분수를 지키라는 의미를 전하고 있지만, 제가 주목하는 것은 이 새들의 몸집 차이입니다. 황새는 늘씬한 롱다리를 자랑하지만, 뱁새는 안타깝게도 숏다리입니다. 뱁새는 황새보다 보폭이 짧겠죠.

잔잔한 수면에 바람이 불어 물결이 칩니다. 자세히 보면 물결의 모양이 일정하지 않습니다. 어떤 때는 좀 더 크게 일렁이기도 하고, 또 어떤 때는 아주 미세하게 일렁이기도 합니다. 빛도 이와 같은 방식으로 공간에서 퍼져나갑니다. 빛의 종류에 따라 이러한 일렁거림에 차이가 있습니다. 색상마다 보폭이 다른 것이죠. 파란색에 가까울수록 보폭은 짧아지고, 빨간색에 가까울수록 보폭은 길어집니다. 그래서 제가 파란색 빛은 뱁새에 빨간색 빛은 황새에 비유한 것입니다.

뱁새와 황새가 사이좋게 길을 걷고 있습니다. 그런데 앞에 작은 장애물이 하나 놓여 있네요. 황새는 별 어려움 없이 장애물을 넘어가지만, 뱁새는 그만 그 장애물에 부딪히고 맙니다. 빛도 이와 유사합니다. 빨간색 빛과 파란색 빛이 같이 진행하다가 작은 공기 입자를 만나자, 롱다리인 빨간색 빛은 별다른 어려움 없이 입자를 넘어 계속 나아가지만, 숏다리인 파란색 빛은 입자에 부딪히면서 산란이 되어버립니다.

파란색 빛이 공기 입자들이 부딪혀 사방으로 산란되자, 하늘은 온통 파란색으로 물든 것처럼 보입니다. 3차원 공간에 파란색 빛들이 가득 들어차자 청명한 깊이감도 느낄 수 있습니다. 이제 왜 하늘이 파란색인지 잘 이해되셨나요?

그렇다면 저녁 하늘은 왜 빨간색일까요? 한낮에는 우리 머리 위에 있던 태양이 저녁 무렵이면 지평선 부근으로 떨어지면서 거리가 더 멀어집니다. 태양 빛이 더 먼 거리를 이동해야 한다는 뜻인데요, 이때 공기 입자와 부딪히면서 먼저 산란된 파란색 빛은 이동하는 거리가 멀어지면서 우리 눈에 미처 도달하기도 전에 사라져버리고 맙니다. 그러나 빨간색과 비슷한 계통의 빛들은 비록 파란색 빛보다 약하기는 하지만 공기 입자들과 부딪히면서 어느 정도 산란하므로, 저녁 하늘이 온통 붉게 물든 것처럼 보이게 됩니다.

지금까지 과학자가 생각하는 하늘이 파란 이유에 대해 이야기했습니다. 하지만 하늘이 파랗게 보이는 이유는 이것만이 아닙니다. 사물과 색을 인식하는 개인적인 경험은 빼놓았으니까요. 제가 느끼는 하늘의 색과 여러분이 느끼는 하늘의 색은 다를 수 있습니다. 고흐의 하늘이 그랬던 것처럼 말입니다. 사람들이 고흐의 그림에서 깊이 감명받는 것은 지극히 개인적인 표현 때문일지도 모릅니다. 나만의 이야기를 전하고 싶은 우리의 욕망을 대신 표현해주었다고 느낄 수 있죠.

가끔은 내가 바라보는 하늘은 어떤 색인지 생각해볼 여유를 가져보길 바랍니다. 과학적으로 설명할 수 없다 해도 괜찮습니다.

“가끔은 내가 바라보는 하늘은 어떤 색인지
생각해볼 여유를 가져보길 바랍니다.”

2

왜 카페에서 공부가 더 잘될까?

* 백색 소음 *

프리즘을 통과한 빛은 다양한 색상을 나타냅니다. 뉴턴은 이처럼 다양한 색상의 빛들을 빨주노초파남보의 일곱 종류로 구분했습니다. 사실 사람의 눈은 백 가지 이상의 색을 구분할 수 있다고 합니다. 그런데 왜 하필 일곱 가지 색상이었을까요? 사람들은 성경에서 숫자 '7'이 성스러운 숫자로 여겨지기 때문이라고 추측합니다. 실제로 뉴턴은 과학자이면서 독실한 신앙인이기도 했으니까요.

이와는 달리 음양오행陰陽五行을 중시했던 동양에서는 숫자 5에 큰 의미를 두었습니다. 그래서 오색五色 무지개란 말처럼, 무지개는 흑백청홍황黑白青紅黃의 다섯 가지 색으로 구성되어 있다고 생각했습니다.

빛의 색상이 몇 가지 종류인지에 대해서는 다양한 견해가 존재합니다. 하지만 그 수가 많든 적든 이 세상을 만들어내는 색이 다채롭다는 사실이 중요합니다. 각각의 빛들은 다채롭지만, 함께 만들어내는 빛에는 각자의 개성이 숨어 있습니다. 그래서 우리 눈에는 흰색으로 보인다고 앞서 설명드렸죠. 이처럼 다양한 색상의 빛들이 혼합되어 만들어지는 빛을 백색광白色光이라 부르기도 합니다.

카페에서 공부가 잘되는 이유를 설명하는데 왜 갑자기 또 빛에 대해 이야기를 하느냐고요? 조금만 기다려주세요. 이유가 있습니다.

파장이 다르기 때문에 색이 다르다

빛은 파동의 일종입니다. 수면 위에서 일렁이는 물결처럼 공간에 퍼져나갑니다. 물결의 모양이 각기 다른 것처럼 빛의 파동도 그 모양이 각양각색입니다. 조금 크게 일렁이는 것도 있고 아주 작게 일렁이는 것도 있죠. 이 크기를 비교하는 개념으로 파장波長이 있습니다. 파동의 길이라는 개념인데, 파동이 일렁이면서 만들어지는 높은 부분들 사이의 거리로 표현됩니다.

각각의 빛이 서로 다른 색상을 보이는 이유는 바로 이 파장이 서로 다르기 때문입니다. 파장은 빛의 성질을 결정하는 중요한 요소인 셈이죠. 백색광에는 이처럼 다양한 파장의 빛들이 혼합되어 있습니다.

그런데 소리 또한 빛과 마찬가지로 파동의 일종입니다. 다만 그 모양이 조금 다릅니다. 위아래로 일렁이는 것이 아니라 앞뒤로 일렁입니다.

소리가 만들어지면 소리의 에너지로 공기의 밀도가 부분적으로 높아지는 곳과 낮아지는 곳이 나뉘고, 그 규칙적인 패턴이 파동이 됩니다. 여기서 공기의 밀도가 높은 곳들 사이의 거리가 소리의 파장이 됩니다.

우리 주변의 소리는 무척 다양합니다. 사람마다 목소리도 각양각색이죠. 이처럼 소리가 다양한 이유는 앞서 빛의 경우처럼 소리마다 파장과 같은 성질이 다르기 때문입니다. 예를 들어, 날카로운 고음의 소리는 상대적으로 파장이 짧고, 밑으로 깔리는 저음의 소리는 파장이 길다는 특징이 있습니다.

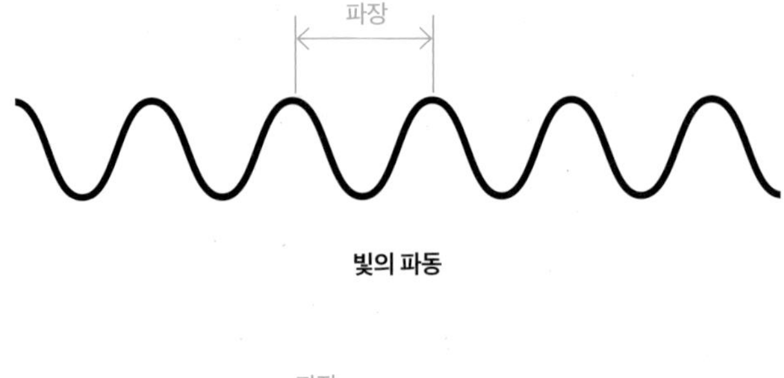

빛의 파동

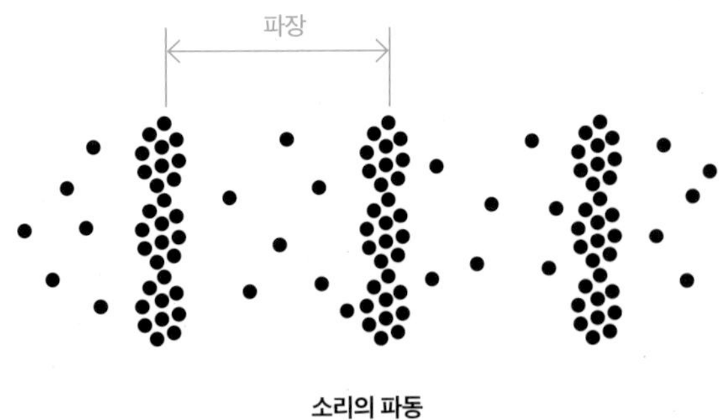

소리의 파동

소리와 빛의 파동 모양

개성 없는 소리들의 합, 백색 소음

그렇다면 다양한 빛들이 섞여 흰색의 백색광을 만들듯이, 다양한 소리도 이와 비슷한 현상이 일어나지 않을까요? 그래서 만들어진 개념이 바로 백색 소음white noise입니다. 여러 파장의 소리가 혼합되어 만들어진 것인데 소리가 빛처럼 색을 띠지는 않으니 백색이 될 리는 없지만, 백색광이란 용어를 빌려와 이처럼 사용하고 있습니다.

그런데 다양한 소리가 섞인다고 해서 모두 다 백색 소음이 되는 것은 아닙니다. 여러 빛이 섞여서 백색광 내에서는 각자의 개성이 숨겨지는 것처럼, 섞이는 소리 또한 각자의 개성이 두드러지지 않을 때 비로소 백색 소음이라 불릴 수 있죠.

사람들은 백색 소음을 들으면 마음이 편안해진다고 합니다. 여러 종류의 소리가 균일한 강도로 골고루 섞이면서 어떤 특정한 패턴을 만들지 않기 때문인데요. 자동차 경적처럼 특징적인 소리 패턴에는 예민해지기 쉽지만, 이 백색 소음에는 쉽게 익숙해집니다. 대표적으로 빗소리, 물 흐르는 소리 등이 있죠.

이처럼 특정한 패턴이 없는 백색 소음은 일종의 배경음이 됩니다. 처음에는 그 존재를 인식하지만 일단 익숙해지면 크게 신경 쓰지 않게 됩니다. 청각기관의 긴장이 풀리게 되니 마음도 편해집니다. 게다가 이 백색 소음은 다른 소음을 감춰주는 역할도 합니다. 단독으로 들렸다면 귀에 거슬렸을 소리가 백색 소음에 묻혀버린 것이죠.

우리 신체는 매우 에너지 효율적으로 설계되어 있습니다. 적은 에너지로 최대 효과를 얻어야만 진화라는 치열한 경쟁에서 생존할 수 있기 때문입니다. 우리의 감각 또한 그렇습니다. 주변의 모든 소리에 일일이 반응하기보다는 이상 징후가 있을 때만 특별히 신경을 쓰는 편이 더 효율적입니다. 그리고 우리는 그러한 방향으로 진화를 했죠.

조용한 독서실보다 카페에서 더 공부가 잘된다고 느꼈다면, 바로 이 백색 소음 덕분입니다. 카페는 아주 조용하지도 매우 시끄럽지도 않은 공간입니다. 소음을 구성하는 소리의 종류가 다양하고 강도가 균일하여 백색 소음이 될 가능성이 크죠.

일단 카페의 백색 소음에 익숙해지면 몸과 마음이 안정되고, 중간중간 발생하는 작은 소음도 감춰주니 집중이 잘되겠죠. 하지만 독서실처럼 아주 조용한 공간이라면 아주 작은 소리에도 예민하게 반응할 수 있으니, 오히려 집중에 방해가 될 수 있습니다.

그렇다고 무조건 카페에서 공부하는 것이 더 좋다고 말할 수는 없습니다. 때에 따라서는 그럴 수도 있다는 거죠. 카페는 내부 환경에 따라서 백색 소음이 형성되지 않을 수도 있고, 정말로 조용한 독서실이라면 보통은 집중력 향상에 큰 도움이 될 것입니다.

얼마 전 한 국립박물관에서 개최하는 특별전을 관람했습니다. 고대 한반도의 유물을 중심으로 당시의 문화적 다양성에 대해 살펴보는 전시였습니다. 동남아시아에서 수입된 유리구슬, 서역인의 모습을 한 흙 인형, 일본에서 건너온 토기류, 중국에서 이주한 이들이 가져온 철기 등 다양한 유물이 전시되어 있었죠.

저는 특히 전시의 부제가 인상 깊었습니다. "다름이 만든 다양성" '우리'라는 정체성이 만들어지기까지 얼마나 많은 '다름'들이 섞이게 되었는지, 그리고 그 다름이 공존하며 '다름이 아닌 다양성'으로 어떻게 정착되었는지 고찰할 좋은 기회였습니다. 빛도 소리도 서로 다름이 어우러져 다양성을 만들어내듯, 이 세상 또한 서로 다름이 만드는 다양성이 바탕인 것 같습니다.

사람들로 북적이는 카페에 앉아 주위를 둘러봅니다. 정말 다양한 사람이 다양한 목소리로 이야기를 나누고 있습니다. 소음이라 생각할 수도 있지만, 상황을 있는 그대로 받아들이면 몸도 마음도 편안해집니다. 오히려 제 일에 더 몰입하는 데 도움이 됩니다.

"소리 또한 각자의 개성이 두드러지지 않을 때
비로소 백색 소음이라 불릴 수 있습니다."

3

그래도 지구는 왜 돌까?

* 만유인력의 비밀 *

1633년 종교 재판소에 출두한 갈릴레오는 신성 모독이라는 자신의 혐의를 인정해야만 했습니다. 그동안 교황청과 사이가 좋았던 그였지만, 지구가 우주의 중심이 아니라는 코페르니쿠스의 주장을 옹호한 일은 매우 중대한 사안이었기 때문입니다. 혐의를 인정하고 지동설을 부정함으로써 무죄 선고를 기대했지만, 그만 가택연금형을 받고 말았습니다. 그나마 70세라는 고령을 참작한 판결이었죠.

그는 재판소를 나서면서도 "그래도 지구는 돈다Eppur si muove"라고 혼잣말을 했다고 전해집니다. 학자로서의 양심이 작용했거나 가혹한 판결에 대한 소심한 반항이었을지도 모릅니다. 이 이야기의 진위는 확실치 않습니다. 만약 사실이라면 종교 재판소가 가만히 있지 않았겠죠?

우주의 중심은 지구라는 믿음

아침이면 떠올라 하늘을 가로질러 저녁이면 서쪽으로 지는 태양을 바라보던 고대인들은 당연히 태양이 돈다고 생각했습니다. 경험적인 관찰에 기반을 둔 가장 합리적인 생각이었죠. 그런데 태양이 왜 그렇게 원을 그리며 도는지는 알 수 없으니, 그럴싸한 이야기도 만들었습니다. 그리스인들은 태양의 신 아폴론이 황금 마차에 태양을 싣고 하루에 한 번 둥근 하늘을 가로지른다고 설명했습니다. 중국 신화에서도 태양을 실은 마차를 끄는 희화羲和라는 신이 등장하기도 하죠.

황금 마차에 태양을 싣고 달리는 아폴론

이 이야기에서 태양이 도는 공간의 중심은 바로 우리 지구입니다. 자신의 존재를 너무나도 특별하게 여기는 우리는 우주의 중심에는 당연히 우리가 있어야 한다고 믿었죠. 그렇다면 우리가 발을 딛고 있는 지구 또한 그 중심에 있어야 했습니다. 신을 모방하여 창조된 우리라면 그 정도의 특혜는 당연하다고 종교 또한 이에 동조했습니다.

이처럼 지구를 중심으로 하늘이 돈다는 믿음은 역사가 매우 오래되었습니다. 흔히 중세시대 가톨릭의 영향력이 강해지면서 이러한 믿음이 생겨났다고 생각하지만, 사실 아주 오래전부터 하늘이 움직인다는 생각은 보편적이었습니다.

기원전 6세기경 고대 그리스에서 과학이 처음 등장하던 시절에도 이 믿음에 대해서는 별다른 의심이 없었습니다. 오히려 지구 중심설을 논리적으로 증명하기 위해 노력을 했죠. 아리스토텔레스는 그 대표적인 인물이었는데요. 그는 우주가 흙, 물, 공기, 불 네 가지 원소로 구성되어 있으며, 이 원소들이 적절한 비율로 결합하여 원재료를 구성하고, 어떤 특별한 성질들이 부가되면서 사물들이 생성된다고 생각했습니다. 그리고 지구는 흙의 원소가 많아 무거우므로 우주의 중심에 있어야 한다고 주장했죠.

이 네 가지 원소는 각기 고유한 위치가 정해져 있습니다. 가장 무거운 흙은 맨 아래에 위치하고, 그다음으로 가벼운 순서대로 물, 공기, 그리고 불이 차례로 위쪽에 위치합니다. 대부분 흙으로 구성된 돌멩이가 아래로 떨어지는 현상이나, 뜨거운 불길이 위로 향하는 현상 등은 모두 이러한 원리 때문이죠. 흙이 많이 들어 있는 물체는 더 무거워질 것이고, 공기나 불이 많이 들어 있다면 더 가벼워질 것입니다.

지구는 표면도 그렇지만, 땅을 아무리 깊게 파보아도 우리 눈에 보이는 대부분은 흙입니다. 따라서 우리 지구는 흙으로 구성되었다고 해도 별 무리는 없어 보입니다.

아리스토텔레스를 포함해 당시 사람들은 우주가 둥그런 구의 형상일 것이라 믿었습니다. 어느 방향으로든 거리가 일정한 구야말로 가장 완벽한 형상이며, 이 우주는 완벽하게 창조되었다고 생각했기 때문이었죠. 이처럼 구의 형상인 우주에서 가장 위쪽은 우주의 가장자리이고, 가장 아래쪽은 바로 우주의 중심입니다. 따라서 흙의 원소가 많아 무거운 지구는 우주의 중심에 있어야 하고, 불의 원소가 많아 가벼운 태양과 별들은 더 위쪽에 있어야 한다고 아리스토텔레스는 주장했습니다. 그리고 태양과 별들은 지구를 중심으로 완벽한 원형 운동을 한다고도 주장하기도 했죠. 이러한 주장은 매우 오랫동안 지배적인 학설로 받아들여졌고, 중세시대에는 이에 대한 논의조차 허용되지 않는 절대적인 진리로 자리매김했습니다.

우주의 중심은 지구가 아닌 태양이다?

하지만 견고하게만 보이던 이 지구 중심설은 16세기 근대에 크게 흔들립니다. 그 첫 포문을 연 사람은 폴란드의 성직자 코페르니쿠스였습니다. 그는 기존의 지구 중심설에 대해 회의적이었습니다. 지구가 우주의 중심이라고 가정하면, 실제로 관찰되는 행성이나 별들의 움직임을 제대로 설명하기 어려웠기 때문입니다.

그런데 관점을 바꿔 우주의 중심에 지구가 아니라 태양을 놓자, 그 설명 방식이 훨씬 더 수월하다는 사실을 깨달았습니다. 그는 오늘날 과학자들이 그러한 것처럼 현상을 설명하는 이론은 가능한 한 가장 단순해야만 한다고 믿었습니다. 그리고 태양 중심설이야말로 신이 창조한 이 우주의 운동을 가장 단순하면서도 아름답게 표현할 수 있다고 생각했죠.

니콜라우스 코페르니쿠스

하지만 코페르니쿠스는 자신의 이론을 오랫동안 발표하지 않고 있다가 임종 직전인 1543년에야 『천체의 회전에 관하여』라는 책을 통해 세상에 알렸습니다. 교회의 박해가 두려웠기도 했지만, 그보다는 세상의 비웃음이 더 두려웠기 때문이었습니다. 실제 그의 출판업자였던 오지안더는 코페르니쿠스에게 사전 허락도 받지 않고 책의 서문에 "이 책에서 언급한 것은 사실이 아니라 단지 계산상의 편의를 위한 가설에 지나지 않는다"라고 기술하기도 했으며, 이 책을 교황에게 바친다는 문구를 기재하기도 했습니다.

코페르니쿠스의 이론은 중세에서 근대로 넘어가는 커다란 전환점이 되었음은 분명하지만, 여전히 부족한 점은 있었습니다. 예를 들어, 왜 지구가 태양 주위를 '돌아야' 하는지 그 원인은 여전히 알 수 없었던 것이죠. 그 원인에 대한 설명을 듣기 위해서는 다시 120년을 더 기다려야 했습니다.

사과가 땅으로 떨어지는 이유

어느 날 뉴턴은 우연히 나무에서 사과가 땅으로 떨어지는 현상을 목격하게 됩니다. 순간 그는 사과나 지구와 같은 물체들 사이에는 서로 끌어당기는 힘, 즉 인력이 작용한다는 사실을 깨달았죠. 지금까지 너무나도 당연했던 현상의 원인을 비로소 밝혀낸 것입니다.

이 이야기는 거짓일 가능성이 큽니다. 뉴턴의 사과나무 이야기는 그와 친분이 있던 과학자 윌리엄 스터클리의 회고록에만 언급되어 있으며, 두 물체 사이에 작용하는 힘에 대한 개념은 당시 과학자들 사이에 어느 정도 형성되어 있었기 때문입니다. 뉴턴은 이 개념을 수학적으로 증명했던 거죠. 이렇게 보면 뉴턴의 발견이 그리 대단해 보이지 않지만 그의 발견이 대단한 진짜 이유는 따로 있습니다.

그는 두 물체 사이에 작용하는 인력을 '만유인력萬有引力'이라 불렀는데 '만유'란 말 그대로 '우주에 존재하는 모든 것'이란 뜻입니다. 뉴턴은 나무에서 사과가 떨어지는 현상이나, 태양을 중심으로 행성이 도는 것 모두 만유인력의 작용 때문이라고 합니다. 다시 말해, 이 우주에 일어나는 모든 물체의 운동에 관여하는 공통된 힘이죠.

만유인력 법칙에 따르면 두 물체 사이에 작용하는 인력은 물체의 질량質量, 즉 그 물체를 구성하는 물질의 양에 비례하고, 두 물체 사이의 거리 제곱에는 반비례합니다. 물체의 질량이 무겁고 물체 간의 거리가 가까울수록 힘의 세기는 더 커집니다. 사과가 땅으로 떨어지는 현상은 사실 사과와 지구가 서로 끌어당기기 때문인데, 지구보다 사과가 무시할 정도로 작다 보니 일방적으로 사과가 땅으로 떨어지는 것처럼 보이죠.

그런데 어떻게 사과가 땅으로 떨어지는 현상과 지구가 태양 주위를 도는 현상을 같은 힘으로 설명할 수 있을까요? 사과는 직선으로 떨어지지만, 지구는 태양 주위를 회전하는데 말이죠.

한번 상상해봅시다. 여러분은 지금 돌멩이를 줄에 매달아 머리 위로 빙빙 돌리고 있습니다. 그런데 누군가 몰래 가위로 그 줄을 끊어버립니다. 그러자 돌멩이는 쌩하고 멀리 날아가 버립니다. 조금 전까지만 해도 여러분 주위를 회전 운동하던 것이 이제는 직선 운동을 하는 것이죠.

태양과 지구 사이에 작용하는 만유인력은 마치 여러분과 돌멩이 사이에 팽팽하게 묶여 있던 끈과 같은 역할을 하는 셈입니다. 따라서 만약 만유인력이 없다면 지구는 더는 태양 주위를 회전하지 않고 멀리 날아가 버릴 것입니다.

지구와 사과는 서로를 끌어당긴다

정리하면 정지한 사과는 인력에 의해 땅으로 떨어지지만, 운동 중이던 지구는 인력에 의해 태양에 붙들려 그 주위를 돌게 된 것입니다. 사실 어떻게 보면 지구도 태양을 향해 영원히 떨어지는 중이라 말할 수도 있을 것 같습니다. 떨어지는 지구를 태양이 계속 당기기 때문이죠.

하지만 이 만유인력 법칙에는 한 가지 의문점이 남아 있었습니다. 어떻게 먼 거리를 가로질러 순간적으로 인력이 작용할 수 있을까요? 마치 신비한 마법처럼 말입니다. 두 물체 사이에 인력이 작용한다는 점은 인정하더라도, 그 힘이 작용하는 원인에 대해서는 뉴턴도 정확히 설명하지는 못했습니다.

아인슈타인의 상대성 이론

그로부터 또다시 약 200년 후, 아인슈타인이 그 비밀을 풀었습니다. 그 유명한 '상대성 이론'이 해결사로 등장한 것입니다. 이 상대성 이론의 핵심은 시간도 공간도 변한다는 사실입니다. 예를 들어, 매우 빠른 속도로 운동하는 물체는 시간이 천천히 흐릅니다. 만약 여러분이 빛의 80% 정도 되는 속도로 우주 여행을 간다면, 지구에서의 10년은 여러분에게는 단지 6년에 불과할 뿐입니다.

물체의 질량 또한 시간에 영향을 미칩니다. 질량이 큰 물체 주변에서는 시간이 상대적으로 느려집니다. 만약 여러분이 질량이 엄청나게 큰 블랙홀 주변을 지난다면 시간이 천천히 흐르게 되죠. 한편, 물체의 질량은 공간에도 영향을 줍니다. 질량이 큰 물체 주변은 공간이 휘어지는 것이죠. 그런데 아쉽게도 공간의 휘어짐을 눈으로 직접 볼 수는 없습니다. 하지만 간접적인 방법은 있죠. 그것은 바로 행성의 공전, 즉 이번 이야기의 주제인 지구가 태양 주위를 도는 현상입니다.

태양처럼 질량이 큰 물체의 주변은 공간이 휘어지면서 움푹 들어간 모양이 됩니다. 마치 깔때기와 같은 모양이 되는데 이렇게 휘어진 공간에서 물체는 원형 운동을 하게 됩니다. 움푹 들어간 곳에서 구슬을 굴리면 그곳을 중심으로 구슬이 회전하는 것과 같은 원리이죠. 평평한 공간이라면 직선 운동을 하였을 지구가 공간이 휘어지면서 원형 운동으로 그 경로가 바뀌게 된 것입니다. 이제야 비로소 마법과도 같게 느껴졌던 뉴턴의 중력이 그 실체를 더 명확히 드러냈습니다.

휘어진 공간 주위를 도는 지구

그래서 지구는 왜 돌까?

"그래도 지구는 왜 돌까?"라는 질문의 답을 정리해보겠습니다.

질량이 있는 물체들 사이에는 만유인력이라는 서로 끌어당기는 힘이 작용합니다. 만유인력이 작용하는 이유는 질량이 있는 물체의 주변 공간이 휘어지기 때문입니다. 이 휘어진 공간 안쪽에 정지한 물체를 놓는다면 공간의 중심부, 즉 공간을 휘어지게 만든 물체 방향으로 끌어 당겨지는 듯한 현상이 나타나죠.

그런데 만약 이 휘어진 공간을 향해 외부로부터 당겨진 물체가 있다면, 휘어진 공간에 진입하면서 빙글빙글 도는 원형 운동을 하게 됩니다. 기존의 직선 운동이 만유인력에 의해 원형 운동으로 바뀌는 것이죠. 아마도 우리 태양계가 탄생할 무렵 지구는 이런 과정을 통해 태양 주위를 공전하게 되었을 것입니다.

지구가 우주의 중심이라는 오랜 믿음을 뒤집어버린 코페르니쿠스나, 그를 지지하며 용기 있는 행동을 보여준 갈릴레오는 분명 위대했습니다. 하지만 '지구는 돈다'라는 사실에만 머물지 않고, '왜 도는가?'라는 질문을 던졌던 뉴턴이나 아인슈타인 또한 위대했죠. 그들이 없었다면 과학은 더는 진보가 없었을 것이기 때문입니다.

과학은 질문에서 시작해서 질문으로 끝난다고 저는 생각합니다. 과학자가 세상을 바라보는 법이 궁금하신가요? 그러면 주저 없이 질문을 던져보세요. 과학자라면 마치 어린아이가 그러하듯 질문하는 것을 무척 좋아하니까요.

"과학자가 세상을 바라보는 법이 궁금하신가요?
그러면 주저 없이 질문을 던져보세요."

4

별은 정말 노란색일까?

* 별의 온도와 색 *

하루는 아이에게 밤하늘의 별은 우리 태양처럼 불타고 있다고 설명했습니다. 그때 저는 밤하늘에서 스스로 불타면서 빛을 내는 것은 별 또는 항성, 그렇지 않고 별 주위를 도는 우리 지구와 같은 것은 행성이라 설명하던 중이었죠. 그런데 아이는 제 이야기를 듣다가 불타고 있는 별이 왜 빨갛지 않으냐고 물었습니다. 저는 그 질문을 받지 않았더라면 아무런 의심 없이 별빛이 흰색이라고 생각했을 겁니다.

실제로 밤하늘 별들은 무척 다양한 색을 지니고 있습니다. 우리 태양처럼 흰색 별도 있지만 그렇지 않은 별들도 있죠. 별의 색은 그 별의 표면 온도와 관련이 있습니다. 표면 온도가 높을수록 파란색을 띠고 반대로 표면 온도가 낮으면 빨간색을 띱니다. 그리고 흰색은 그 중간 정도이죠. 그런데 뭔가 이상합니다. 우리의 일상적인 경험에 의하면 빨간색은 뜨거움을, 그리고 파란색은 차가움을 의미하기 때문입니다. 별빛은 우리 상식과는 정반대인 듯 보입니다.

불타는 별이 왜 빨갛지 않을까?

뜨거울수록 푸른 빛을 띠는 별

우리가 파란색을 차갑다고 느끼는 이유는 아마도 바다와 관련이 있는 듯합니다. 시원한 물의 이미지 때문인데요, 일종의 심리적인 요인인 셈이죠. 바다가 파란 이유는 하늘이 파란 것과 마찬가지로 빛의 산란 때문입니다. 산란이란 진행하던 빛이 그 경로에 있는 작은 입자들과 부딪히면서 이리저리 튕겨 나가는 현상을 말합니다.

태양에서 지구로 쏟아지는 빛은 흰색이지만, 사실 그 안에는 '빨주노초파남보' 여러 색상의 빛들이 섞여 있습니다. 프리즘을 통과한 태양 빛이나 비 온 뒤 하늘에 모습을 드러낸 무지개를 자세히 들여다보면, 빛이 '빨주노초파남보'의 순서로 배열되어 있음을 알 수 있죠. 그런데 이 여러 색상의 빛들 가운데 파란색 빛은 더 산란이 잘되는 특징이 있습니다. 따라서 빛이 바다에 도달하면 바닷물에 의해 파란색 빛은 산란이 되어 우리 눈으로 들어오지만, 나머지 계통의 빛들은 그대로 통과하거나 흡수되어 버리죠. 그래서 바다가 푸르게 보이는 것입니다.

하지만 별빛이 푸른 것은 이와는 전혀 다른 원리입니다. 바다의 파란색이 빛의 선택적인 산란 때문이라면, 별의 파란색은 별 스스로 내는 빛의 색상이기 때문입니다. 따라서 파란 별의 표면 온도는 매우 높습니다. 별이 빛을 내기 위해서는 태양처럼 핵융합 반응 때문에 그야말로 불타올라야 하기 때문이죠. 태양을 예로 들자면, 표면 온도는 약 6000℃, 내부 온도는 훨씬 높은 1000만℃ 이상이라 알려져 있습니다. 바다의 행성에 사는 지구인이 갖는 파란색의 이미지와는 엄청난 괴리가 있는 셈이죠. 그렇다면 왜 가장 뜨거운 별은 파란색일까요?

앞서 다른 글에서 빨간색 빛은 롱다리인 황새에, 파란색 빛은 숏다리인 뱁새에 비유했는데요. 태양에서 같이 출발하여 동시에 지구에 도달하지만, 빛은 색상에 따라 보폭에 차이가 있어 빨간색 빛은 '성큼성큼' 그리고 보라색이나 남색을 포함한 파란색 계통의 빛은 '총총총총' 우주를 건너옵니다. 그렇다면 여기서 질문, 황새처럼 '성큼성큼' 걷는 것이 힘들까요? 아니면 뱁새처럼 '총총총총' 걷는 것이 힘들까요?

당연히 뱁새가 더 힘들 것입니다. 힘이 든다는 것을 달리 표현하면 에너지가 많이 든다고도 할 수 있는데요. 그렇다면 뱁새에 비유한 파란색 빛이 황새에 비유한 빨간색 빛보다 더 에너지가 많다고 설명할 수 있습니다. 황새한테 지지 않으려 총총총총 뛰고 있는 뱁새를 한번 상상해 보죠. 이처럼 일상생활에서 느끼는 이미지와는 달리 실제로는 파란색이 빨간색보다 더 많은 에너지를 포함하고 있습니다.

다시 별 이야기로 돌아가 보겠습니다. 표면이 뜨거운 별이 내뿜는 빛은 다른 별들에 비교해 상대적으로 강한 에너지를 갖고 있습니다. 그렇다면 파란색, 남색, 보라색 빛들이 방출되겠죠. 이에 반해 상대적으로 온도가 낮은 별들은 빨간색 계통의 빛을 방출하게 됩니다.

하지만 여기서 염두에 두어야 할 것은 남색과 보라색 빛은 산란이 너무 쉽게 일어나 멀리까지 날아오지 못한다는 점입니다. 일찌감치 산란이 일어나 빛이 사방으로 흩어지는 바람에 지구에까지 도달하는 양이 극히 적죠. 따라서 우리가 관찰하는 별들 가운데 온도가 높은 것들은 남색이나 보라색보다 파란색으로 보이는 것입니다.

다양한 빛이 혼합되면 '흰색'이 된다

그런데 중간 온도의 별은 또 왜 흰색일까요? 노란색이나 초록색이어야 하지 않을까요? 그 이유는 빛의 혼합 원리와 관련이 있습니다. '빛의 삼원색'이란 말을 들어본 적 있으신가요? 아니면 RGB라는 용어는 들어

보셨나요? 이는 빨강Red, 초록Green, 파랑Blue의 약자인데, 이 세 가지 색의 빛만 있으면 이들을 조합하여 나머지 색상을 만들 수 있습니다. 예를 들어, 빨강과 파랑을 혼합하면 마젠타Magenta라 불리는 진홍색, 파랑과 초록을 혼합하면 사이언Cyan이라 불리는 청록색, 그리고 빨강과 초록을 혼합하면 노란색Yellow 빛이 만들어지죠.

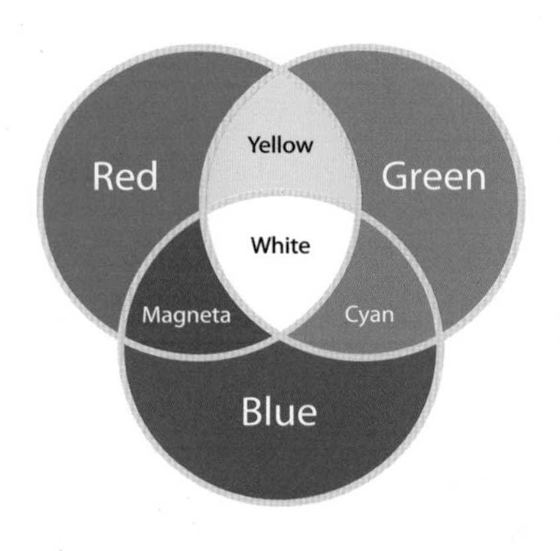

RGB 색상 모델

이 세 가지 색상의 빛을 혼합하면 무슨 색일까요? (모든 색의 빛은 이 삼원색으로 만들어지므로 모든 색의 빛을 섞는다고 생각해도 무방합니다.) 바로 흰색입니다. 우리가 일상생활에서 보는 태양 빛의 실제 색이기도 하죠.

사실 중간 온도의 별이라도 표면의 온도는 균일하지 않습니다. 온도가 높은 부분과 상대적으로 온도가 낮은 부분이 섞여 있습니다. 이 부분들의 평균 온도를 구하면 중간 정도가 됩니다. 따라서 이 별이 내는 빛은 빨간색부터 파란색 계통까지 다양한 빛들이 혼합되어 있지만 최종적으로 우리 눈에 보이는 빛은 흰색이 됩니다.

따라서 가장 뜨거운 별은 푸른색을 띠고 온도가 낮은 별은 빨간색을 띠지만, 표면 온도가 그 중간 정도인 별은 여러 종류의 빛들이 섞이면서 흰색, 아니면 청백색이나 주황색처럼 옅은 빛을 냅니다. 이처럼 별들의 색상은 다양하지만, 왜 우리는 이를 쉽게 구분하지 못하는 것일까요?

우리는 왜 별의 색을 구분하지 못할까?

첫 번째 이유는 우리와 별 사이의 상상할 수도 없을 정도로 먼 거리 때문입니다. 먼 거리를 날아온 빛은 그 세기가 줄어들 수밖에 없습니다. 그러면 아무래도 우리 눈만으로 빛의 정보를 제대로 파악하기 어렵죠. 지구에서 (태양을 제외하고) 가장 가까운 별은 '프록시마 센타우리'라는 별입니다. 영화 〈아바타〉의 배경으로 나오는 행성이 이 별 주위에 있다고 설정되어 있죠. 그런데 가장 가까운 이 별까지의 거리도 무려 4광년, 즉 빛의 속도로 4년이 걸립니다. 굉장하죠.

두 번째 이유는 우리 지구를 둘러싸고 있는 대기, 즉 공기층입니다. 공기는 지표면으로부터 약 1000km 높이까지 존재한다고 하지만, 공기 입자들에 작용하는 중력의 영향으로 대부분 30km 이하에 몰려 있으며, 위로 갈수록 공기는 희박해집니다. 이 공기층은 높이에 따라 온도 분포가 달라지고, 이 때문에 대기가 여러 층으로 나뉩니다. 과학 시간에 배웠던 대류권, 성층권, 중간권, 열권이 그 대표적인 예입니다.

이렇게 나뉜 공기층은 각기 다른 밀도를 갖습니다. 아무래도 중력이 강한 아래로 내려갈수록 공기 입자가 많이 분포해 밀도가 높고, 위로 갈수록 밀도가 낮습니다. 그런데 이처럼 서로 밀도가 다른 층과 층의 경계면을 빛이 통과할 때 신기한 현상이 발생합니다. 직진하는 줄 알았던 빛의 경로가 휘어지기 때문이죠. 이 현상을 굴절이라고도 부릅니다.

대기층을 통과하는 별빛도 이런 굴절을 일으킵니다. 먼저 밀도가 가장 낮은 우주 공간과 만나는 첫 번째 공기층에서 한 번, 그리고 첫 번째 공기층과 두 번째 공기층에서 또 한 번, 이런 식으로 각 층의 경계마다 굴절이 일어나면서 빛이 여러 번 꺾입니다. 그러면 실제 별의 위치와 관찰되는 별의 위치가 달라지는 현상이 일어납니다. 앞서 물컵에 있는 빨대가 꺾여 보이는 것처럼 말이죠.

게다가 공기층은 유동적인 공기 입자들로 이루어져 있어 안정적이지 않습니다. 태양과 지표면으로부터 전달되는 에너지로 난류가 발생하면서 층마다 두께와 밀도가 시시각각 변합니다. 그러면 이를 통과하는 별빛의 경로도 시시각각 달라집니다. 이로 인해 별의 위치가 이리저리 흔들려 보이고, 우리 눈에 들어오는 빛의 양도 달라지면서 별의 밝기가 반복적으로 변하게 됩니다. 이 때문에 별이 '반짝반짝'하는 것처럼 보이게 되는 것이죠.

여기에 더해 대기 중에 물방울이나 미세 먼지와 같은 입자들이 많아지거나, 주변의 다른 빛들이 섞여 들어오면 이런 현상은 더 심해지면서 별빛을 제대로 관찰하기 매우 힘들어집니다.

다채로운 별빛을 느끼는 법

제가 별빛을 제대로 구분하지 못했던 것은 전보다 약해진 제 시력 때문만은 아니었습니다. 공해로 탁해진 하늘 때문이기도 했죠. 물론 점차 궁핍해진 상상력 또한 한몫했습니다.

고흐의 그림은 한밤중인데도 하늘은 깊은 파란색을 띠고, 노란색과 초록색의 별들은 마치 하늘 위의 보석처럼 영롱하게 빛나고 있습니다. 그러고 보니 제 어린 시절 밤하늘 또한 지금보다 훨씬 더 많은 별이 더 다채롭게 반짝이고 있었습니다. 물론 고흐의 그림에서 볼 수 있는 것과 같은 화려한 색감과는 큰 차이가 있지만, 분명 푸른 별과 불그스름한 별들이 반짝이고 있었죠. 고흐는 여동생에게 보낸 편지에서 다음과 같은 말을 했다고 합니다.

"밤은 낮보다 더 풍부한 색을 품고 있다."

고흐는 평소 압생트라는 술을 즐겨 마셨다고 합니다. 향쑥이란 식물을 원료로 하여 만드는 영롱한 초록색이 특징인 압생트에는 산토닌이란 성분이 들어있는데요. 이 성분을 과다 섭취하면 세상이 노랗게 보이는 황시증黃視症이 나타날 수 있다고 합니다. 어쩌면 고흐의 노란색에 대한 집착이나 그의 화려한 색채 감각은 이와 관련이 있을지도 모릅니다. 일반인들에게는 그저 어둠에 뒤덮여 보이는 밤하늘이지만 그곳에서 그는 매혹적이면서 다채로운 색들을 발견했죠. 물론 초록색 술의 마법이 그의 감수성을 좀 더 예민하게 해주기는 했지만 말입니다.

때론 잠시 멈춰 밤하늘을 바라보는 여유가 모든 이에게 있기를 바랍니다. 비록 먼 곳으로부터 날아와 희미하긴 하지만, 그리고 탁해진 하늘 때문에 그조차도 잘 볼 수 없기는 하지만, 그래도 다채로운 별빛을 상상하며 세상의 아름다움을 느낄 수 있는 감수성만큼은 잃지 마세요.

"밤은 낮보다 더 풍부한 색을 품고 있다."

5

어떻게 물체가 투명할 수 있는가?

* 전자와 빛 *

리디아라는 한 부유한 왕국에 기게스란 이름의 목동이 살고 있었습니다. 어느 날 그는 큰 지진 때문에 갈라진 땅 틈에서 우연히 어떤 동굴의 입구를 발견합니다. 조심스럽게 동굴에 들어간 그는 한 거인의 시체를 발견하는데, 그 거인의 손에는 번쩍이는 금반지가 끼워져 있었죠. 그는 얼른 그 반지를 챙겨 동굴에서 나왔습니다.

반지를 손가락에 끼고 이리저리 살펴보던 중 그는 깜짝 놀랄 만한 경험을 하게 됩니다. 그 반지에는 작은 흠집이 나 있었는데, 그 흠집을 손바닥 방향으로 돌리면 자신의 모습이 투명해진다는 사실을 알아챈 것입니다. 정말 대단한 보물을 얻었지만, 그의 마음은 그만 삐뚤어지고 말았습니다. 그 반지를 이용해 나쁜 일을 하기로 마음먹은 것이죠. 그는 투명해지는 능력을 이용해 왕비와 간통하고 왕을 암살한 후 결국에는 리디아의 왕좌까지 차지하고 말았습니다.

이 이야기는 후에 톨킨의 장편소설 『반지의 제왕』에 등장하는 절대반지의 모티브가 되었습니다. 그리고 이후에도 투명인간에 대한 많은 이야기와 영화의 소재가 되기도 했죠.

투명해진다는 것은 익명성을 의미합니다. 나의 존재가 드러나지 않으면서도 어떤 행동을 할 수 있다는 것인데 이는 곧 책임감의 부재로 이어질 수 있습니다. 기게스의 반지, 톨킨의 절대반지, 그리고 투명인간, 이 모든 것들은 익명성이 가져올 수 있는 인간의 타락에 대해 말하고 있습니다. 그리고 어쩌면 인간의 내면에는 그와 같은 어두운 본성이 이미 자리 잡고 있을지도 모른다는 사실도 넌지시 암시하고 있죠.

그런데 과학자의 관점에서 이 이야기는 투명함이 주는 익명성이나 타락한 인간의 본성보다는 투명함 그 자체에 더 많은 관심이 있습니다. 물질들로 구성된 유형의 물체가 어떻게 투명해질 수 있을까요?

투명하다는 것

일단 본격적인 탐구에 앞서 먼저 투명하다는 것은 어떤 의미인지 알아보도록 하죠. '투명'이란 단어를 국어사전에서 찾아보면, '물체가 빛을 잘 통과시킴'이라 정의되어 있습니다. 그렇다면 빛을 잘 통과시키는 물체에는 어떤 것들이 있을까요? 유리, 공기, 물 등이 있겠죠.

그런데 사실 공기와 물도 엄밀히 말하면 투명하지 않습니다. 공기와 물에서는 빛의 산란이 일어나는데, 이는 공기와 물을 구성하는 작은 입자들이 빛과 상호 작용하는 현상입니다. 작은 입자들은 대부분의 태양 빛을 그대로 통과시키지만, 파란 계통의 빛은 여러 방향으로 산란시키면서 하늘과 바다를 파랗게 물들입니다. 모든 빛을 다 통과시켰다면 투명하다고 말할 수 있지만 그렇지 않죠. 다만 산란이 일어나는 양이 그리 많지 않아, 유리컵에 담긴 물이나 짧은 거리에 있는 공기는 투명하게 보입니다. 하지만 이 산란 효과가 축적되어 충분하게 관찰되는 우리 머리 위의 하늘이나 광대한 바다는 푸르게 보이죠.

그러나 유리는 그야말로 투명합니다. 모든 종류의 태양 빛을 그대로 다 통과시키기 때문이죠. 그런데 유리는 고체 상태임에도 왜 입자 수가 훨씬 더 적은 기체 상태의 공기와 액체 상태인 물보다 더 투명할까요?

유리는 어떻게 물보다 투명할까?

유리는 어떻게 구성되어 있을까?

유리는 규소(Si) 원자 1개와 산소(O) 원자 2개가 결합한 이산화규소(SiO_2)라는 물질을 기본 단위로 합니다. 이 물질은 실리카라고도 불리는데, 모래의 주요 성분이며 석영quartz이라는 광물의 형태로 존재합니다.

지각의 8대 구성 원소는 산소, 규소, 알루미늄, 철, 칼슘, 나트륨, 칼륨, 마그네슘입니다. 이 중에 산소가 약 46%이고 그다음으로 많은 것이 28%인 규소입니다. 그만큼 석영은 지표면에서 흔하게 발견되는 광물이죠. 그런데 신기한 것은 이 광물 내에서는 이산화규소가 규칙적으로 결합해 있는 결정 형태를 나타내지만, 이를 녹여서 유리로 만들면 규칙성이 파괴되면서 비결정 형태가 된다는 점입니다. 고체 상태인 석영에 열을 가하면 이산화규소 분자 간의 결합이 끊어지면서 자유로운 상태가 되는데, 이는 마치 얼음이 녹아 물이 되는 과정과 비슷합니다.

그런데 녹은 석영을 식혀 다시 고체 상태가 되더라도 예전과 같은 결정형 구조로 돌아가지 않습니다. 이산화규소 분자들이 불규칙적으로 결합하면서 새로운 구조를 만들기 때문에 규칙적인 결정 형태였던 본래 상태와는 차이가 큽니다. 이는 액체 상태인 물이 고체 상태인 얼음으로 그 구조가 바뀌지 않으면서 액체 상태의 구조 그대로 얼어버리는 현상과 유사합니다.

냉동실에 생수병을 일정 시간 동안 두었다가 꺼내어 충격을 주면 순간적으로 얼어버리는 경우가 있는데 이를 과냉각 현상이라 합니다. 과냉각된 물은 우리가 얼음이라 부르는 고체 상태와 다른 구조로 되어 있습니다. 겉모습은 고체이지만 내부에 존재하는 분자들의 상태는 마치 액체일 때와 유사하기 때문입니다.

만약 유리가 석영처럼 결정형 구조를 형성한다면, 유리는 지금처럼 투명하지는 않을 것입니다. 유리 내부에 존재하는 다양한 결정들은 서로 경계면을 형성할 텐데, 그러면 이 경계면에서는 빛이 굴절되거나 반사될 것이기 때문이죠.

그렇다면 유리가 비결정 형태이기 때문에 투명한 것일까요? 반드시 그렇다고 할 수도 없는데요. 왜냐하면 우리 주변의 물체는 대부분 비결정 형태이지만 투명하지는 않기 때문입니다. 여러분의 몸만 보더라도 그렇죠. 우리 몸은 광물처럼 결정들로 구성되지는 않았지만, 그렇다고 빛이 그대로 통과해 투명하게 보이지는 않습니다.

유리가 투명한 근본적인 이유

유리가 투명한 더 근본적인 이유는 다른 곳에서 찾아야 합니다. 그리고 그곳은 바로 원자의 바깥에서 운동하고 있는 전자들입니다. 이 전자들은 크기가 매우 작습니다. 원자를 야구장만 한 크기라 한다면, 원자핵은 야구장 한가운데 놓인 작은 콩알만 하고, 전자는 관중석에 놓인 좁쌀만 하다 할 수 있죠.

여기서 한 가지 근본적인 의문이 생깁니다. 원자의 대부분은 텅 비어 있는 공간이나 마찬가지니, 물질이 고체인지 액체인지, 결정인지 비결정인지, 그것이 어떤 상태인지 상관없이 모두 투명하게 보여야 하지 않을까요? 만약 그렇다면 이 세상은 투명한 것들로 가득 차 있어야 하지만 현실은 그렇지 않죠. 그 이유는 전자들이 빛의 투과를 막기 때문입니다. 아니 어떻게 그토록 작은 전자가 그럴 수 있을까요? 야구장 외곽에 있는 좁쌀이 운동장으로 쏟아지는 햇빛을 모두 차단한다는 말인데, 쉽게 상상되지 않습니다.

하지만 전자에게는 이것을 가능하게 만드는 한 가지 특수한 능력이 있습니다. 매우 빠르게 공간을 이동하는 능력입니다. 전자는 원자 주위 공간에서 동에 번쩍, 서에 번쩍하면서 나타납니다. 워낙 빨라 우리에게는 원자핵 주위의 모든 공간에 전자가 다 존재하는 것처럼 보입니다. 사실은 전자의 분신들이 그 공간을 빼곡하게 채우고 있는 것이죠. 예를 들어, 빨간 공을 매단 끈을 손으로 잡고 돌릴 때, 천천히 돌린다면 공의 경계를 눈으로 확인할 수 있지만 회전 속도를 높일수록 눈에는 빨간 원만 보입니다. 공이 이동하는 경로에 모두 빨간 공이 있는 것처럼요.

이제 공간을 빼곡하게 채우고 있는 전자의 분신들은 마치 보호막처럼 빛의 출입을 가로막고 있습니다. 빛은 전자와 만나지 않고서는 자유롭게 공간을 통과할 수 없죠. 그런데 이때 전자의 행동은 매우 선택적입니다. 전자의 상태에 따라 어떤 빛은 흡수하고 또 어떤 빛은 반사하기도 합니다. 또 어떤 경우는 잠시 살펴보다가 통과시키기도 하죠.

만약 선택적으로 빛을 흡수하고 반사하면 물체는 색을 띠는데, 예를 들어 파란색 빛을 반사하고 나머지 색의 빛들을 흡수하거나 통과시키면 그 물체는 파란색으로 보이는 것입니다.

투명 물고기와 투명 인간

유리를 구성하는 이산화규소라는 물질은 독특합니다. 더 정확하게는 이산화규소의 전자들이 독특합니다. 이 전자들은 태양 빛을 구성하는 가시광선 중 그 어떤 빛도 흡수하거나 반사하지 않고 그대로 통과시키기 때문입니다. 그러면 유리가 투명하게 보이겠죠. 자외선처럼 에너지가 높은 빛은 유리의 전자들이 흡수할 수 있으나 이런 빛은 우리 눈에는 보이지 않으니 유리의 투명도에 영향을 주지 않죠.

이 원리를 이해하면 물체를 투명하게 만들 수도 있습니다. 실제로 이러한 물체가 존재하기도 하죠. 예를 들어, 투명물고기가 있습니다. 이 물고기의 몸을 구성하는 전자들 대부분은 빛과 상호작용하지 않습니다. 유리를 구성하는 전자들과 비슷한데요, 포식자의 눈에 띄지 않도록 이렇게 진화한 것이죠.

그렇다면 투명인간도 가능하지 않을까요? 하지만 아쉽게도 아직 우리 몸의 전자들을 그런 상태로 변환시키는 기술은 없습니다. 그리고 만약 가능하더라도 우리 몸에 어떤 부작용이 있을지도 잘 모르니 쉽게 시도하기에는 많은 문제가 있을 것입니다.

물론 먼 미래에는 이러한 일이 현실이 될지도 모르죠. 과학자로서는 기대되는 순간이긴 하지만, 또 한편으론 그런 날이 가능하면 늦게 왔으면 합니다. 기게스가 갖지 못했던 익명성에 대한 책임감을 우리가 완전히 갖출 때까지 말입니다. 어쩌면 우리가 투명하지 않은 이유는 자신의 행동에 완전한 책임을 지라는 뜻은 아닐까요?

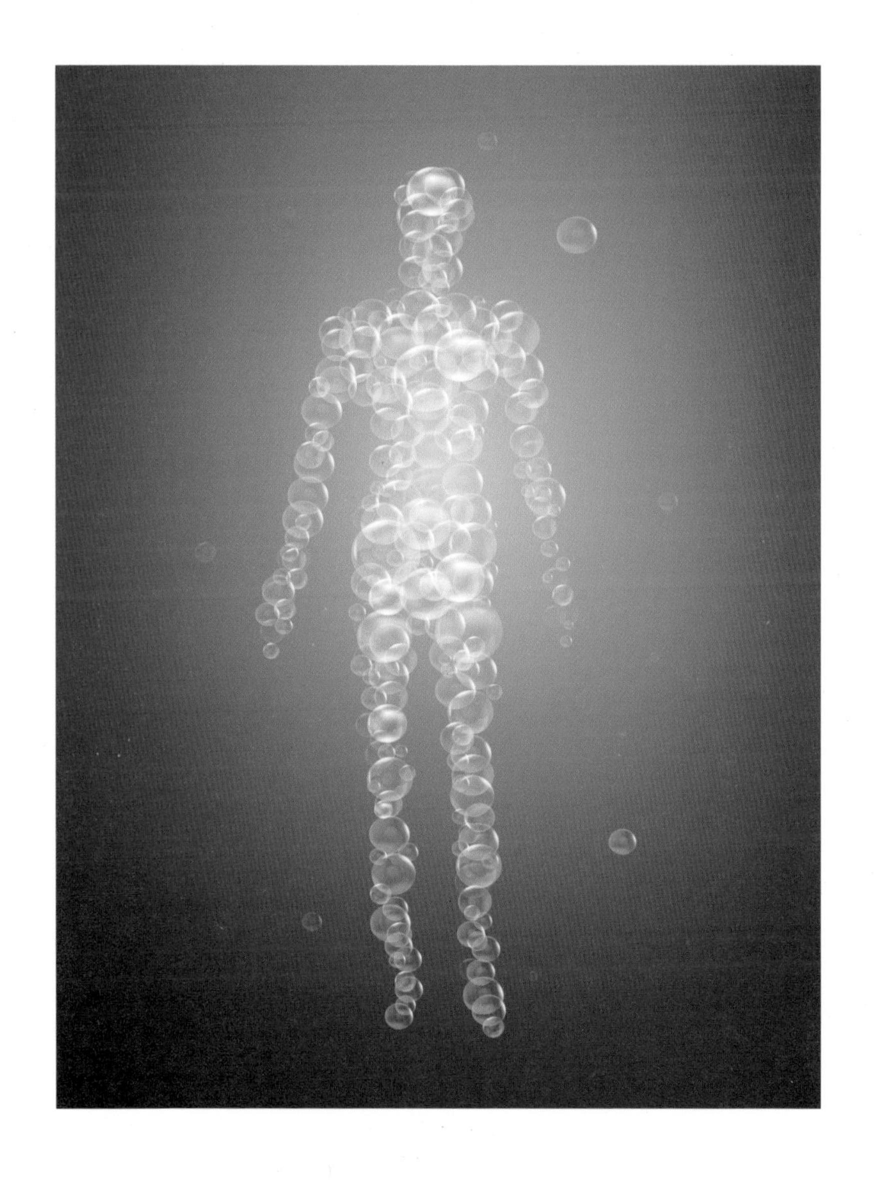

"우리가 투명하지 않은 이유는 자신의 행동에
완전한 책임을 지라는 뜻은 아닐까요?"

6

사람들은 별을 왜 뾰족하게 그릴까?

빛의 회절

오늘도 마리오는 피치 공주를 구하기 위해 고군분투합니다. 마리오의 숙적 쿠파가 또다시 공주를 납치했기 때문이죠. 그런데 이번 모험의 무대는 지구가 아니라 우주입니다. 어려운 과제를 하나씩 해결할 때마다 마리오는 보상으로 황금빛으로 반짝이는 작은 별을 받습니다. 5개의 꼭지를 가진 우리가 잘 아는 그 '별 모양'의 별입니다. 그리고 그 별들의 숫자가 일정 이상이 되면, 다음 은하로 넘어가 새로운 도전을 할 기회가 생깁니다. 무슨 이야기냐고요? 바로, 마리오 게임 이야기입니다.

10여 년 전에 아이를 위해 마리오 게임을 산 적이 있습니다. 저도 예전부터 마리오를 좋아해 아이와 함께 게임에 열중했는데, 게임의 미션을 끝까지 완수했는지는 너무 오래되어 기억이 나지 않네요. 아마도 아이와 저의 부족했던 게임 실력을 생각하면 결국 피치 공주를 구하는 데는 실패했을 가능성이 큽니다.

하지만 아직도 중간중간 생생하게 기억나는 장면들이 있습니다. 그 장면들이 게임의 매력 포인트였는데요. 마리오가 우주를 여행하면서 거치는 다양한 세계의 모습들입니다. 이상하게 생긴 인공적인 구조물들도 보이고, 무슨무슨 행성이라 이름이 붙은, 그러니까 지구와 같은 존재들도 등장합니다.

그런데 이 행성들의 모습도 범상치 않습니다. 행성이라면 지구처럼 당연히 둥글어야 할 텐데, 네모난 행성, 납작한 접시 모양의 행성 등등 그 모습이 각양각색입니다. 또한 그곳도 중력이 작용하니 그 위를 뛰어다니다 보면 재미있는 일들을 경험할 수 있습니다. 마치 옆으로 또는 거꾸로 매달려 뛴다는 착각이 들게 만들기도 하죠. 어떻게 이런 상상을 했을까 감탄하며 점점 게임 속으로 빠져들었습니다. 만약 이런 행성이 있다면 한 번쯤 방문하고 싶다는 생각을 하기도 했죠.

하지만 실제로 이런 행성이 있을 가능성은 거의 없습니다. 우주에 있는 커다란 천체들은 모두 예외 없이 동그란 구형이기 때문입니다. 태양과 같은 별들도 그렇고, 달과 같은 위성들도 그렇고, 우리 지구와 같은 행성들도 그러합니다. 소행성처럼 일부 작은 천체들은 예외로 하고 말이죠. 앞서 마리오가 보상으로 받았던 별들도 크기가 작았기에 망정이지, 만약 실제 별처럼 컸다면 결코 '별 모양'일 수 없었을 것입니다.

쟁반같이 둥근 별

우리 우주에는 만유인력이란 힘이 작용합니다. 질량이 있는 물체들 사이에서 작용하는 끌어당기는 힘이자 물체의 질량이 커질수록 더 커지는 힘입니다. 일상생활에서 만나는 작은 물체들은 그 크기가 매우 작기 때문에 이 힘을 제대로 느낄 수 없죠. 하지만 행성이나 별과 같이 질량이 매우 큰 물체라면 이야기가 달라집니다.

이 만유인력은 용어 그대로 시간과 장소를 가리지 않고 우주 어디에서나 존재하는 끌어당기는 힘을 의미합니다. 수십억 광년 떨어진 우주 저편에서도 만유인력은 존재하듯, 아주아주 오래전 과거의 우주에서도 마찬가지로 존재했죠. 그리고 이 힘은 아주 오래전에 별 그리고 행성 같은 천체들이 만들어지는 과정에서도 매우 중요한 역할을 했습니다.

별 등이 만들어지려면 먼저 그것을 구성할 물질들이 모여야 합니다. 티끌 모아 태산이라고 아주 작은 물질들이 차곡차곡 모여 거대한 별이 만들어지는데, 이들이 모일 수 있는 것은 바로 만유인력이 작용하기 때문입니다. 처음에는 이 힘의 크기가 그리 크지 않지만 물질이 모이면 모일수록 점점 더 커집니다.

그런데 우리 우주는 어느 방향으로나 균일하므로 만유인력 또한 어느 방향으로나 일정하게 작용합니다. 따라서 물질들이 끌어당겨져 별과 하나가 되는 과정 또한 방향에 따른 차별이 있어서는 안 되겠죠. 모든 방향에서 같은 거리를 두고 균일하게 차곡차곡 물질들이 쌓여야 한다는 말입니다.

만약 2차원 평면이라면 어떨까요? 평평한 종이 위에서 한 점을 잡고 이곳을 중심으로 모든 방향으로 균일하게 물질들을 쌓다 보면 어떤 모양이 만들어질까요? 네 맞습니다. 원 모양이 되겠죠. 그렇다면 3차원 공간은 어떨까요? 한 점을 중심으로 모든 방향으로 균일하게 물질들을 쌓다 보면 공과 같은 구형이 될 수밖에는 없을 것입니다. 그리고 우리 우주는 여러분도 잘 아시는 것처럼 3차원 공간이죠. 별이나 행성과 같은 커다란 천체들이 둥근 이유는 바로 이 때문입니다.

그런데 말입니다. 사람들에게 별의 모양을 그려보라고 하면 대부분 5개의 꼭짓점이 있는 마치 불가사리와 같은 것을 그립니다. 실제 별의 모양은 둥근 공과 같은데도 말이죠. 우리는 왜 별을 둥근 공 모양이 아니라 뾰족뾰족한 모양으로 그리게 되었을까요?

우리는 왜 별을 뾰족뾰족하게 그릴까?

별을 '별 모양'으로 그리게 된 이유

'피타고라스의 정의'로 잘 알려진 수학자 피타고라스는 이 세상이 수數들로 이루어져 있다고 주장했습니다. 일정한 수의 비율이 아름다운 음률을 만들어내듯, 수의 조화 덕분에 세상 만물이 결정된다고 보았죠. 각각 개별적인 수에 특별한 의미를 부여하기도 했는데 예를 들어 1은 모든 수의 단위가 되는 것, 짝수들은 여성과 불완전함(짝수는 다시 둘로 쪼개지므로), 홀수들은 남성과 완전함, 그리고 첫 번째 짝수인 2와 첫 번째 홀수인 3을 더해 얻어지는 5는 결혼의 상징으로 여기는 식입니다.

한편, 이 숫자 5와 관련이 있는 오각형에는 자연에서 가장 아름다운 비율이라 알려진 1:1.618의 황금 비율이 숨어 있었습니다. 오각형의 각 꼭짓점을 연결한 대각선들은 서로를 이 비율로 나뉘며 교차합니다. 사람들은 이 비율을 봤을 때 가장 안정감을 느낀다고 하죠.

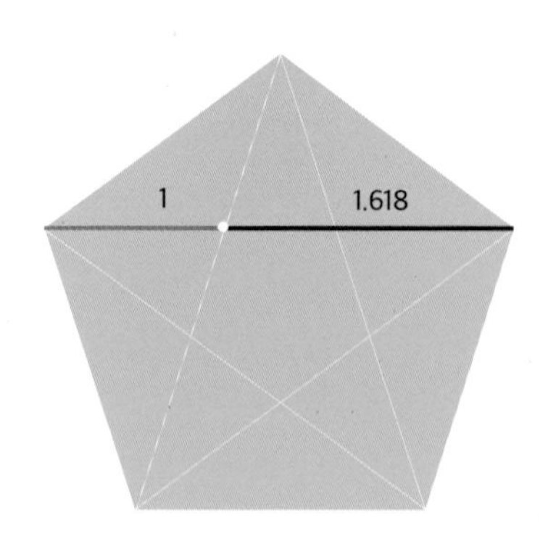

황금비율로 이루어진 '별 모양'

그런데 황금 비율을 이루며 교차하는 이 대각선들이 모이면 바로 우리가 잘 아는 '별 모양'이 만들어집니다. 수의 조화로 세상이 이루어진다고 믿었던 피타고라스는 이 황금 비율로 이루어진 별 모양이야말로 가장 아름다운 모양이라 생각했습니다. 그리고 별의 상징적인 모양으로 삼았죠. 피타고라스와 그 제자들은 이 별 모양의 장신구를 옷에 달고 다니기도 했습니다.

피타고라스가 별의 상징으로 삼은 이 모양은 실제로 별을 관찰한 결과가 아닙니다. 오로지 수학과 기하학에 토대를 두고 있었죠. 그는 인간의 관찰과 경험은 완전하지 않으며, 보이지 않는 이 세상의 내면에는 우리가 아직은 잘 모르지만 더욱더 완전한 진실이 숨어 있다고 생각했습니다. 그리고 수학과 기하학을 통해서만 이 진실에 더 가깝게 다가설 수 있다고 믿었죠. 따라서 그에게 실제 별이 어떻게 보이는지는 그다지 중요하지 않았습니다.

그런데 말이죠. 피타고라스가 제시한 별의 상징은 실제 우리 눈으로 관찰하는 별의 모양과 꽤 비슷하긴 합니다. 밤하늘의 별들을 자세히 관찰하다 보면, 둥근 모양이 아니라 여러 갈래 빛줄기를 만드는 뾰족한 다각형처럼 보입니다. 물론 피타고라스의 별 모양은 아니지만 꽤 비슷하죠. 이 또한 별 모양이 오늘날처럼 널리 받아들여진 이유 가운데 하나일지도 모릅니다.

나뭇잎 사이로 햇빛이 반짝거리는 이유

저는 햇살 좋은 날이면 벤치에 앉아 여유로움을 만끽하곤 합니다. 벤치 옆 커다란 나무가 만들어내는 그늘이 있어 강한 햇빛도 피할 수 있으니 좋습니다. 잠시 고개를 들어 바라본 풍경은 절로 감탄을 자아내죠. 나뭇잎 사이로 부서지는 햇빛의 반짝거림은 마치 수없이 많은 보석이 나뭇가지에 매달린 듯합니다. 감탄과 흥분으로 가득 찬 마음이 조금은 가라앉을 무렵, 이상한 사실을 한 가지 문득 깨닫습니다. 나뭇잎 사이로 새어 들어오는 햇빛이 번져 보인다는 사실 말입니다. 나뭇잎 사이를 통과한 빛의 가장자리가 매끄럽지 않은 것이죠. 만약 빛이 직진만 한다면 일어날 수 없는 현상입니다.

나뭇잎 사이로 부서지는 햇빛

별이 뾰족뾰족하게 보이는 것도 마찬가지입니다. 앞서 다른 글에서 설명했듯이 빛은 파동이라는 형태로 공간을 가로지릅니다. 마치 수면 위에서 퍼져나가는 물결의 파동처럼 말이죠. 우리는 보통 빛이 곧바로 직진한다고 생각하지만, 실제로는 진동을 하며 동시에 앞으로 나아갑니다. 물론 빛의 파동은 물결처럼 눈에 보일 정도로 크지는 않기에, 우리가 경험하는 일상에서는 그냥 빛이 직진한다고 표현해도 크게 틀리지는 않습니다. 하지만 주의 깊게 관찰하면 빛도 일종의 파동이라는 사실을 암시하는 현상을 발견할 수 있습니다.

물결이 파동치며 나아가다 가로막힌 벽을 만났습니다. 그런데 이 벽에는 아주 작은 구멍이 뚫려 있습니다. 어떤 일이 일어날까요? 물결 대부분은 그 진행이 막혔지만, 일부는 운 좋게 이 작은 구멍을 통과합니다. 그러고는 파동이 원래 그러한 것처럼 구멍을 통과한 물결은 다시 작은 파동을 이루며 퍼져나갑니다. 이전 파동만큼 강하지는 않지만 좁은 구멍을 통과하며 새로운 파동이 생겨난 것인데요, 이를 과학에서는 '회절 현상'이라 부릅니다.

빛도 (비록 미세하기는 하지만) 파동의 일종이므로 좁은 구멍을 통과하면 회절 현상이 일어날 수 있습니다. 따라서 통과한 구멍 주위로 빛의 파동이 퍼져나가게 되는데, 그러면 빛이 자신이 통과한 구멍의 크기보다 더 넓은 범위로 퍼지게 됩니다. 나뭇잎들 사이 구멍으로 들어온 햇빛이 구멍보다 더 크게 번져 보이는 것도 바로 이 회절 때문입니다.

빛의 회절을 볼 수 있는 또 다른 예로는 그림자가 있습니다. 햇빛이 쨍한 날 땅바닥에 생긴 그림자를 보면 가장자리가 매끄럽지 않습니다.

마치 그림에서 사물의 가장자리를 부드럽게 표현하려고 경계를 무너트린 것처럼 말이죠.

빛의 진행 경로에 어떤 물체가 놓이면 그 물체의 단면적만큼 빛이 더 진행할 수 없습니다. 하지만 그 물체의 바깥 경계를 넘어선 빛들은 계속 진행할 수 있죠. 이때 가장자리에 가깝게 통과한 빛은 파동으로서의 성질 때문에 가장자리 주변으로 퍼져나가게 됩니다. 그러면 그림자의 영역 일부까지 빛이 들어가게 되고, 이로써 그림자의 경계가 흐릿해지죠.

가로등 불빛이 별처럼 찍히는 이유

빛의 파동과 그로 인해 생겨나는 회절이라는 재미있는 현상을 이해하셨다면, 이제 본격적으로 별이 왜 그런 모양으로 보이는지에 대해 설명해보겠습니다. 좀 더 쉬운 이해를 위해 먼저 우리 눈과 유사한 카메라와 비교하며 살펴보겠습니다.

카메라에 있는 조리개는 빛이 통과하는 구멍으로 눈의 홍채처럼 내부로 들어오는 빛의 양을 조절합니다. 조리개가 넓게 열리면 빛이 많이 들어오고 좁게 열리면 반대로 들어오는 빛의 양이 줄어들죠. 이 조리개를 좁게 열고 야경을 찍다 보면 아주 재밌는 사진을 얻을 수 있습니다. 가로등의 불빛이 마치 반짝이는 별처럼 찍히는 것이죠.

이를 '빛 갈라짐'이라 하는데, 이는 조리개의 작은 구멍을 빛이 통과하면서 회절 현상을 일으키기 때문입니다. 그런데 회절이 일어나면 빛이 주변으로 넓게 번져 보여야 하는데, 왜 피타고라스의 별처럼 뾰족뾰족 빛줄기들이 생기는 걸까요?

조리개의 내부를 들여다보면 그 해답을 알 수 있습니다. 조리개는 얇은 판 몇 개가 서로 겹쳐 있고, 이 판들이 움직이면서 구멍의 크기를 조절합니다. 그런데 빠른 작동을 위해 사용되는 판의 수를 제한하다 보니, 구멍이 완전한 원이 아니라 육각형 같은 다각형이 됩니다. 원형인 구멍이라면 회절 현상이 원을 따라 균일하게 일어나지만, 다각형 구멍에서는 다각형의 모양에 따라 회절도 특이한 모양을 나타냅니다. 각진 여러 개의 면을 따라 회절된 빛들이 일정한 방향성을 나타내기 때문이죠.

조리개

눈으로 보는 별이 마치 피타고라스의 별처럼 보이는 이유도 이와 유사합니다. 하지만 완전히 동일하지는 않죠. 우리 눈에서 빛이 통과하는 동공은 조리개처럼 다각형 구조가 아니기 때문입니다. 그렇다면 특이한 모양의 회절을 일으키는 다각형 구조는 어디에 있는 것일까요?

동공을 지난 빛은 수정체라 불리는 일종의 렌즈를 거칩니다. 수정체는 마치 돋보기처럼 빛을 모아 망막 쪽으로 보내는 역할을 하죠. 수정체 대부분은 수정체 섬유라 불리는 길면서 투명한 세포들로 구성되어 있습니다. 이 섬유 세포들은 매우 규칙적으로 배열되어 있는데, 수정체의 앞뒤로 이 섬유 세포들이 서로 가까이 만나는 지점이 있습니다. 마치 섬유 세포들을 서로 모아 봉합하듯 말이죠. 바로 이 지점에서 미세한 다각형 구조가 만들어집니다.

수정체를 통과하는 빛은 바로 이 다각형 구조에서 회절을 일으킵니다. 그래서 눈으로 보는 별빛도 마치 다각형의 조리개를 통과한 빛처럼 빛 갈라짐 현상이 나타나는 것입니다. 이제 별이 왜 뾰족뾰족한 모양으로 보이는지 이해가 되시나요?

과학은 참 대단합니다. 별이 왜 둥근지를 설명할 수 있고, 또 그 둥근 별이 왜 우리 눈에는 마치 '별 모양'처럼 보이는지도 설명할 수 있습니다. 끊임없이 궁금해하고 더 완전한 진실을 갈망하는 우리에게 과학은 이제 필수 불가결한 존재가 되었습니다.

하지만 그만큼이나 우리의 상상력도 소중히 여겼으면 합니다. 밤하늘을 바라보며 나만의 별 모양을 그려보는 자유도 계속 누렸으면 합니다. 이 또한 과학과 더불어 우리를 인간답게 하는 소중한 것들이니까요.

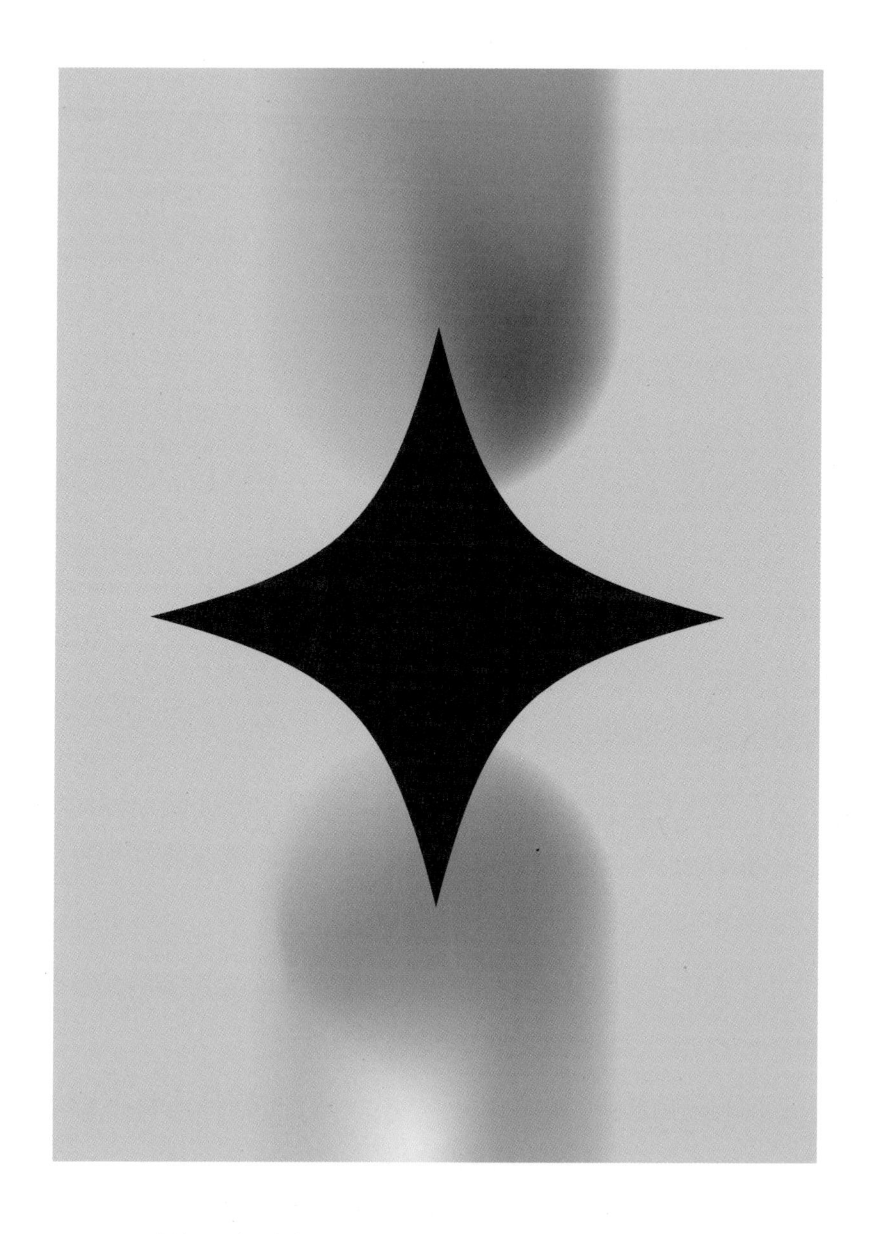

"과학은 참 대단합니다. 별이 왜 둥근지, 그 둥근 별이 왜
우리 눈에는 '별 모양'처럼 보이는지도 설명할 수 있으니까요."

7

보이지 않을 만큼 작은 것을 보려면?

* 입자가속기 *

우리가 눈으로 볼 수 있는 별은 6000개 정도라고 합니다. 은하만 해도 1000억 개의 별이 있고, 그런 은하가 우주에 또 수천억 개 있다고 하니, 우리가 보는 별은 극히 일부에 불과합니다. 우리 눈은 빛에 매우 민감하므로 아주 적은 양의 빛도 감지합니다. 사실 눈으로 볼 수 없는 별들은 거리가 멀어서라기보다는 우리 눈에 도달하는 빛의 양이 적거나 아예 없기 때문이죠. 그럼 빛의 양을 늘리면 되지 않을까요?

그리하여 만들어진 것이 천체 망원경입니다. 렌즈를 사용해서 흩어진 빛들을 가능한 한 많이 모아줍니다. 망원경의 크기도 크면 클수록 유리합니다. 현재 칠레의 라스 캄파나스 천문대에 건설 중인 '거대 마젤란 망원경'은 지름만 22m로 세계 최대 규모를 자랑합니다.

우리의 상상을 자극하는 미지의 세계는 광활한 우주에만 있는 것은 아닙니다. 그곳은 바로 아주 아주 작은 세계입니다. 눈으로 볼 수 없는 먼 별들로부터 이야기를 시작했으니, 이제는 눈으로 볼 수 있는 가장 작은 것들에 대한 이야기를 해보죠.

눈으로 볼 수 있는 가장 작은 크기는 얼마나 될까요? 미세 먼지는 먼지 중에서 눈으로 볼 수 없는 크기의 것을 말하는데 머리카락 굵기의 10분의 1 정도인 0.01mm보다도 더 작다고 합니다. 미세 먼지 한 톨은 눈에 보이지 않지만, 이 먼지들이 공기 중에 퍼져 있으면 존재를 인식할 수 있습니다. 시야가 탁해지고 숨 쉬기도 힘들기 때문이죠. 하지만 미세 먼지보다 크기가 더 작다면 어떨까요? 예를 들어, 크기가 0.001mm에 불과한 세균, 그리고 그보다 더 작은 0.0001mm 크기인 바이러스 같은 존재는 우리가 맨눈으로 인식하는 것이 사실상 불가능합니다.

미세 먼지로 뿌연 하늘

이 세상은 눈에는 보이지 않지만 분명 존재하는 것들이 있습니다. 그것도 아주 많습니다. 지금부터는 '보이지 않는 작은 것들은 어떻게 보는가?'라는 작지만 절대 작지 않은 질문에 대해 답해보도록 하겠습니다.

작은 것들을 위한 모험

누가 현미경을 발명했는지에 대해서는 의견이 분분합니다. 일반적으로 네덜란드의 레벤후크라고 알고 있지만, 그보다 70년 정도 앞선 1590년경 네덜란드의 안경사 얀센이 볼록렌즈와 오목렌즈를 금속통에 끼운 (오늘날 망원경과 유사한) 매우 단순한 형태의 현미경을 제작했다고 합니다. 하지만 얀센은 자신의 현미경으로 무언가를 관찰한 기록은 남기진 않았습니다.

이에 반해 레벤후크는 자신의 현미경을 통해 세상을 바라보는 일에 매우 적극적이었습니다. 곤충의 더듬이와 털, 파리의 머리, 인간의 정자와 피부 등 세상의 모든 것이 그의 관찰 대상이었습니다. 그가 제작한 현미경들은 오늘날과 그 구조가 유사하며, 배율도 300배 가까이 되어 성능 또한 매우 우수했습니다. 당시 사람들은 곤충보다 작은 생물은 없다고 생각했지만, 웅덩이에서 뜬 작은 물방울 안에서 레벤후크는 무수히 많은 작은 미생물을 발견할 수 있었습니다.

현미경의 발명은 우리의 시각을 획기적으로 넓혀준 매우 중대한 사건이었습니다. 비슷한 시기에 발명된 망원경이 저 넓은 우주로 우리의 관심을 이끌었던 것처럼 말이죠. 하지만 인류는 렌즈를 통해 들여다보는 세상만으로는 만족하지 못했습니다. 일단 보이지 않는 세계의 문이 열리자 그 세계 깊숙한 곳으로 본격적인 탐험을 나서고 싶었습니다. 하지만 지금까지의 현미경만으로는 한계가 있었습니다.

무언가를 관찰하려면 빛과 눈이 필요합니다. 물체의 표면에 빛이 닿으면 일부는 흡수되거나 투과되지만, 또 일부는 반사되면서 우리 눈에 도달하게 됩니다. 우리는 빛과 물체가 상호작용하는 효과를 통해 그 물체를 관찰하게 되는 것이죠.

앞서 다른 글에서 빛은 파동이라고 설명했습니다. 이 파동의 간격을 과학에서는 '파장'이라 하고, 쉽게 '보폭'이라 비유했죠. 여기서도 이 비유를 사용해봅시다. 우리가 무언가를 보려면 먼저 빛이 그 물체와 상호작용을 해야 합니다. 그리고 이러한 상호작용이 일어나려면 적어도 물체의 크기가 빛의 보폭보다는 더 커야 합니다. 만약 그렇지 않다면 빛이 그 물체를 그대로 넘어가기 때문입니다. 거인이 고층 빌딩을 그냥 성큼성큼 넘어가듯이 말입니다.

우리가 보통 빛이라 부르는 것은 더 정확하게는 '가시광선'이라 표현해야 합니다. 눈으로 볼 수 있는 빛이라는 뜻이죠. 적외선, 자외선, 엑스선 등은 태양에서 날아오는 빛이지만 눈에 보이지 않으니 가시광선은 아닙니다. 태양에서 날아오는 빛에는 여러 종류가 있는데 그 가운데 우리가 볼 수 있는 빛, 그리고 우리가 물체를 관찰할 때 사용하는 빛이 바로 가시광선입니다.

이 가시광선은 태양에서 출발해 지구로 성큼성큼 걸어오는데 그 보폭은 대략 0.0000006m입니다. 읽기도 힘들 정도로 작으니, 여기에 알맞은 단위인 나노미터(nm)를 사용합시다. 1nm는 10억 분의 1m에 해당하므로 가시광선의 보폭을 이 단위로 표현하면 600nm입니다.

앞서 레벤후크의 현미경으로 관찰했던 미생물들은 충분히 크기 때문에 가시광선으로 관찰이 가능합니다. 그보다 더 작은 세균까지도 관찰 가능합니다. 세균의 크기는 보통 수천 나노미터 정도이니까요. 하지만 100nm 정도인 바이러스와 그보다도 더 작은 물체는 가시광선으로는 관찰할 수 없습니다. 가시광선의 보폭보다 물체가 더 작기 때문이죠. 만약 보폭이 더 훨씬 더 좁은 빛을 사용한다면 관찰이 가능할 텐데요. 이를 위해 개발된 것이 바로 '전자 현미경'입니다.

전자 현미경은 어떻게 작동할까?

전자 현미경의 원리

전자는 원자를 구성하는 작은 입자인데 어떻게 빛이라 할 수 있느냐고요? 그런데 신기하게도 전자와 같은 작은 입자들을 매우 빠른 속도로 운동시키면 마치 빛처럼 행동합니다. 입자임에도 파동과 같은 성질을 보이는 것이죠. 과학에서는 이를 '물질파'라 부르기도 하는데요, 물질이 마치 파동처럼 행동한다고 해서 붙은 명칭입니다.

전자에 매우 높은 전압을 걸어주면 음극에서 양극 쪽으로 빠르게 가속 운동을 합니다. 이렇게 만들어진 '전자빔electron beam'은 마치 빛처럼 행동하는데, 물론 가시광선은 아니니 우리 눈에 보이지는 않죠. 전압에 변화를 주면 이 전자빔의 보폭도 조절할 수 있습니다. 예를 들어 5만 볼트(V)로 가속된 전자빔의 보폭은 대략 0.006nm 정도이니, 이 정도면 바이러스는 물론이고 분자나 원자와 같은 훨씬 더 작은 나노 단위의 물체도 세밀하게 관찰할 수 있습니다. 이렇게 가속된 전자빔은 물체와 상호작용을 하고, 그 결과는 우리 눈에 해당하는 정밀한 센서와 연결된 컴퓨터를 통해 분석되는데, 이렇게 구성된 장치를 전자 현미경이라 합니다.

그런데 아쉽게도 직접적인 관찰은 여기까지가 한계입니다. 원자보다 더 작은 물체는 빛만으로는 관찰할 수 없죠. 지금부터는 전혀 새로운 방식이 사용되어야 하는데 그것은 바로 '충돌'입니다. 빛으로 안을 들여다볼 수 없다면, 강한 충격을 주어 그 안에 숨어 있는 것들을 밖으로 끌어내는 것입니다.

충돌이라고 하니 매우 원시적인 방식 같지만, 최첨단 과학 기술이 집약되고, 가격도 엄청 비싼 장비가 필요합니다. 바로 '입자가속기'인데요. 원자를 구성하는 전자나 양성자와 같은 아주 작은 입자들을 엄청난 속도로 가속시키고, 이들을 서로 충돌시키는 장치입니다.

$E=mc^2$라는 공식을 아시나요? 아인슈타인이 발견한 이 공식은 매우 중요한 의미를 담고 있습니다. 여기서 E는 에너지, m은 물질의 질량, 그리고 c는 빛의 속도입니다. 공식에 따르면 어떤 '물질의 질량'에 '빛의 속도의 제곱'을 곱하면 '에너지'가 됩니다. 즉, 유형의 물질이 무형의 에너지로 전환될 수 있음을 의미하죠.

핵폭탄이나 원자력 발전은 이러한 원리를 이용합니다. 우라늄과 같은 방사성 물질이 분열되면(원자핵이 쪼개어지면), 그 질량의 일부가 줄어듭니다. 이때 줄어든 질량만큼 새로운 에너지도 생겨납니다. 만약 물질 1g 모두가 에너지로 변환된다면 대략 900억kJ이며, 이는 석유 약 2000t을 태웠을 때 나오는 에너지에 해당합니다.

그런데 입자들의 충돌시킬 때 일어나는 일은 이와는 반대입니다. 물질이 에너지로 변환되는 것이 아니라, 입자가 갖는 에너지 일부가 물질로 변환됩니다. 이를 위해서는 막대한 에너지가 필요합니다. 원자폭탄의 위력을 떠올려보면, 그 반대 과정의 에너지도 만만치 않음을 짐작할 수 있습니다. 이 엄청난 에너지는 입자들을 거의 빛의 속도에 가깝게 운동시키면 얻을 수 있습니다. 즉, 입자가속기는 입자들을 점차 가속시켜 거의 빛의 속도로 운동하도록 만드는 장치입니다.

입자들을 가속시키는 원리는 매우 간단합니다. 전자(-)나 양성자(+)처럼 전기적 성질을 띤 입자에 '전기장'을 걸어주는 것입니다. 일정 거리를 두고 한쪽에는 음극을, 반대편에는 양극을 설치한 후 고전압을 걸어 주면 전자는 양극을 향해 힘을 받고, 양성자는 음극을 향해 힘을 받습니다. 그리고 이 힘 때문에 입자의 속도는 점차 빨라집니다. 마치 중력에 의해 낙하하는 물체의 속도가 점점 빨라지는 것처럼요.

유럽입자물리연구소CERN에서는 스위스와 프랑스의 국경에 걸쳐 그 둘레가 27km에 이르는 세계 최대 규모의 입자가속기를 운영합니다. 이 입자가속기에서 여러 번 회전을 반복하면 점점 그 속도가 증가하기 때문에 거의 빛의 속도에 이를 정도로 엄청난 에너지를 갖게 됩니다.

이렇게 가속된 입자들은 입자가속기 내에서 서로 충돌을 일으키는데, 이때 앞서 설명했던 신기한 일이 일어납니다. 입자들이 가진 에너지 일부가 물질로 변환되는 것입니다. 조금 전까지 보이지 않던 물질이 새롭게 생겨나는 것이죠!

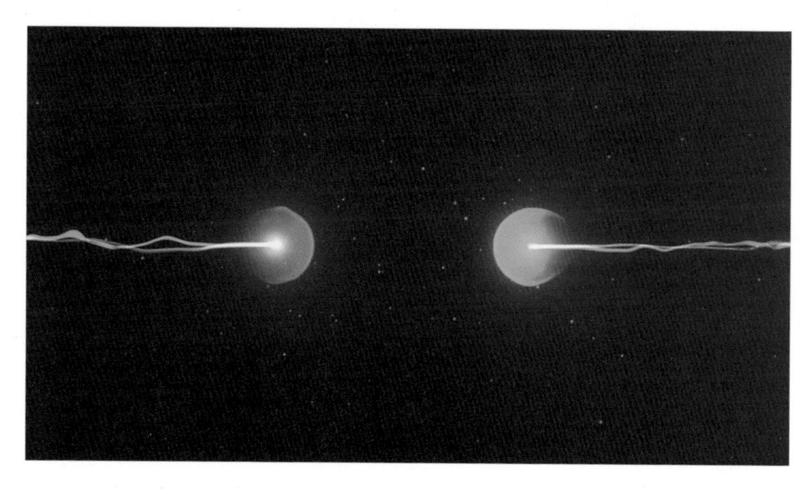

충돌하기 직전의 입자들

그리고 이 미지의 물질들을 분석하자 기존에 알려진 전자, 양성자, 중성자 등의 입자들과는 다른 전혀 새로운 종류임이 밝혀졌습니다. 너무 작아 기존 입자들 안에 꼭꼭 숨어 있던 것들이 그 모습을 드러낸 것입니다. 이렇게 찾아낸 입자들을 포함해 현재까지 밝혀진 우리 우주를 구성하는 기본이 되는 입자들은 모두 17종입니다.

아쉽게도 정밀한 입자가속기의 한계도 여기까지입니다. 이 기본 입자들보다 더 작은 것을 관찰할 방법은 아직은 없기 때문입니다. 우리 은하만큼 커다란 입자가속기를 만들면 훨씬 더 작은 것들도 볼 수 있을 것이라 주장하는 사람들도 있습니다. 지금 인류의 기술로는 가까운 미래에 이를 확인하는 것은 불가능해 보이지만요.

“이 세상은 눈에는 보이지 않지만
분명 존재하는 것들이 아주 많습니다.”

8

쇠를 금으로 바꿀 수 있나?

* 연금술 *

조앤 롤링의 판타지 소설 『해리포터』는 1997년에 첫 번째 시리즈인 『해리포터와 마법사의 돌』이 출간된 이후 7편의 시리즈를 만들어내며 큰 인기를 얻었습니다. 이 시리즈의 원제는 '해리포터와 현자의 돌Harry Potter and the Philosopher's Stone'입니다. '현자의 돌'이란 용어가 일반인들에게는 생소해 '마법사의 돌'로 바꾸었다고 합니다.

전해지는 이야기에 따르면, 이 현자의 돌은 쇠나 구리 같은 저렴한 금속을 값비싼 금으로 변하게 할 수 있으며, 불로불사의 영약을 만들 때도 사용할 수 있다고 합니다. 소설에 등장하는 마법사 플라멜은 이 돌을 만드는 데 성공했고, 마법 학교 호그와트에서 이 돌을 아주 비밀스럽게 보관하고 있었죠. 그러던 어느 날 볼드모트라는 악한 마법사가 이 돌로 영생을 누리기 위해 호그와트에 쳐들어옵니다. 주인공 해리포터는 돌이 악한 마법사의 손에 넘어가지 않도록 안간힘을 다해 싸웁니다.

만약 이 현자의 돌이 진짜 있다면 비싼 금을 마음껏 만들어 엄청난 부자가 되고, 영생의 약으로 영원히 젊게 살 수도 있으니 인간의 가장 큰 소망들이 한꺼번에 이루어지는 셈입니다. 그야말로 판타지 소설에서나 등장할 법한 이야기네요. 그런데 이 현자의 돌은 실제 역사에도 등장합니다. 앞서 등장했던 플라멜이란 마법사도 중세시대에 현자의 돌을 만드는 데 성공했다고 알려진(물론 그 사실 여부는 알 수 없습니다) 실존 인물 '니콜라스 플라멜'을 모델로 했다고 합니다.

흔히 연금술이라 불리는 '쇠를 금으로 만드는 일'이 가능할까요? 그리고 현자의 돌의 정체는 무엇일까요? 지금부터 알아볼 텐데요. 이 신비로운 연금술이 의외로 과학과 밀접한 관련이 있습니다.

쇠를 금으로 만들 수 있을까?

세상의 모든 것은 4원소로 구성되었다?

'과학적'으로 생각하는 사람들이 처음 등장한 때는 언제일까요? 바로 기원전 6세기경 고대 그리스 시대입니다. 이때 기존의 신화적 세계관에서 벗어나 합리적인 관점에서 자연 현상을 연구하는 일군의 철학자들이 등장했죠. 이들이 처음 연구한 것은 세상의 모든 것을 구성하는 근본이 되는 물질이 무엇인가에 관한 것이었습니다. 어떤 이들은 만물의 근본이 물이라 했고, 또 어떤 이들은 불이라 했습니다. 하나가 아니라 여러 종류의 물질들을 동시에 나열하는 사람들도 있었습니다.

이처럼 다양한 생각들 가운데 마침내 주류가 되었던 것은 엠페도클레스가 주장했다고 알려진 '4원소설'입니다. 세상의 모든 것은 흙, 물, 불, 공기 총 네 가지 근본 물질로 구성되었다는 주장이죠.

이 근본 물질들은 사랑philotes 그리고 증오neikos라 이름 붙은 두 가지 힘에 의해 서로 결합하거나 해체될 수 있는데, 여기서 사랑과 증오는 오늘날 과학에서 말하는 끌어당기는 힘(인력) 그리고 밀어내는 힘(척력)의 개념과 유사합니다. 이러한 결합과 해체에 의해 각 근본 물질이 일정한 비율 혼합되면서 다양한 사물들이 만들어집니다. 예를 들어, 뼈 안에는 불과 물과 흙이 각각 1:2:2의 비율로 들어있다고 합니다.

뒤를 이어 아리스토텔레스도 4원소설을 받아들였습니다. 그런데 그는 여기에 자신만의 독창적인 생각 두 가지를 덧붙입니다. 첫 번째는 물질의 구성 요소를 그 바탕이 되는 '원재료'와 그 원재료와 결합하여 비로소 각 물질의 구분되는 특성을 나타내는 '속성'으로 나눈 것입니다. 다시 말해, 물질은 단순히 그 원재료만으로 구성되는 것은 아니며, 여기에 속성이 결합되어야 비로소 완전한 물질이 된다는 것입니다.

예를 들어, 인간은 인간을 만드는 데 필요한 원재료만으로 정의되는 것이 아니라, 그 원재료로 만들어진 어떤 것에 인간의 고유한 속성들이 결합되어야 비로소 완전한 인간이라 부를 수 있다는 거죠. 근본 물질도 마찬가지입니다. 근본 물질이 네 가지로 나뉘는 것은 바탕이 되는 원재료 때문이 아니라, 그 원재료와 결합하는 속성 때문이죠. 네 가지 근본 물질을 형성하는 원재료는 같지만(그것이 무엇인지는 정확히 모릅니다), 어떤 속성이 부여되는가에 따라 서로 다른 근본 물질이 된다는 것입니다.

아리스토텔레스에 따르면 흙은 '차가움'과 '건조함'을, 물은 '차가움'과 '습함'을, 불은 '뜨거움'과 '건조함'을, 그리고 공기는 '뜨거움'과 '습함'을 각각 자신의 속성으로 갖습니다. 이러한 속성들로 인해 공통의 원재료

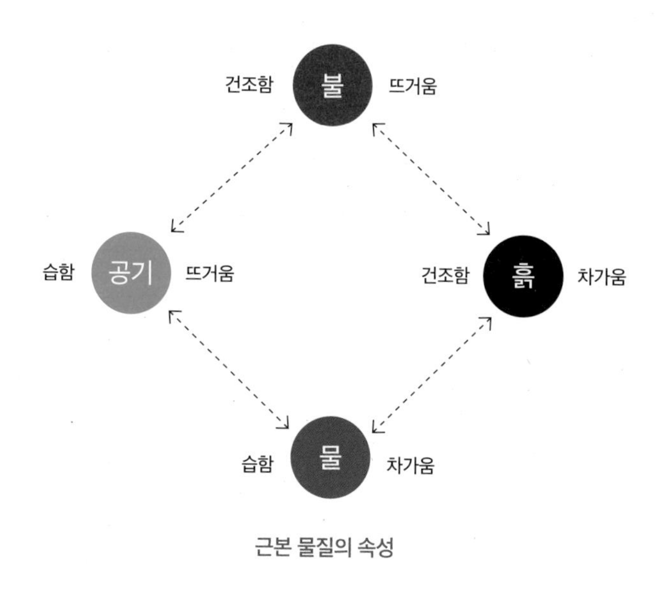

근본 물질의 속성

로 만들어진 것이 각각 흙, 물, 불, 공기로 나뉩니다.

아리스토텔레스가 덧붙인 두 번째 생각은 만약 물질의 바탕이 되는 원재료만 같다면 그 속성을 변화시킴으로써 물질 자체를 바꿀 수 있다는 것입니다. 기존 철학자들은 새로운 물질을 만들려면 근본 물질을 일정한 비율로 혼합해야만 가능하다고 생각했습니다. 그리고 근본 물질은 그 자체로 변함이 없어야 하죠.

하지만 아리스토텔레스에 따르면 이 근본 물질도 변화가 가능합니다. 근본 물질은 그 원재료가 동일하므로, 거기에 가미되는 속성을 어떤 조작을 통해 변화시키면 물질의 종류가 달라지기 때문이죠. 예를 들어, '차가움'과 '습함'의 성질을 갖는 물이 가열되면 '뜨거움'과 '습함'의 성질을 갖는 공기로 변하고, 공기를 더 가열하면 '뜨거움'과 '건조함'의 성질을 갖는 불로 변할 수 있습니다. 정리해보면 다음과 같습니다.

> "근본 물질들의 결합과 해체를 통해 새로운 물질을 만들 수 있다. 그리고 더 나아가 근본 물질의 속성을 변화시킬 수 있다면 근본 물질도 다른 종류로 변할 수 있다."

바로 이 대목이 과학의 역사에 있어 획기적인 전환점이 됩니다. 오늘날 화학chemistry의 출발점이 된 연금술alchemy이 등장하는 배경이 되기 때문이죠.

금의 속성을 부여한다고 금이 될까?

연금술은 쇠, 납, 구리와 같은 값싸고 흔한 금속에 어떤 인위적인 수단을 더해 금과 같은 귀금속으로 변환시키는 기술입니다. 연금술에서는 값싼 금속들이 어떤 정화 과정을 거치면, 안에 포함되어 있던 기존의 속성들이 제거되면서 가장 순수한 근본 물질로 환원될 수 있다고 생각했습니다. 물질들의 바탕이 되는 공통의 원재료와 유사한 개념이죠. 그리고 이 순수한 근본 물질에 다른 속성을 부여하여 새로운 금속으로 변환시키는 것이 바로 연금술의 기본 원리입니다.

현자의 돌은 순수한 근본 물질로 환원된 금속에 금의 속성을 부여함으로써 최종적으로 금을 만들 수 있게 하는 어떤 것을 말합니다. 이것은 어떤 물질일 수도 있고 아니면 어떤 장치일 수도 있습니다. 이는 당연히 연금술사들의 최우선 연구 과제가 되었습니다. 여기서 현자란 철학자를 의미합니다. 연금술의 이론적 바탕이 되었던 아리스토텔레스와 같은 철학자들을 기리는 의미에서 이런 이름이 붙었을 것입니다.

고대 이집트에서 시작된 연금술은 이후 이슬람 문명에서 더욱 발전된 후 중세시대 유럽으로 전파되어 전성기를 맞이했습니다. 초기에는 신비로운 마술적 성격이 강해 과학과는 다소 거리가 멀어 보였지만, 수도 없이 시도하고 실패하는 과정에서 알코올과 같은 새로운 물질을 발견하고 증류, 승화, 여과, 결정, 용융 등 화학의 조작 기술도 비약적으로 발전하는 계기가 되었죠.

근대 과학의 문을 활짝 연 뉴턴 또한 대부분의 시간을 연금술에 매달렸다고 전해지는데요. 이를 두고 영국의 경제학자 존 메이너드 케인스는 '그는 이성의 시대를 연 첫 번째 사람이 아니라 중세시대의 마지막 마술사였다'라고 말하기도 했습니다.

하지만 고대와 중세의 연금술은 그 소기의 목적을 달성하는 데는 실패했습니다. 그 누구도 금과 같은 귀금속을 인위적으로 만들어내지는 못했기 때문입니다. 애당초 싸구려 금속을 순수한 근본 물질로 정제하고 거기에 금의 속성을 부여하면 금을 얻을 수 있다는 믿음부터가 잘못이었습니다.

금을 만들기 위한 또 다른 시도

철, 구리, 납, 그리고 금이 서로 다른 종류로 구분되는 것은 그 속성이 아니라 그것을 구성하는 원자들이 서로 다르기 때문입니다. 원자는 중심에 원자핵이 있고 그 주변에 전자들이 분포하고 있습니다. 그리고 원자핵은 다시 양성자와 중성자로 구성되어 있죠. 일반적인 철의 경우는 양성자, 중성자, 그리고 전자가 각각 28개, 금의 경우는 각각 79개를 갖고 있습니다. 어떤 금속을 다른 금속으로 변환시키려면 이 숫자를 변화시켜야 합니다.

현대의 과학자들은 마침내 그 방법을 찾아냈습니다. 앞서 다른 글에서도 설명했던 입자가속기를 이용하는 방법인데요. 다시 간략히 설명하자면, 양성자(+)나 전자(-)와 같은 전기적 성질을 띤 작은 입자들에 전기장을 걸어주어 거의 빛의 속도로 가속시킨 후 입자들끼리 서로 충돌시키는 장치입니다.

1980년 미국의 핵화학자 글렌 시보그는 입자가속기에서 매우 빠른 속도로 가속시킨 양성자를 납 원자와 충돌시키는 실험을 진행했습니다. 그리고 아주 아주 소량이긴 하지만 일부 납 원자가 금 원자로 변환되는 결과를 확인했습니다. 납의 양성자 수는 82개입니다. 여기에 양성자가 강하게 충돌하는 과정에서 극히 일부이긴 하지만 양성자가 3개 떨어져 나가면서 양성자 수가 79개인 원자로 변환된 것이죠. 양성자 79개인 원자는 바로 금입니다.

마침내 인류의 오랜 꿈이 이루어진 순간이었습니다. 하지만 아직 연금술이 완성되었다고 말할 수 있는 단계는 아닙니다. 경제성의 문제가 남아 있기 때문인데요. 아직은 비용 대비 효과가 너무나도 낮습니다. 실제로 막대한 비용이 들어간 시보그의 실험을 통해 얻은 금의 양은 아주 미량이었다고 합니다. 금을 만들어 부자가 되는 것이 목적이라면, 연금술은 여전히 불가능한 꿈으로 남아 있는 셈이죠.

하지만 그렇더라도 과학자들은 물질의 변환에 관해 많은 비밀을 밝혀냈습니다. 그리고 이를 시도해볼 수 있는 능력도 갖추게 되었죠. 어쩌면 먼 미래에 마법사의 돌이나 현자의 돌이 아니라 '과학자의 돌Scientist's stone'이 등장해서, 정말 손쉽게 금을 만들어내는 날이 오지 않을까 조심스럽게 상상해봅니다.

“먼 미래에 마법사의 돌이나 현자의 돌이 아니라
‘과학자의 돌’이 등장하는 날을 상상해봅니다.”

9

얼마나 작게 만들 수 있을까?

* 플랑크 길이 *

트로이 전쟁 최고의 영웅인 아킬레우스는 바다의 여신 테티스와 피로스의 왕 펠레우스 사이에서 태어났다고 전해집니다. 출신도 비범했지만 빼어난 외모에 무예 실력까지 출중하여 전 그리스를 대표하는 젊은 영웅으로서 사람들의 기대를 한 몸에 받았습니다.

트로이 전쟁과는 이해관계가 없었기에, 애초 그는 그 전쟁에 참여할 생각이 없었습니다. 하지만 운명은 그를 그렇게 내버려두지 않았죠. 그리스 연합군의 출정에 앞서 받은 신탁에서 전쟁에 이기려면 반드시 아킬레우스도 함께 데리고 가야 한다는 답변이 나온 것입니다. 참고로 이때 신탁에서 언급된 또 한 명의 영웅은 『오디세우스의 모험』으로도 유명한 이타카의 왕 오디세우스입니다.

과연 신탁의 예언대로, 그리고 사람들의 기대만큼이나 아킬레우스는 전쟁의 판세를 뒤흔들 만큼 매우 뛰어난 활약을 펼쳤습니다. 그리고 트로이의 왕자이자 총사령관 헥토르와의 승부에서 이김으로써 그의 위상은 절정에 달했습니다. 헤라클레스의 뒤를 잇는 그리스 최고의 영웅이 마침내 탄생하는 순간이었죠. 하지만 그를 기다린 것은 영광만은 아니었습니다. 피할 수 없는 비극적 운명 또한 그를 지켜보고 있었습니다.

그리스의 승리가 임박한 순간 그는 그만 갑작스러운 죽음을 맞이하고 맙니다. 전해지는 바에 따르면, 트로이의 왕자 페리스와 아폴론 신이 쏜 화살에 발뒤꿈치를 맞고 숨을 거두었다고 합니다. 여기서 아킬레스건이란 용어가 유래했죠. 그리고 사실 그의 죽음은 처음 신탁에서부터 이미 예언되어 있었다고 합니다.

아폴론 신의 화살을 맞은 아킬레우스

비록 영웅은 허망하게 죽었지만, 역사와 신화에는 불멸의 명성이 남았습니다. 그런데 이 영웅의 흔적은 또 다른 곳에서도 발견됩니다. 바로 이번에 다룰 주제인 '가장 작은 것의 존재'와 관련된 오래된 이야기 속에서 말이죠. 아킬레우스가 주연인 이 이야기의 지은이는 기원전 5세기경 그리스에서 활동한 철학자 제논입니다. 여러 가지 골치 아픈 역설들을 제기한 사람으로도 유명한데요. 자 그럼 영웅의 또 다른 이야기 속으로 한번 들어가 보겠습니다.

아킬레우스가 거북을 이길 수 없는 이유

아킬레우스는 싸움도 싸움이지만 달리기도 무척 잘했습니다. 어려서 케이론이란 훌륭한 현자에게 교육을 받았는데, 교육 과정에 달리기도 포함되어 있었기 때문이죠. 전해지는 또 다른 이야기에 따르면, 케이론이 거인족 가운데 가장 빨리 달리던 다미소스의 유해에서 복사뼈를 가져와 아킬레우스의 복사뼈와 교환했기 때문이라고도 합니다.

어쨌든 그리스 최고의 달리기 선수 아킬레우스가 출전하는 세기의 시합을 제논은 개최하려 합니다. 그런데 상대 선수가 범상치 않습니다. 아킬레우스의 상대는 바로 거북입니다! 느림의 대명사 거북과 달리기 시합이라니, 아킬레우스뿐만 아니라 관중들도 황당해합니다. 일부 관중은 소리를 치며 화를 내기도 합니다. 그런 관중들을 달래면서 제논은 이렇게 말합니다.

"너무 결과가 뻔하다고요? 그렇다면 한 가지 제안을 하겠습니다. 거북에게 조금 어드밴티지를 주는 것인데요. 거북이 아킬레우스보다 조금 더 앞에서 출발하는 것입니다. 그러면 결코 아킬레우스는 거북을 이길 수 없을 것입니다."

관중들은 어떻게 그럴 수 있냐며 수군거리기 시작합니다. 관중들을 가만히 바라보던 제논은 다음과 같이 설명합니다.

"시합이 시작되고 거북과 아킬레우스는 동시에 출발합니다. 아킬레우스는 열심히 뛰어 앞서 거북이 있던 곳에 도착합니다. 그러나 아무리 느린 거북이라도 그 자리에 가만히 있지만은 않겠죠. 거북은 조금 더 멀리 달아납니다. 아킬레우스는 다시 거북이 있던 곳에 도달하지만, 거북은 이내 조금 더 앞으로 나아갑니다. 계속 이런 식이라면, 아킬레우스는 거북과의 거리를 조금씩 좁힐 수는 있지만, 결코 거북이를 추월할 수는 없습니다!"

사람들은 이 이야기를 '아킬레우스의 역설'이라 부릅니다. 여기서 역설이란 매우 논리적인 주장이긴 하지만, 실제 경험하는 것과는 모순되는 결과가 나오는 경우를 말합니다. 제논의 시합에서 아킬레우스는 결코 거북을 따라잡을 수 없습니다. 하지만 현실의 시합에서는 눈 깜짝할 사이에 추월하고 말죠. 도대체 이 역설에서 무엇이 문제인 걸까요?

무한한 분할 가능성을 인정한다면?

운동은 연속적입니다. 투수의 손을 떠난 공은 매끄럽게 연속적으로 운동하며 포수의 글러브 속으로 빨려 들어갑니다. 스톱모션처럼 딱딱 끊어져 운동하지는 않죠. 운동이 연속적이면 그 운동이 일어나는 거리 또한 연속적이어야 하죠. 그리고 운동과 밀접한 연관이 있는 시간 또한 연속적으로 흐릅니다. 시간을 정지시키는 것은 상상 속에서만 가능할 뿐 현실의 시간은 쏘아진 화살처럼 미래를 향해 멈춤 없이 날아갑니다.

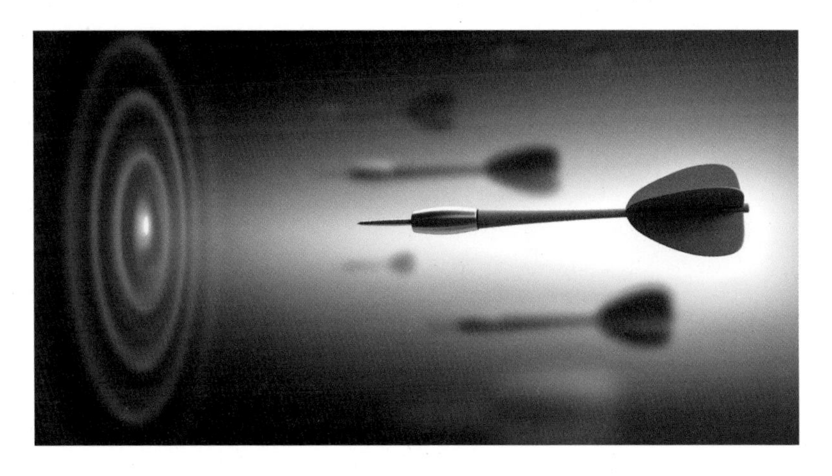

운동은 연속적이다

그런데 연속적인 것은 무한하게 분할 가능합니다. 왜냐하면, 그것이 연속적인 것의 정의이기 때문이죠. 연속적인 것에는 그 어떤 단절이나 중단이 있어서는 안 됩니다. 그렇다면 아킬레우스와 거북의 운동은 연속적이므로, 그 운동이 일어나는 거리 또한 연속적이고, 따라서 무한하게 분할 가능해야 합니다. 제논이 아킬레우스와 거북의 움직임을 무한하게 분할해 들어가듯 말입니다.

아킬레우스의 역설이 모순을 만드는 이유는 바로 이와 같은 '무한하게 분할 가능함'에 있습니다. 운동, 거리, 시간 등이 무한하게 분할 가능하다면, 현실에서 경험하는 것들이 도무지 이해되지 않습니다. 제논이 설명하는 것처럼 말이죠.

그렇다면 우리가 경험하는 운동, 거리, 시간은 무한하게 분할되지 않는 걸까요? 이 세상 모든 것들이 연속적이라는 생각은 잘못된 걸까요? 앞서 다른 글에서 이 세상을 구성하는 가장 작은 것들을 찾는 노력에 관해 이야기한 적이 있습니다. 지금까지 가장 정밀하게 관측할 수 있는 장비인 입자가속기에 관해서도 설명했고요. 이를 통해 발견된 가장 작은 입자들은 모두 17가지였죠.

제가 이 이야기를 다시 꺼내는 이유는 무한한 분할의 문제가 물질의 경우와도 관련이 있기 때문입니다. 만약 물질도 연속적이라면, 즉 무한하게 분할된다면, 17가지 입자들 또한 계속해서 더 작은 것들로 쪼개질 수 있을 겁니다. 만약 그렇다고 한다면 과연 어디까지 작게 쪼개질 수 있을까요? 아마도 영원히 끝나지 않겠죠.

이처럼 무한한 분할의 가능성을 인정하게 되면 우리는 그야말로 많은 난관에 봉착하고 맙니다. 그런데 다행스럽게도 더 작은 것들로의 분할에는 분명한 한계가 있습니다. 이 우주에는 어떤 기본이 되는 최소 단위가 있는 것이죠. 만약 이것이 사실이라면 오랫동안 우리를 괴롭혀왔던 역설적인 상황에서 드디어 벗어나게 될지도 모르겠습니다.

우주의 최소 단위를 추측하는 3가지 상수

우주에는 기본 상수常數들이 있습니다. 상수는 대상이나 조건과 관계 없이 언제 어디서나 변하지 않는 수를 말합니다. 이 중에서 우주의 최소 길이 단위를 추측할 수 있는 상수 세 가지를 알아봅시다.

가장 먼저 '빛의 속도(c)'입니다. 빛은 초속 30만km이라는 엄청난 속도로 공간을 내달립니다. 더 정확하게는 2.907925×10^{8}[m/s]인데, 이 값은 우주 어디에서나 언제나 일정합니다. 여기서 [m/s]는 단위입니다. m은 거리의 단위인 '미터meter', s는 시간의 단위인 '초second'를 의미합니다. 속도는 이동한 거리(m)를 이동한 시간(s)으로 나누어 구하기 때문에 이런 단위가 됩니다. 예를 들어, 100m를 이동하는 데 걸리는 시간이 10초라면, 속도는 100m를 10초로 나누면 됩니다. 이렇게 구한 값은 '10'이고 그 단위는 [m/s]가 되는 것이죠. 이를 묶어서 표현하면 10[m/s]가 됩니다.

두 번째 상수는 만유인력과 관련이 있습니다. 만유인력(F)이란 질량이 있는 두 물체 사이에 작용하는 끌어당기는 힘으로, 두 물체의 질량에는 비례하고 두 물체 사이의 거리의 제곱에는 반비례한다는 사실을 뉴턴이 밝혀냈죠. 예를 들어, 두 물체의 질량을 각각 m_1, m_2라 하고, 두 물체 사이의 거리를 r이라고 하면, 다음과 같은 비례식이 성립합니다.

$$F \propto \frac{m_1 \times m_2}{r^2}$$

여기서 '∝'은 비례관계를 나타내는 기호입니다. 그런데 이런 비례관계만으로 정확한 만유인력의 값을 구할 수는 없습니다. 예를 들어, 높이가 무게와 비례관계에 있다고 가정한다면 30kg인 나무보다 60kg인 나무의 높이가 두 배가 되겠지만, 우리가 아는 정보는 그것으로 끝입니다. 정확한 높이를 구할 수는 없기 때문입니다. 단지 '높이(H)∝무게(W)'라는 식으로 표현할 수 있을 뿐이죠.

그런데 누군가 친절하게도 실제로 높이를 아는 나무들을 대상을 실험을 진행했습니다. 그랬더니 60kg인 나무는 180cm, 30kg인 나무는 90cm이었습니다. 이제는 무게를 알면 정확한 높이를 알 수 있는 식을 만들 수 있습니다. '높이(H)=3×무게(W)' 예를 들어 무게가 80kg인 나무는 그 높이가 240cm입니다. 여기서 주목해야 할 것은 새롭게 등장한 숫자 '3'입니다. 비례관계를 정확한 식으로 바꾸는 상수이죠. 이 상숫값은 높이나 무게 등은 변해도 자신은 절대 변하지 않습니다.

만유인력에 관한 비례식을 정확한 식으로 바꾸려면, 앞의 예에서처럼 실험으로 구한 상숫값이 필요합니다. 그 값은 6.67384×10^{-11}입니다. 참고로 이 상숫값을 구한 사람은 뉴턴이 아니라 그로부터 약 100년 후 캐번디시라는 또 다른 영국 과학자입니다. 이를 만유인력 상수(G)라 하며, 이렇게 완성된 만유인력의 공식은 다음과 같습니다.

$$F = G \times \frac{m_1 \times m_2}{r^2}$$

이 값은 언제 어디서나 일정하므로 이 또한 우주의 기본 상수라 할 수 있는데요, 그 단위는 [m^3/kg·s^2]입니다. 앞서 빛의 속도의 경우보다는 복잡한 관계로 이와 관련된 자세한 설명은 생략하도록 하겠습니다. 다만 이러한 모습의 단위를 갖는다는 사실만 이해하시면 됩니다.

마지막 세 번째 상수는 현대의 양자론과 관련이 있습니다. 양자론에 따르면 모든 물리적 양들은 '양자'라고 하는 최소 단위를 지니고 있습니다. 빛 또한 그러한데 빛을 구성하는 이 최소 단위의 양자를 광자光子라고도 합니다. 우리가 보는 빛은 바로 이 광자들의 집합인 것이죠.

그런데 이 광자의 에너지는 그 광자의 진동수에 비례하는 특성이 있습니다. 즉, '에너지(E) ∝ 진동수(v)' 여기서 진동수란 1초에 몇 번 진동하는지를 나타내는 수치입니다. 앞서 만유인력의 경우처럼 이 비례식을 정확한 식으로 표현하려면 실험적으로 구한 상숫값이 필요합니다. 그리고 그 값은 6.62×10^{-34}입니다. 이 값 또한 우주 어디서나 일정하게 고정된 값입니다. 이 값을 '플랑크 상수(h)'라 하며, 완성된 공식은 다음과 같습니다.

$$E = h \times v$$

이 플랑크 상수의 단위는 [kg·m^2/s]인데, '만유인력 상수'의 경우처럼 그 복잡성을 핑계로 자세한 설명은 생략하고자 하니 널리 양해 바랍니다. 이제 이 세 가지 기본 상수들을 이용해 우주의 최소 단위를 구해볼 텐데요. 본격적으로 들어가기 전에 간단한 예를 들어보겠습니다.

우주의 최소 단위를 구해보자

속도는 이동한 거리를 이동하는 데 걸린 시간으로 나눈 값입니다. 만약 10초(s) 동안 100미터(m)를 이동했다면 그 속도는 10[m/s]가 되는 것이죠. 그러면 속도가 10[m/s]인 물체가 20초 후에는 얼마만큼 이동했을까요? 그 계산은 매우 간단한데요, 속도에 걸린 시간을 곱하면 됩니다.

$$10[m/s]\times 20[s]=200[m]$$

여기서 관심 있게 보셔야 할 부분은 바로 '단위'입니다. 속도의 단위인 [m/s]에 시간의 단위인 [s]가 곱해지면서, 길이 단위인 [m]만 남은 것입니다. 약분의 개념이 사용되었기 때문입니다. 이처럼 단위들을 적절하게 곱하면, 우리가 원하는 또 다른 종류의 단위를 얻을 수 있습니다.

그럼 세 가지 기본 상수 또한 적절하게 곱하면 최종적으로 '거리의 단위'인 [m]만 남게 할 수 있지 않을까요? 바로 이러한 아이디어를 통해 절대 변하지 않는 우주의 최소 단위, 즉 최소 길이를 구하는 것입니다.

그 방식은 다음과 같습니다. 먼저 '만유인력 상수'에 '플랑크 상수'를 곱하고 여기에 '빛의 속도'를 세제곱한 값으로 나눈 후 제곱근을 구합니다. 이렇게 복잡한 과정을 거치는 이유는 그렇게 해야 최종적으로 길이의 단위인 [m]가 남게 되기 때문입니다. 이렇게 계산하면 앞이 숫자 부분은 1.28×10^{-35}이 되고, 단위는 앞서 말한 것처럼 [m]가 됩니다. 글로 읽으니 어렵죠? 식으로 살펴봅시다.

$$\sqrt{\frac{hG}{c^3}} \cong 1.28 \times 10^{-35} \left[\sqrt{\frac{\left(\frac{\cancel{kg} \times m^2}{\cancel{s}}\right) \times \left(\frac{\cancel{m^3}}{\cancel{kg} \times \cancel{s^2}}\right)}{\left(\frac{\cancel{m^3}}{\cancel{s^3}}\right)}} \right]$$

$$\cong 1.28 \times 10^{-35} \, [m]$$

플랑크 길이를 구하는 식

과학자들은 이 값을 '플랑크 길이'라 부르며, 우주를 구성하는 최소 길이 단위로 생각합니다. 우주 어디서나 불변인 세 가지 상수들로부터 얻어진 값이니, 이 또한 우주의 불변적인 기본값이 되는 것이죠. 다시 말해 존재하는 다른 모든 길이는 이 기본값의 배수들인 셈입니다.

한편 이러한 논의를 연장하면, '플랑크 시간'이란 개념도 끌어낼 수 있습니다. 이는 빛이 플랑크 길이만큼 이동하는 데 걸리는 시간으로 약 10^{-44}초라고 알려져 있습니다. 이는 시간의 최소 단위로 우리가 알고 있는 시간이란 개념은 이보다 더 작을 수 없습니다. 아마도 우리 우주도 이러한 플랑크 시간이 지난 이후에야 비로소 자신의 시간을 기록하기 시작했을 것입니다.

이처럼 최소 단위가 존재한다면 아킬레우스의 역설은 극복 가능합니다. 다시 말해 현실에서처럼 아킬레우스가 거북을 추월할 수 있게 되는 것이죠. 모순된 상황을 만드는 무한한 분할이 필요 없기 때문입니다.

그런데 이 최소 길이에는 무엇이 존재할까요? 현재까지 발견된 17가지 기본 입자들보다 훨씬 더 작은 또 다른 입자일까요? 아쉽게도 이 최소 길이는 너무나도 짧아 현재의 과학 기술로는 정확한 규명이 불가능합니다. 이론적으로 접근하는 과학자들이 있긴 하지만, 여전히 증명되지 않은 이론일 뿐이죠.

만약 이 최소 단위보다 더 작아지는 것은 불가능할까요? 사실 그렇지는 않습니다. 다만 이보다 더 작게 되면 우리가 아는 것과는 전혀 다른 세상이 펼쳐집니다. 기존의 상식과 법칙이 더는 유효하지 않기 때문이죠. 따라서 우리가 경험하는 세상의 가장 작은 모습이라는 측면에서 보면, 여전히 플랑크 길이가 최소 단위라는 사실에는 변함이 없습니다.

트로이 전쟁의 아킬레우스는 큰 공을 세웠지만, 비극적인 운명을 맞았습니다. 하지만 지금까지도 기억되는 불멸의 명성을 얻었죠. 그리고 그 명성은 과학계에서도 이어집니다. '거북이와의 달리기'라는 우스꽝스러운 시합도 마다하지 않은 그의 헌신이 있었기에 '얼마나 작게 만들 수 있을까?'라는 질문이 오랫동안 진지하게 다루어질 수 있었죠. 그리고 마침내 과학자들은 어느 정도 그 해답을 제시할 수 있게 되었습니다.

"그가 거북과의 달리기도 마다하지 않았기에
얼마나 작게 만들 수 있을까라는 질문이
오랫동안 진지하게 다루어질 수 있었습니다."

10

공기는 얼마나 무거울까?

* 공기 저항력 *

2013년 테슬라의 CEO 일론 머스크는 미래의 교통수단이 될 매우 획기적인 개념을 발표합니다. 출발지에서 목적지를 진공관으로 연결하고 그 안을 캡슐 형태의 열차가 오가게 한다는 하이퍼루프의 개념이었습니다. 캡슐 하나에 28명이 탑승 가능하고 최고 시속은 1280km에 이른다고 하니, 실제로 구현된다면 서울에서 부산까지 단 20분 만에 갈 수 있습니다. 비행기보다 훨씬 더 빠른 교통수단입니다.

그런데 의외로 이 개념은 매우 간단한 원리에 기반을 두고 있습니다. 공기를 제거한 진공 상태에서는 열차가 고속으로 진행할 때 발생하는 저항을 최소화할 수 있다는 사실입니다. 매우 빠른 속도로 움직이는 물체의 경우에는 이 공기 저항이 무시할 수 없는 요인이 되죠.

지구상에서 가장 빠른 사나이는 100m 세계 신기록 보유자인 우사인 볼트입니다. 아쉽게도 그는 2015년 은퇴했지만, 9.58초라는 기록은 여전히 깨지지 않은 상태이죠. 그에게도 가장 큰 걸림돌은 바로 이 공기의 저항입니다. 한 연구결과에 따르면, 우사인 볼트가 경기 중 사용하는 에너지의 약 92%는 공기의 저항을 이겨내기 위한 용도였다고 합니다. 순전히 달리기 위해 사용된 에너지는 고작 8% 정도에 불과하죠, 그만큼 공기의 저항은 달리기 기록에 절대적인 영향을 미칩니다.

공기의 저항력은 단면적, 밀도, 속도에 의해 좌우됩니다. 공기와 닿는 단면적이 크거나 공기의 밀도가 높을수록 저항력이 커집니다. 그리고 더 빨리 달리는 만큼 저항력이 커지는데, 문제는 무려 속도의 제곱에 비례한다는 점입니다. 속도가 2배가 되면 저항력은 4배가 되고, 속도가 4배가 되면 저항력은 16배가 되는 거죠.

공기의 저항력은 속도의 제곱에 비례한다

우사인 볼트의 경우에는 보통 사람보다 조금 더 많은 공기 저항력을 느낄 뿐이지만, 자동차, 기차, 비행기처럼 속도가 훨씬 더 빠른 교통수단이라면 여기에 작용하는 공기 저항은 실로 어마어마합니다. 하이퍼루프 시스템이 빠른 속도를 구현하기 위해 최대한 공기를 제거하는 것은 바로 이러한 이유 때문입니다.

공기가 저항의 원인이 되는 것은 공기 또한 유형의 물질이기 때문입니다. 보이지 않을 정도로 미세한 입자들로 구성되어 있기 때문에 주변에 공기가 존재하는지 우리는 거의 느끼지 못합니다. 하지만 속도가 빠르다면 마치 공기로 이루어진 질퍽한 늪을 헤치고 나가는 듯한 상황이 되죠. 이처럼 공기가 유형의 물질이라면 중력에서도 자유로울 수 없습니다. 다시 말해 무게를 갖는다는 것인데요. 그렇다면 '공기는 얼마나 무거울까요?' 지금부터는 이 이야기를 해보려 합니다.

공기의 무게

사실 공기의 존재는 꽤 오래전부터 알려져 있었습니다. 기원전 6세기경 활동한 그리스의 엠페도클레스는 세상 만물이 흙, 물, 불, 공기의 4원소로 구성되었다고 주장한 것으로 유명한 인물입니다. 전해지는 바에 따르면, 그는 황동으로 만든 물시계를 갖고 노는 한 소녀를 바라보다가 이러한 사실을 깨달았다고 합니다. 이 이야기는 다음과 같습니다.

한 소녀가 바닥에 구멍이 있는 황동 물시계를 들고 있습니다. 구멍으로 빠져나가는 물의 양으로 시간의 흐름을 측정하는 도구입니다. 장난기가 발동한 소녀는 물시계의 구멍을 손가락으로 막은 다음 이를 뒤집어 물속에 집어 넣어봅니다. 그런데 신기하게도 물시계 안의 빈 곳으로 물이 들어오지 않습니다. 소녀는 잠시 후 손가락을 슬쩍 떼어봅니다. 그러자 그 공간은 이내 물로 가득 채워지고 맙니다.

사실 소녀가 구멍을 막고 물속에 집어넣은 물시계 안에는 공기가 가득 차 있었습니다. 그 공기로 인해 물이 들어오지 못했던 것이죠. 그리고 구멍이 열리자 공기는 밖으로 빠져나가고 물시계 내부는 물로 가득 차게 되었던 것입니다.

하지만 공기가 실제로 '무게를 지닌' 물질이라는 것이 밝혀진 것은 그로부터 한참 후인 17세기 들어서였습니다. 최초로 공기의 무게를 측정한 사람은 갈릴레오 갈릴레이라 알려져 있는데요. 그는 공기를 넣거나 뺄 수 있는 풀무를 이용해 유리병 안에 있는 공기의 양을 조절하면서 무게를 쟀죠. 그리고 이렇게 결론을 내립니다.

> "공기도 무게가 있는 물질이다. 그 무게는 같은 부피의 물과 비교해 대략 400분의 1이다."

그렇다면 공기의 정확한 무게는 얼마일까요? 여러분 앞의 공기를 가로, 세로, 높이 각각 1m 되는 입체(1m³)로 잘라 무게를 재어보겠습니다. 무게가 1.2kg이네요. 생각보다 무겁나요? 그렇다면 물의 무게도 한번 재어봅시다. 동일한 크기로 자른 입체의 무게를 재어보니 무려 1000kg,

즉 1t이나 됩니다. 물 위에 뜨는 가벼운 나무의 경우는 대략 400kg 정도이고, 가장 단단한 고체인 다이아몬드는 3510kg이니 공기의 경우 상대적으로 아주 가볍다고 해도 틀린 말은 아닌 것 같습니다.

하지만 이처럼 가벼운 공기가 그 양이 매우 많다면 문제는 달라집니다. 지구 표면으로부터 대략 1000km까지 공기층이 분포한다고 알려져 있습니다. 물론 위로 올라갈수록 공기가 매우 희박해지므로 대부분은 지표면 근처에 존재하기는 하지만, 전체적인 양은 어마어마한 것이죠. 그런데 이 공기가 우리에게 가하는 힘은 단순히 무게라는 개념만으로 설명하기에는 부족한 면이 있습니다. 왜냐하면, 물과 같은 액체나 공기와 같은 기체는 그것을 구성하는 입자들의 움직임이 자유로워 그 형태가 변하기 때문입니다.

공기의 힘

만약 공기가 고체라면 머리 위에 1000km나 되는 공기 기둥이 누르는 무게만 생각하면 되지만, 형태가 자유로운 기체 상태인 공기는 우리 몸을 둘러쌉니다. 마치 깊은 물 속에 빠졌을 때처럼 말이죠. 이런 상황이라면 고체에 의해 느껴지는 힘과는 그 양상이 매우 다릅니다. 액체나 기체가 둘러싸는 면적 전체가 힘을 받기 때문입니다.

온몸으로 골고루 힘을 느끼기 때문에 고체의 경우와는 다른 새로운 개념의 힘이 필요합니다. 그것은 바로 우리가 자주 들어보았던 '압력'이라는 개념입니다. 압력이란 일정한 면적에 작용하는 힘으로 정의할 수 있는데, 공기의 경우는 공기가 우리 몸에 가하는 전체 힘을 우리 몸의 표면적으로 나눈 값이 됩니다. 지표면 부근에서 이러한 공기의 압력을 측정해보면 $1cm^2$당 약 1kg의 무게가 누르는 힘과 맞먹는다고 합니다. 꽤 큰 값이죠? 눈에 보이지도 않고 거의 저항도 느껴지지 않던 공기가 생각보다 훨씬 강한 힘을 가지고 있는 것입니다.

독일 마그데부르크의 시장이자 과학자였던 게리케는 1654년 한 가지 실험을 고안합니다. 먼저 지름 50cm 정도 되는 구리로 된 두 개의 반구를 제작하고 이들을 붙인 후 자신이 고안한 펌프로 안쪽의 공기를 최대한 뽑아냅니다. 두 개의 반구로 만들어진 내부 공간을 일종의 진공 상태로 만든 거죠. 그다음 반구 양쪽에 줄을 매달아 각각 8마리의 말이 서로 반대 방향으로 힘껏 당기도록 했습니다. 두 반구를 결합하는 다른 장치는 없으니 사람들은 쉽게 반구들이 분리될 것이라 예상했지만, 실험 결과는 놀라웠습니다. 모두 16마리의 말들이 힘을 썼지만 결국 반구들을 분리하는 데는 실패했습니다.

반구들이 만나 만들어진 내부 공간이 완전한 진공 상태가 되었다고 하면, 여기에 작용하는 힘은 바깥에 존재하는 공기가 반구를 누르는 힘입니다. 앞서 설명한 공기의 압력이 $1cm^2$당 약 1kg의 크기로 작용하고 있었던 것입니다.

그런데 이처럼 엄청난 공기의 무게와 그 무게로 인해 작용하는 압력을 우리는 왜 평소에는 느끼지 못하는 것일까요? 그처럼 강한 압력을 우리 몸은 어떻게 견디는 것일까요?

공기를 뜻하는 영어 단어 'air'는 '(바람이) 불다'라는 의미의 그리스어 'aer'가 그 어원이라 합니다. 바람이 불면 비로소 그 존재를 드러내기 때문이죠. 사실 우리는 평소에는 고요하지만 때로는 바람이라는 소용돌이가 치는 공기의 바다에서 살아간다고 할 수 있습니다.

생명은 주변 환경에 매우 민감하게 반응합니다. 생명의 진화란 환경에 적응하는 과정이기도 하죠. 따라서 우리의 몸 또한 주변 환경에 맞게 잘 설계되어 있습니다. 그러므로 공기의 바다에서 살아가기 위해 우리 몸은 적응했을 것입니다. 엄청난 양의 공기가 누르는 압력을 견딜 수 있도록 몸의 내부에서도 (내부를 채우고 있는 물질들에 의해) 바깥쪽으로 같은 압력이 작용합니다. 안과 밖의 힘이 서로 상쇄되니 공기의 무게를 느끼지 못하게 되는 것이죠. 공기는 절대 가볍지 않습니다. 단지 우리가 그 무게를 느끼지 못할 뿐입니다.

“우리는 평소에는 고요하지만 때로는 바람이라는 소용돌이가 치는
공기의 바다에서 살아간다고 할 수 있습니다.”

11

왜 장어는 구워야 맛있을까?

* 마이야르 반응 *

장어 맛집으로 유명한 한 식당에서 지인들을 만났습니다. 각자 하는 일도 다르고 성격도 각양각색이지만 모두 요리를 좋아한다는 공통점이 있는 사람들입니다. 이번 모임의 만찬 요리는 제가 제안했습니다. 얼마 전 장어에 관한 짧은 글을 쓰다가 그만 장어의 매력에 푹 빠지고 말았기 때문입니다.

장어는 여러 종류가 있지만, 오늘의 주인공은 흔히 민물장어라고도 부르는 뱀장어입니다. 뱀장어는 주로 민물에서 생활하지만, 육지와 가까운 바다에서 잡히기도 하죠. 그런데 이 뱀장어는 알을 낳기 위해 먼바다로 긴 여정을 떠납니다. 알을 낳기 위해 바다에서 강으로 돌아오는 연어와는 정반대입니다.

그런데 이러한 장어의 비밀이 밝혀진 것은 비교적 최근입니다. 1923년 덴마크의 해양생물학자 요하네스 슈미트가 20여 년의 끈질긴 추적 끝에 머나먼 대양 한가운데 심해에서 장어가 산란한다는 사실을 밝혀낸 것이죠. 산란 장소가 너무 멀고 너무 깊다 보니 이전에는 이러한 사실을 제대로 알 수 없었습니다.

장어의 일생은 정말 신비롭습니다. 어찌 그리 먼 바다로 나가 알을 낳고, 그 새끼들은 또 어떻게 그 먼바다를 헤엄쳐 강으로 되돌아오는지 여전히 비밀스러운 부분이 많습니다. 왜 그토록 힘든 여행을 해야만 하는 걸까요? 마치 성스러운 순례라도 하듯 말입니다.

장어의 신비로운 비밀에 대해 열심히 이야기하다 보니 어느덧 장어가 다 구워졌습니다. 노릇노릇 구워진 장어를 소스에 찍어 입에 넣자 그 맛이 일품입니다. 고추장 양념이나 간장 양념을 발라 구울 수도 있고, 아니면 간소하게 소금만 뿌려 장어 고유의 맛을 강조한 요리법도 있습니다. 어떤 방식이 더 맛있는지를 두고 다투기도 합니다. 마치 탕수육이 '부먹'이 맞냐 아니면 '찍먹'이 맞냐를 두고 다투는 것처럼 말이죠.

"그런데 장어는 왜 구워야 맛있을까?" 누군가 이렇게 묻습니다. '내가 다시 말할 차례군'이라 생각하며 입을 떼려는 순간, 다른 동석자 한 분이 잽싸게 발언권을 쟁취하며 설명을 시작합니다. 지금부터는 그날 주고받았던 맛에 대한 이야기를 한번 풀어볼까 합니다.

우리 뇌는 무엇을 맛있다고 느낄까?

우리가 맛이라 표현하는 감각은 사실 혀로 느끼는 미각뿐만이 아니라 코로 느끼는 후각까지 포함한 개념입니다. 과학자들이나 요리사들은 이런 복합적인 개념을 풍미風味라 표현하기도 하지요. '맛있다'라는 느낌은 이러한 미각과 후각의 정보들을 뇌에서 종합하여 판단한 결과입니다. 그렇다면 우리 뇌는 어떤 경우에 맛있다고 평가할까요?

미식을 즐기는 사람이라면 요리에서 가장 중요한 것을 '맛'이라 할 테지만, 사실 우리가 무엇을 먹는 가장 중요한 이유는 생존입니다. 이는 다른 동물들과 다를 바가 없죠. 그런데 만약 먹는 것이 맛이 없다면 피하게 됩니다. 반대로 맛이 있다면 더 적극적으로 먹게 될 것이고요.

그래서 우리 뇌는 몸에 유익한 것을 맛있는 것으로 인식하도록 우리에게 신호를 보냅니다. 대표적으로 단백질, 탄수화물, 지방 등과 같은 영양분이 풍부한 경우가 그러하죠. 그런데 문제는 이들 영양분이 매우 덩치가 큰 고분자라는 데 있습니다. 예를 들어, 단백질은 아미노산이라 불리는 작은 분자 수천 개가 서로 결합하여 만들어집니다. 탄수화물이나 지방 또한 작은 분자들이 서로 연결된 구조이죠.

이처럼 영양분의 분자 크기가 너무 커 미각세포나 후각세포로 직접 접근하기는 사실 불가능합니다. 따라서 우리가 맛을 느끼려면 이 영양분들이 더 작은 크기로 분해되어야 합니다. 음식을 씹을 때 침과 함께 소화효소가 같이 분비되는 이유도 바로 이 때문이죠. 영양분이 잘게 분해되면 미각세포, 후각세포가 더 잘 인식할 수 있습니다.

우리가 가열한 요리를 좋아하는 이유도 여기에 있습니다. 가열하면 입에 넣기 전부터 이미 충분히 영양분들이 분해되어 있기 때문입니다. 고분자들이 열에너지에 의해 그 결합이 끊어지면서 더 작은 분자로 나뉘는 거죠. 그래서 요리가 맛있다고 느껴집니다. 여기에 더해 열이 가해지면 분해 반응 외에도 부가적인 다양한 반응들이 일어납니다. 잘게 쪼개진 분자들이 서로 반응함으로써 여러 종류의 새로운 물질을 만들어냅니다. 이 물질들 또한 미각세포와 후각세포를 자극하게 되는데, 그러면 우리는 맛이 굉장히 풍성하다고 느낍니다.

굽거나 튀기는 경우는 이러한 효과가 더 극대화됩니다. 아무래도 고온에서 조리되니 더 많은 열에너지가 가해지고, 따라서 더 다양한 반응들이 일어나기 때문이죠. 특히 후각세포를 자극하는 작은 향 성분이 많이 만들어집니다. 미각으로 느끼는 맛의 종류는 단맛, 신맛, 짠맛, 쓴맛, 감칠맛 다섯 가지뿐이지만 후각으로 느끼는 향 성분은 그 종류만 수천 가지에 달한다고 알려져 있습니다.

이처럼 고온에서 다양한 맛 성분들이 만들어지는 반응을 마이야르 반응이라 합니다. 1912년 이를 최초로 발견한 프랑스 화학자의 이름을 딴 이름이죠. 마이야르 반응은 탄수화물이 분해된 당류와 단백질이 분해된 아미노산이 여러 단계의 반응을 거치면서 다양한 성분을 만들어내는 반응입니다. 일부 성분들은 미각을 자극하고, 더 많은 다른 성분은 후각을 자극함으로써 요리의 풍미가 한층 더 다채로워집니다. 또한 마이야르 반응으로 일부 갈색을 나타내는 성분들도 만들어지는데, 그래서 잘 구워진 장어는 그 표면이 노릇노릇한 갈색을 띱니다.

부드러울수록 더 맛있게 느껴지는 이유

이 정도면 노릇하게 구운 장어가 왜 맛있는지 아시겠죠? 하지만 이것으로만 마무리 짓기에는 조금 아쉬운 점이 있습니다. 열을 가해 굽거나 하면 식재료가 부드러워지는데 이 또한 요리가 맛있어지는 또 하나의 이유이기 때문입니다.

식재료가 부드러워지면 소화 흡수가 잘됩니다. 그러면 더 적은 양을 섭취해도 더 많은 영양분을 얻을 수 있죠. 이 또한 우리 몸에 유익하니 우리 뇌는 이런 경우도 '맛있다'라고 평가합니다. 사람들이 생식生食보다는 불을 이용해 가열한 화식火食을 더 좋아하는 이유도 이와 밀접한 관련이 있습니다.

또한 불을 사용해 부드러운 음식을 먹게 되면서 뇌의 진화도 촉진되었다고 합니다. 일부 진화학자들에 따르면, 우리가 부드러운 음식을 먹게 되면서 영양분을 더 잘 소화 흡수할 수 있게 되자, 매우 많은 에너지가 필요한 뇌의 진화가 촉진되었다고 합니다. 하버드대 리처드 랭엄 교수는 저서 『요리본능』에서 화식이야말로 인류가 오늘날처럼 진화할 수 있는 핵심 요인으로 지목하기도 했죠.

지금까지 미스터리한 장어의 삶부터, 장어는 왜 구워야 더 맛있는지 등 한 가지 요리만으로 정말 다양한 이야기를 했습니다. 저는 그래서 요리를 좋아합니다. 맛도 맛이지만 그 안에는 음미해볼 만한 이야기들도 많기 때문입니다. 과학 이야기도 그중 하나죠. 정말 흥미롭지 않나요?

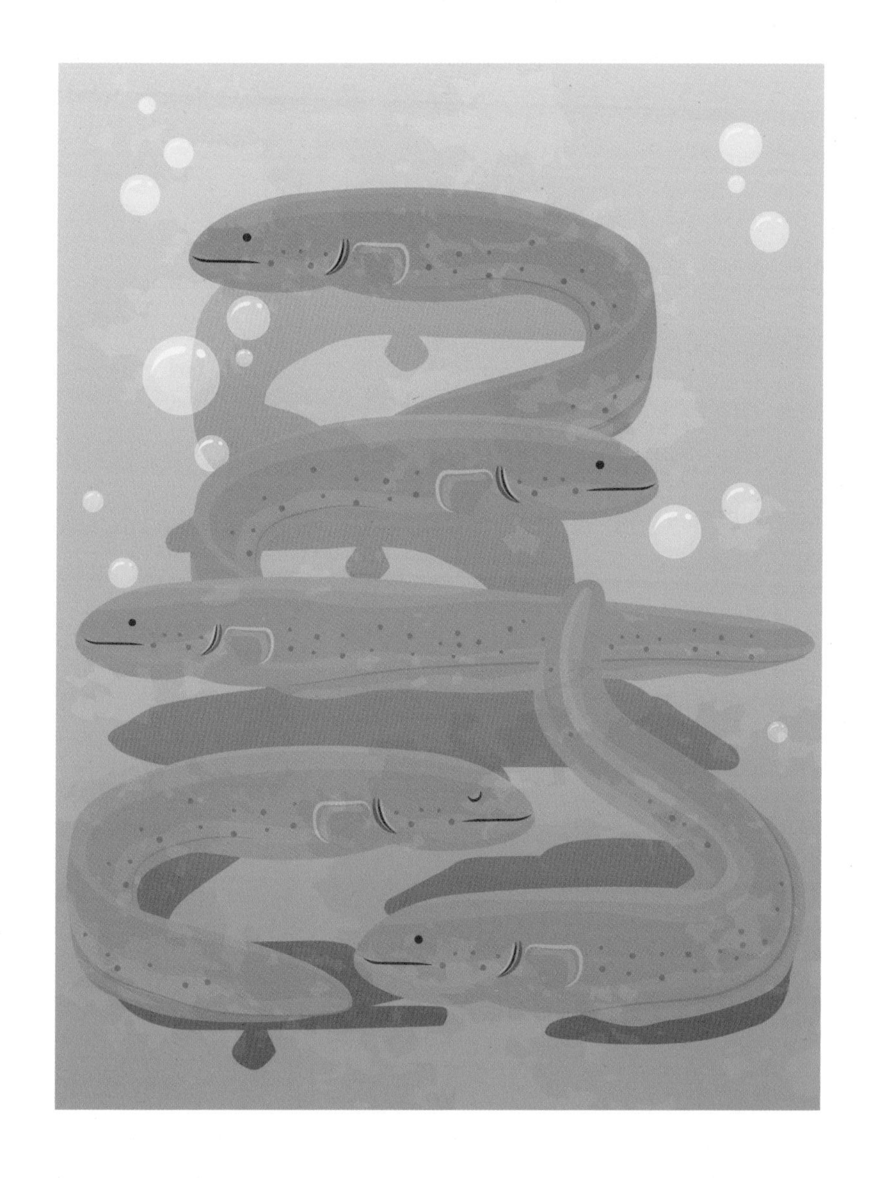

“이 정도면 노릇하게 구운 장어가 왜 맛있는지 아시겠죠?”

12

휴지는 어떻게 물을 흡수하는가?

* 흡수의 원리 *

물을 엎지르면 반사적으로 휴지에 먼저 손이 갑니다. 휴지는 물을 잘 흡수하기 때문이죠. 휴지로 1차 수습이 되었으면 주방에서 마른행주를 가져와 마무리합니다. 마른행주도 물을 잘 빨아들이는데, 흡수된 물을 짜내고 나면 다시 물기를 제거하는 데 쓸 수 있으니 더 효율적입니다. 그런데 여기서 한 가지 궁금증이 생깁니다. 휴지와 행주는 어떤 원리로 물을 빨아들이는 걸까요?

먼저 물의 응집력에 대해 이해를 해야 합니다. 매끄러운 유리판 위에 물 한 방울을 떨어뜨리면 물방울이 퍼지지 않고 구형에 가깝게 뭉쳐지는데요. 이는 물방울을 구성하는 물 분자(H_2O)들이 서로 뭉치면서 나타나는 현상입니다.

물의 응집력

앞서 다른 글에서도 설명했지만, 물 분자는 전기적인 성질을 띠는 분자입니다. 수소 원자(H) 쪽은 양(+)의 성질을 띠고, 산소 원자(O) 쪽은 음(-)의 성질을 띠면서 마치 건전지가 양극과 음극으로 나누어지듯 물 분자의 한쪽은 양극, 다른 한쪽은 음극으로 구분되는 것입니다. 이러한 분자를 극성분자라고도 합니다. 분자 내에서 양극과 음극으로 나눠진다는 뜻입니다.

이 극성분자에서 나타나는 대표적인 특성이 바로 응집력입니다. 잘 아시는 것처럼, 서로 반대되는 극성들은 서로를 끌어당깁니다. 양극은 음극을, 음극은 양극을 끌어당기죠. 그렇다면 어떤 한 물 분자에서 양극에 해당하는 수소 원자는 다른 물 분자에서 음극에 해당하는 산소 원자를 끌어당기게 됩니다. 이런 끌어당김이 연쇄적으로 물 분자들 사이에서 일어나고, 그 결과 물 분자들은 서로를 끌어당기는, 다시 말해 응집하는 현상이 발생하는 것이죠.

이 끌어당기는 힘으로 모인 물 분자들이 동그란 형태의 물방울을 만드는 이유는, 3차원 공간에서 모든 방향으로 이 끌어당기는 힘이 균일하게 작용하기 때문입니다. 공간의 한 점을 잡고 여기서 동일한 거리에 있는 점들을 찍으면 동그란 공 모양이 되는 원리이죠. 비록 바닥에 떨어진 물방울은 중력의 영향으로 약간 찌부러지기는 하지만 대체로 둥근 모양을 잘 유지합니다.

지금부터는 이와 같은 응집력이란 특성을 지닌 물이 휴지를 만날 때 발생하는 일에 대해 설명해보겠습니다.

휴지와 마른행주의 공통점

휴지나 마른행주에는 물의 흡수와 관련하여 한 가지 공통점이 있습니다. 그것은 바로 미세한 작은 구멍들이 많이 존재한다는 점입니다. 휴지의 경우는 펄프라 불리는 나무에서 얻어지는 기다란 섬유들이 이리저리 엉켜 있습니다. 이 과정에서 마치 고기를 잡는 그물처럼 작은 구멍들이 생겨납니다. 다만 그물이 2차원 구조인 데 비해, 섬유질 펄프로 구성된 구멍들의 구조는 3차원입니다. 행주와 같은 천도 가늘고 긴 섬유들이 서로 엉키면서 이와 비슷한 구조가 되죠.

이처럼 구멍이 많은 구조에 물이 접촉하면 그 구멍 속으로 물이 빠지게 됩니다. 길을 걷다가 미처 발견하지 못한 웅덩이에 빠지는 사람처럼 말이죠. 그런데 물은 혼자가 아닙니다. 물 분자들 사이에 강한 응집력이 작용하기 때문입니다. 바로 이 응집력으로 구멍으로 빨려 들어간 물 분자들이 연속적으로 다른 물 분자들을 함께 끌어당기는 현상이 발생합니다. 그러고 보니 일종의 물귀신 작전이라 할 수도 있겠네요.

그런데 여기서 또 한 가지 놀라운 현상이 발생합니다. 긴 섬유들이 얽히고설켜 만들어진 조직이다 보니 물을 흡수하면서 팽창할 수 있는 여력이 있어 구멍의 크기가 점점 커지는 것인데요. 그물을 아무렇게나 바닥에 놓을 때보다 사람들이 잡아서 당길 때 그 구멍의 크기가 훨씬 더 커지는데, 바로 이것과 유사한 원리입니다.

이처럼 물이 흡수됨과 동시에 늘어나는 구멍의 크기로 인해 생각보다 많은 물이 휴지나 행주에 흡수됩니다. 보통 그 양이 휴지의 무게와 비교해 수십 배 정도에 이르죠. 하지만 그 이상의 흡수는 일어나지 못합니다. 그물을 쭉 펴다 보면 더 펼 수 없는 한계가 있는 것처럼 구멍의 크기가 확장되는 데에는 한계가 있기 때문입니다.

휴지 등을 구성하는 긴 섬유들이 어느 정도는 서로 결합되어 있어 팽창에 대한 저항력이 작용하지만 만약 이러한 결합 그리고 이에 따른 저항력이 없다면 물을 흡수하는 단계를 넘어 휴지의 섬유들이 뿔뿔이 흩어집니다. 휴지가 물에 녹아버리는 것처럼 보이죠. 실제로 휴지의 경우는 물에 오래 넣어두면 이러한 상태가 되는데, 섬유 간의 결합력이 그리 강하지는 않기 때문이죠.

이러한 흡수 능력은 단지 엎어진 물을 닦아내는 데만 쓰는 것이 아니라 그밖에도 많은 활용처가 있습니다. 그중 대표적인 것이 아기들의 기저귀입니다. 예전엔 기저귀를 면으로 만들었던 것도 면섬유가 지닌 이런 흡수력을 이용하기 위해서였죠. 이후 기술이 발전하면서 다양한 종류의 섬유 펄프를 사용해 흡수력을 더욱 높인 기저귀 제품들이 등장하게 되었습니다.

하지만 몇 가지 아쉬운 점이 있었습니다. 기껏해야 흡수력은 자체 무게의 수십 배 정도에 불과(?)했고, 압력에도 약해 누르면 물이 새어 나오기도 했으며, 오줌처럼 순수한 물이 아닌 경우에는 흡수력이 급격히 낮아졌던 것이죠. 이제 드디어 과학자들이 나설 차례가 되었습니다.

기저귀는 어떻게 처음처럼 뽀송뽀송할까?

고분자는 작은 분자들을 서로 결합해 긴 사슬 모양으로 만든 커다란 분자를 말하는데요. 그 모양이 마치 휴지나 행주를 구성하는 기다란 섬유를 닮아 있습니다. 그렇다면 이 고분자를 잘 설계하면 휴지나 행주가 그러한 것처럼 3차원의 다공질 구조를 만들 수 있지 않을까요?

그렇게 만들어진 인공적인 물질이 바로 고흡수성 수지입니다. 이 고흡수성 수지를 이용한 제품들은 우리 생활 주변에서 어렵지 않게 접할 수 있습니다. 새지 않고 처음처럼 뽀송뽀송한 기저귀와 생리대 등이 그것입니다. 과학적으로 정의하자면, 고흡수성 수지는 '물과 잘 반응하는 고분자로 만들어진 3차원 그물구조로서, 물에 녹지는 않으면서도 다량의 물을 흡수할 수 있는 물질'입니다.

그럼 지금부터 앞서 설명했던 휴지가 물을 흡수하는 원리를 적용하면서도 그것의 한계를 극복할 수 있는 아이디어를 덧붙여봅시다. 먼저 물을 잘 빨아들이려면 휴지나 천에서 관찰할 수 있는 3차원 그물구조를 갖추어야 합니다. 고분자는 작은 분자들을 서로 결합해 만들어지니, 이때 사용되는 작은 분자들의 종류나 반응 온도 등의 조건을 잘 설정하면 원하는 형상의 그물구조를 만들 수 있습니다. 적당한 구멍의 크기를 결정하는 일도 매우 중요합니다. 구멍이 너무 큰 그물구조는 강도가 약해 물속에 오래 방치된 휴지처럼 흐물흐물 녹을 수 있기 때문입니다.

기저귀에 사용되는 고흡수성 수지라면 사실 압력 또한 매우 중요합니다. 아기의 엉덩이 부분에서 눌리는 압력을 받기 때문이죠. 그래서 흡수력이 높은 구조도 중요하지만, 일정한 강도를 유지하는 것도 중요하게 고려해야 합니다. 그래서 구멍의 크기를 무작정 키울 수만도 없죠.

이처럼 되도록 많이 흡수하면서도 압력에도 잘 버티는 최적의 그물구조를 만들어내면 모든 것이 끝일까요? 그렇지 않습니다. 고흡수성 수지의 능력을 한 단계 더 끌어올릴 마지막 비법이 하나 더 남아 있죠. 그것은 바로 사용되는 고분자 그 자체를 물과 친해지도록 만드는 것입니다. 예를 들어, 아크릴산Acrylic acid과 같은 물과 잘 결합하는 분자들을 이용해 고분자를 합성하는 것입니다.

이렇게 하면 물을 흡수하는 속도도 빨라지지만, 더 중요한 것은 일단 흡수된 물이 고분자에 단단히 결속되어 웬만해선 다시 빠져나오는 일이 없게 된다는 점입니다. 마치 푸딩이나 젤리와 같은 상태가 되죠.

고흡수성 수지 활용법

이제 이러한 설계에 따라 최종적으로 만들어진 고흡수성 수지는 제품에 따라 다르기는 하지만, 보통 자기 무게의 1000배 이상을 흡수할 수 있습니다. 1g의 고흡수성 수지로 1kg의 물을 흡수하는 것이죠. 덩달아 오줌처럼 순수한 물이 아닌 경우도 수십 배 정도를 흡수할 수 있는 능력이 생깁니다.

고흡수성 수지는 기저귀나 생리대뿐만 아니라, 그밖에 농업이나 산업 분야에서도 널리 쓰이고 있습니다. 한 가지 유명한 예가 이스라엘의 집단 농장입니다. 이스라엘은 초기 정착 시절 건조한 사막을 비옥한 토지로 탈바꿈시켜 집단 농장인 키부츠kibbutz를 건설했는데, 이때의 일등 공신이 바로 고흡수성 수지입니다.

척박한 토지의 일정 깊이에 고흡수성 수지를 뿌리고 흙을 덮어주면, 비가 오거나 인공적으로 물을 주었을 때 손실되는 물을 최소화하고 오랫동안 물을 보유하면서 토지에 서서히 물을 공급해줄 수 있습니다. 그렇게 함으로써 척박한 사막이 비옥한 옥토로 바뀌는 것입니다.

고흡수성 수지는 제가 과학자가 되고서 가장 처음으로 만든 물질이기도 합니다. 무척이나 신나는 경험이었죠. 어렵사리 만든 작은 쌀알만한 물질이 머그잔에 담긴 물을 모두 흡수해버렸는데, 마치 마법이라도 보는 듯 흥분했던 순간이 지금도 기억에 생생합니다.

“고흡수성 수지를 이용하면
척박한 사막도 비옥한 옥토로 바뀔 수 있습니다.”

13

별은 왜 반짝반짝 빛날까?

* 핵융합 *

은하수를 사이에 두고 이별해야 했던 견우와 직녀 이야기를 아시나요? 직녀는 천제天帝가 사랑하는 손녀였습니다. 그녀는 이름에서도 알 수 있듯이 직물을 짜는 일에 매우 능통했죠. 일에만 푹 빠져 사는 손녀를 안타깝게 여긴 천제는 은하수 건너에 사는 목동 견우와 결혼을 시킵니다. 그런데 너무 사랑해서였을까요? 이 둘은 점차 각자의 일을 등한시하고 게으름에 빠지고 말았습니다. 결국 천제의 노여움을 산 둘은 음력 칠월 칠석, 일 년에 단 한 번만 만남이 허락되었죠.

하지만 둘은 사이에 있는 은하수 때문에 멀리 떨어진 채 서로를 바라볼 수밖에 없었는데요. 이를 보다 못한 까치와 까마귀들이 서로의 몸을 이어 은하수를 건널 다리를 만들어주었는데, 이를 오작교라 합니다.

모든 전설이 다 그렇듯 이 이야기도 누가 언제 지어냈는지는 불분명합니다. 다만 근거가 될 만한 사실은 칠월 칠석을 즈음하여 은하수를 사이에 두고 두 별이 서로 가까워진다는 점입니다. 아마도 사람들은 이 두 별을 보면서 여러 상상을 했을 것입니다. 그리고 이런 이야기도 만들어 냈겠죠. 당연히 두 별은 각각 견우성, 직녀성이라 불리게 되었고요.

밤하늘의 별을 상상력의 창고라 말하기도 합니다. 견우와 직녀 이야기뿐 아니라 수많은 신화와 전설이 별을 소재로 만들어졌죠. 제가 좋아하는 소설에도 별이 많이 등장합니다. 그중 하나인 알퐁스 도데의 소설『별』은 한 목동의 순수한 사랑 이야기를 담고 있습니다. 산 위에서 외롭게 양을 치던 목동은 어느 날 뜻밖에도 자신이 짝사랑하던 주인집 아가씨와 산 위에서 함께 밤을 보내게 됩니다. 다른 이를 대신해 식량을 전해주러 왔던 아가씨가 강물이 불어 그만 집으로 돌아가지 못하게 된 것이죠.

잠 못 이루는 아가씨를 위해 목동은 모닥불을 피우고 밤하늘에 밝게 빛나고 있는 별들에 관한 이야기를 들려줍니다. 그 이야기에 귀를 기울이던 아가씨는 어느새 목동의 어깨에 기대어 잠이 들었고, 그 모습을 바라보던 목동은 이렇게 생각합니다.

'밤하늘의 별 하나가 길을 잃고 어깨에 내려와 잠들었구나.'

밤하늘 별들을 보며 우리가 상상의 나래를 펼 수 있는 것은 그 밝음 때문이 아닐까 생각합니다. 깜깜한 밤하늘을 배경으로 반짝거리는 별이 지닌 비범함과 외로움은 우리의 마음을 사로잡을 만하죠.

별이 밝은 만큼 커지는 상상력

갑자기 문득 이런 질문이 떠오릅니다. '밤하늘의 별은 왜 밝게 빛날까?'라고 말이죠. 오늘 밤 별이 자극한 것은 제 마음과 감성이 아니라 아마도 이성이었나 봅니다. 본격적으로 별의 밝음을 설명하기에 앞서 먼저 질문 하나 드리겠습니다. 별이란 무엇일까요?

왜 이처럼 뻔한 질문을 하냐고요? 일반적으로 사람들이 말하는 별과 과학자들이 말하는 별은 조금 다르기 때문입니다. 먼저 저의 정의부터 말씀드리겠습니다. '별이란 스스로 빛을 내는 천체(우주에 있는 물질 덩어리)'를 의미합니다. 그러고 보면 우리 태양도 일종의 별인 셈이죠.

이에 반해 스스로 빛을 내지 않는 천체들도 있습니다. 대표적으로 우리 지구와 같은 행성이 있는데요, 행성은 별 주위를 공전합니다. 그리고 스스로 빛을 내지는 않지만, 별에서 방출되는 빛을 흡수하거나 반사하죠. 그밖에 달과 같은 위성이나 작은 소행성들도 별이 아닌 천체에 속합니다.

그런데 일반적으로 사람들이 말하는 별은 조금 혼재된 개념입니다. 과학자가 말하는 별처럼 스스로 빛을 내는 천체는 당연히 포함되지만, 여기에 더해 행성이나 소행성과 같은 것들을 포함해 모두 다 별이라 말하기도 하기 때문입니다. 그러다 보니 가끔 혼란이 발생하기도 합니다.

예전에 한 영화에서 "자기 혼자 빛나는 별은 없어. 별은 다 빛을 받아서 반사하는 거야"라는 대사가 등장하며 많은 이과생의 반발을 불러일으킨 사건은 유명합니다. 당시 저 또한 별과 행성도 구분하지 못한다며 흥분했던 기억이 나네요.

이렇게 본다면, 인기 드라마 〈별에서 온 그대〉도 정확히 말해서는 〈행성에서 온 그대〉가 맞을 것이고, 『어린 왕자』에서 어린 왕자가 사는 곳도 사실은 별이 아니라 행성이나 소행성이어야 할 것입니다. 과학자들이 말하는 별은 너무 뜨거워서 생명이 살 수 없을 테니까요.

이제 별에 대한 용어가 어느 정도 정리되었으니, 본격적으로 별 이야기를 해보겠습니다. 별은 왜 밝게 빛이 나는지 그 이유에 관한 것이죠. 먼저 별은 어떻게 탄생했는지부터 알아봅시다. 그 생성 과정부터가 밝은 빛과 밀접히 연관되어 있기 때문입니다.

별은 어떻게 탄생했을까?

별의 탄생

별의 탄생을 알기 위해선 조금 더 먼 과거로 거슬러 올라가야 합니다. 때는 지금으로부터 약 138억 년 전 우주가 무無의 상태로부터 막 탄생한 시점입니다. 갑자기 아주 작았던 공간이 엄청나게 팽창하기 시작했습니다. 그리고 그와 동시에 그 공간을 채울 에너지와 물질들이 생성되기 시작했죠.

초기에 생성된 것들은 양성자, 중성자, 전자와 같은 작은 입자들이었습니다. 그리고 얼마 지나지 않아 그 입자들이 다시 뭉치면서 수소, 헬륨 같은 가벼운 원자들이 되었습니다. 수소는 양성자 하나로 구성된 원자핵과 그 주위에 1개의 전자를 갖고 있습니다. 헬륨은 양성자와 중성자 2개로 된 원자핵과 그 주위에 2개의 전자가 있는 원자입니다.

헬륨보다 무거운 원자들이 생성되려면 더 많은 수의 양성자, 중성자들이 서로 만나 결합해야 합니다. 그런데 이게 거의 불가능한 상태가 되

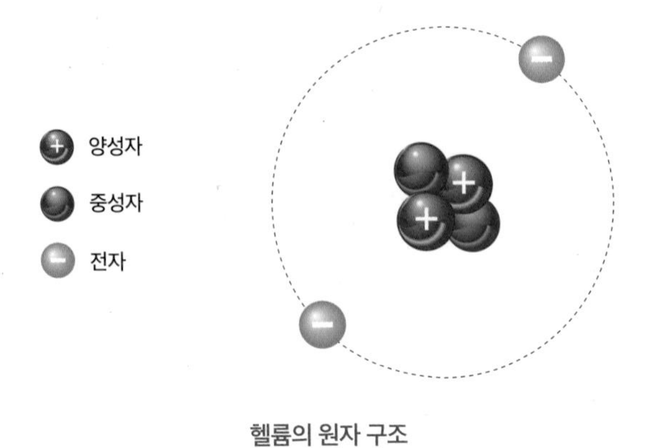

헬륨의 원자 구조

어버렸습니다. 우주가 점점 더 팽창하면서 입자들은 공간 속으로 흩어지고, 우주의 온도 또한 급격하게 낮아졌습니다. 입자들이 서로 만나기도 어렵고, 만나더라도 서로 결합할 수 있는 에너지도 부족한 상태가 된 것이죠.

만약 이 상태에서 모든 것이 멈추었다면, 지금의 우주는 그저 수소와 헬륨으로 가득 찬 아무런 특색이 없는 우주가 되었을 것입니다. 그런데 이때 재미있는 일이 일어납니다. 처음으로 별이 생성되기 시작한 것이죠.

잘 아시는 것처럼 물질들 사이에는 만유인력이라 불리는 서로 잡아당기는 힘이 작용합니다. 아무리 가벼운 수소나 헬륨이라도 마찬가지죠. 따라서 공간에 흩어져 있는 이 원자들은 만유인력에 의해 서로 뭉치기 시작했습니다. 그런데 공간에 분포하는 원자들의 밀도가 장소마다 다르니, 물질들이 뭉치는 정도에 차이가 생기기 시작했습니다.

물질이 조금이라도 더 많았던 곳에는 더 많은 물질이 모이고, 그러면 만유인력이 더 강해지니 다시금 더 많은 물질을 끌어당깁니다. 이런 과정이 반복되면서 한마디로 '빈익빈 부익부 현상'이 발생한 것입니다. 초창기 별들은 이처럼 물질들이 많이 모인 일부 구역에서 태어났습니다.

그런데 물질이 많이 모이면 모일수록 별 내부의 압력은 높아지고, 내부에 빽빽하게 들어찬 물질들 사이의 마찰로 인해 온도 또한 급격히 상승합니다. 그러다 마침내 별의 중심부 온도가 대략 1000만℃ 이상이 되면 재미있는 일이 또 하나 일어납니다. 바로 핵융합이라 불리는 현상인데, 이것이 바로 별이 밝게 빛나는 원인이 됩니다.

앞서 우주 초기에 수소나 헬륨보다 더 무거운 원자들이 생겨나지 못하는 이유에 관해 설명했습니다. 우주가 팽창하면서 물질의 밀도는 낮아지고, 우주의 온도 또한 내려갔기 때문입니다. 그런데 별들이 탄생하면서 상황이 반전되었습니다. 별의 내부는 물질의 밀도가 매우 높을 뿐만 아니라, 온도 또한 충분히 높아졌기 때문이죠. 그러자 먼저 별 내부에 있던 수소 원자들이 서로 융합하면서 헬륨으로 바뀌는 일이 일어납니다. 이 과정에서 질량이 줄어드는 일이 발생하는데, 1과 1을 더해 2가 되는 것이 아니라 그보다 약간 더 작아지는 것입니다. 이 줄어든 질량은 사라진 것이 아니라 무형의 에너지로 변환이 됩니다. 우리의 태양이 밝게 빛나는 이유는 바로 이 변환된 에너지 덕분입니다.

수소뿐만 아니라 헬륨도 핵융합이 가능합니다. 헬륨 원자 3개가 융합되면 탄소 원자로 변환되는 반응이 일어납니다. 마찬가지로 이 과정에서도 막대한 에너지를 방출하게 되죠. 언젠가 우리 태양의 수소가 다 고갈되더라도 한동안은 헬륨의 핵융합으로 더 빛날 수 있을 것입니다.

크기에 따른 핵융합

별의 크기에 따라서는 이러한 핵융합 과정이 더 진행되기도 합니다. 그러면 더 무거운 원자들이 만들어지기도 하는데, 최대 철(Fe)까지 생성 가능하다고 알려져 있습니다. 참고로 철보다 무거운 원자들은 거대한 별이 수명을 다해 마지막으로 막대한 에너지를 분출하며 폭발하는, 이른바 초신성 폭발 과정에서 생성된다고 알려져 있습니다.

태양은 크기가 그리 큰 별은 아닙니다. 따라서 수소와 헬륨의 핵융합이 일어나며 에너지를 방출합니다. 그중에서도 주로 수소 핵융합 반응이 일어나는데요, 매초 약 7억 톤의 수소가 헬륨으로 변환이 된다고 하죠. 엄청난 소비량이기는 하지만 태양 내부에 워낙 수소가 많으니 앞으로도 수십억 년 동안은 태양 빛이 사라지지는 않을 것입니다.

그런데 혹시 핵융합 발전이라는 말을 들어보신 적 있으신가요? 태양과 같은 별에서 일어나는 핵융합 현상을 지구상에서 인공적으로 재현하고자 하는 것인데, 일종의 인공태양, 인공별을 만드는 것입니다. 만약 이것이 성공한다면 우리 지구는 거의 무한한 에너지원을 확보하게 되는 셈입니다. 그 연료가 될 수소는 우리 주변에 무궁무진하게 널려 있기 때문이죠.

참고로 인공적인 핵융합을 위한 최소 온도는 1억℃ 이상이어야 합니다. 별은 강한 인력으로 원자들이 중심부에 매우 가깝게 모여있어, 반응을 위해 서로 만나는 횟수가 충분하지만, 인공 핵융합 장치에서는 그렇지 않으니 더 높은 온도가 요구되는 것입니다. 온도가 높아지면 원자들이 더 활발히 움직이며 만나는 횟수를 늘릴 수 있기 때문이죠. 하지만 이처럼 높은 온도에서 안정적으로 반응을 오래 지속시키는 것은 여전히 해결해야 할 숙제로 남아 있습니다.

지금까지 '밤하늘의 별은 왜 밝게 빛날까?'라는 질문에 대한 과학적인 답변이었습니다. 그리고 그 안에서 아주 오래전 우주 탄생의 비밀과 우리를 구원할 미래 에너지원에 대한 기대도 발견했습니다. 어찌 보면 무척 단순해 보였지만, 실은 꽤 묵직한 질문이었던 것이죠.

그렇다 하더라도 밤하늘 밝은 별이 무궁무진한 상상력의 원천으로 계속 남아 있었으면 합니다. 우리는 모두 이성적인 존재이기도 하지만, 마음과 감성을 지닌 존재이기도 하기 때문이죠. 과학자인 제가 바라보는 별에는 어린 왕자가 살 가능성은 없지만, 순수한 어린아이의 눈으로 바라본 별에는 어린 왕자가 언제까지나 행복하게 잘살고 있기를 바라봅니다.

"순수한 어린아이의 눈으로 바라본 별에는
어린 왕자가 언제까지나 행복하게 잘살고 있기를 바라봅니다."

• 4부 •

존재의 비밀, 과학으로 상상하기

THINKING WITH SCIENCE

1

존재하는 것들은 다 어디서 왔을까?

* 양자적 요동 *

바티칸 시스타나 성당에는 미켈란젤로의 유명한 그림 〈천지창조Creation of Adam〉와 〈최후의 심판The Last Judgement〉이 있습니다. 누구나 한 번쯤은 보았을 이 명화에는 인물들의 표정과 움직임이 마치 살아있는 듯 생생하게 묘사되어 있습니다.

이 그림들을 보고 있자면, '오래전에 어떻게 이처럼 아름다운 색상을 구현할 수 있었을까?'라는 생각이 듭니다. 오늘날이야 화학산업이 발달하면서 거의 모든 색상을 인공적으로 구현할 수 있게 되었지만, 500여 년 전 르네상스 시대만 하더라도 모두 광물이나 식물과 같은 천연의 물질에서 색상을 구해야 했을 테니까요.

원하는 색상을 얻을 수 있는 광물이나 식물을 찾는 일도 힘들었지만,

거기서 색소를 추출하고, 아교 등을 섞어 물감을 만드는 일 또한 매우 번거로웠습니다. 일부 특수한 색을 내는 물감의 경우에는 수요보다 공급이 턱없이 부족해 매우 고가에 거래되기도 했습니다.

대표적으로 청금석이라 불리는 푸른색 광물에서 추출한 울트라 마린이라는 푸른색 염료는 같은 무게의 황금에 버금갈 정도로 비싼 나머지, 예수님과 성모 마리아의 옷을 채색할 때만 쓸 수 있었다고 합니다. 그 산지가 아프가니스탄의 험준한 산악지대에 한정되다 보니 공급이 매우 부족해 터무니없을 정도로 고가로 거래된 것이죠.

참고로 요즘도 청금석은 매우 귀중한 보물로 여겨집니다. 아프가니스탄에서 활동하는 무장세력이 이 청금석을 밀무역하여 무기를 조달했다고도 합니다. 이 때문에 청금석의 공급이 많아지면 이 지역의 정세가 매우 매우 급하게 전개되고 있음을 암시한다는 말도 있습니다.

비단 청금석뿐만 아니라 선명한 붉은색을 내는 진사, 백색을 얻을 수 있는 백연석, 공작의 깃털과 같은 오묘한 녹색이 특징인 공작석 등 또한 그 공급이 적어 고가에 거래되었습니다. 그런데도 이처럼 다양한 색상의 물감들이 사용된 이유는 서양화에서는 반드시 화폭을 가득 채워야 했기 때문입니다. 현실의 세계 또는 신의 세계를 구현해내는 그림에 있어 불완전한 빈틈은 허용되지 않았죠.

바티칸 시스티나 성당의 벽화 및 천장화

'없음'과 '있음'이 서로의 전제인 이유

서구에서는 매우 오랫동안 '없음無'의 존재를 인정하지 않았습니다. 존재한다는 것은 '있음有'을 의미했고, 신이 창조한 이 완벽한 세상에 '없음'과 같은 불완전함이 있어서는 안 된다고 생각했죠. 충만한 세상을 담아내는 그림의 경우 또한 마찬가지여서, 어딘가를 비워놓는 것을 매우 어색하다고 생각했습니다. 화가들은 화폭 곳곳에 물감을 칠했습니다. 구석구석 표현되지 않는 곳이 있어서는 안 되기 때문이죠. 이러한 이유로 서구에서는 일찍이 다양한 색상의 물감들이 개발되었습니다.

이에 반해 한국화를 비롯한 동양화는 여백의 미를 강조합니다. 이를 두고 지필묵紙筆墨이라는 도구의 한계 때문에 어쩔 수 없이 이러한 기법이 발전했다는 주장도 있습니다. 오랜 시간 덧칠해가며 빈틈없이 그리는 서양화와 달리 붓을 이용해 단색으로 빠르게 그려내야 하는 한국화에서는 아무래도 빈 곳이 많이 남을 수밖에 없었죠.

하지만 이 여백에는 그림을 그리는 단순한 기법을 넘어 더 심오한 의미가 담겨 있습니다. 노자의 『도덕경』에 나오는 '유무상생有無相生'이란 말은 있음과 없음은 서로로부터 생겨난다는 뜻입니다. 있음은 없음을 전제로 하고, 없음은 있음을 전제로 해야만 성립하는 상대적 개념임을 설명하고 있죠. 이를 한국화에 적용하면, 그림 속 풍경과 인물들은 여백이 있기에 그 생동감이 더 두드러진다고 볼 수 있습니다. 여백은 그저 아무것도 없는 공간처럼 보이지만, 사실은 있음의 전제이자 그 원천이라 할 수 있죠.

조선 후기의 화가 김득신이 그린 〈야묘도추野猫盜雛〉를 보면 길고양이 한 마리가 병아리를 물고 잽싸게 도망가고 있습니다. 놀란 어미 닭은 황급히 고양이를 쫓고, 방 안에 있던 주인 내외도 헐레벌떡 뛰쳐나오는데, 보는 사람도 덩달아 긴장될 만큼 현장의 생동감이 잘 드러나 있습니다. 이런 생동감은 그림의 여백이 있기에 더 극대화됩니다. 여백의 '없음'은 한바탕 소란의 '있음'의 전제로서 그것이 생겨나는 원천이기 때문이죠.

야묘도추(김득신, 18세기)

그런데 과학자에게는 이 여백의 공간이 갖는 의미는 그보다 더 특별해집니다. '유무상생'이 내포하는 더 놀라운 진실을 마주하기 때문이죠. 있음과 없음이 서로로부터 생겨나는 것이 뭐 그리 놀라운 일인가 싶지만, 사실 곰곰이 생각해보면 분명 아주 놀라운 일입니다.

있음이란 그야말로 있음有입니다. 없음은 그야말로 없음無이고요. 그런데 어떻게 없음으로부터 있음이 생겨날 수 있을까요? 아무것도 없는 상태인데 어떻게 무언가가 있게 되는 일이 가능할까요? 무언가 새로 생겨나려면 원재료가 있어야 합니다. '나'라는 존재만 놓고 보더라도 그렇습니다. '나'에 앞서 부모님이 있어야 하고, '나'를 구성할 외부의 물질들에 끊임없이 의존해야만 하죠. 아무것도 없는 상태에서 어떤 존재가 갑자기 생겨나지는 않는다는 말입니다.

그런데 과학자들은 실제로 이런 일이 가능하다는 사실을 밝혀냈습니다. 있음과 없음이 서로의 전제가 되는 그저 상대적인 개념에 머무는 것이 아니라, 실제로도 서로를 생성해내는 바탕이 된다는 사실이 규명된 것이죠. 그렇다면 우리를 포함해 존재하는 모든 것이 애초에 없음의 상태로부터 생겨났을지도 모릅니다.

지금부터는 이 이야기를 해보고자 합니다. 그러기 위해서는 먼저 고개를 들어 밤하늘을 바라보도록 하죠.

우주에도 시작이 있었다

1929년 미국의 천문학자 에드윈 허블은 윌슨산 천문대에서 은하들을 관찰하고 있었습니다. 그런데 뜻밖에도 은하들이 서로 멀어져 간다는 사실을 발견하게 되었죠. 게다가 더 멀리 떨어진 은하일수록 더 빠르게 멀어지고 있었습니다. 그 이유는 은하들이 분포한 우주라는 공간 자체가 팽창하기 때문입니다.

그전까지만 하더라도 사람들은 이 우주에 시작은 없다고 믿었습니다. 왜냐하면, 우주의 시작을 가정하면 그 시작 이전에 대한 또 다른 의문, 그리고 그 시작 이전의 또 이전에 대한 또 다른 의문이 생기면서 계속 풀리지 않을 미궁 속으로 빠져들기 때문입니다.

하지만 이제 우리 우주가 팽창한다는 사실은 그 누구도 의심할 수 없게 되었습니다. 그렇다면 우주는 어느 순간 시작이 있었다는 의미인데 그 시작은 어떤 모습이었을까요? 또 그 시작 이전에는 무엇이 있었을까요?

우주라는 영화관의 필름을 한번 되감아보겠습니다. 그러면 우주의 과거를 볼 수 있겠죠. 현재의 우주는 팽창 중이니 과거로 감기는 필름 속 우주는 수축하고 있어야 합니다. 팽창이란 더 작은 공간으로부터 시작하여 더 큰 공간으로 나아가는 현상이기 때문입니다. 계속 필름을 되감아보겠습니다. 우주라는 공간은 계속해서 줄어듭니다. 수백억 광년 떨어져 있던 별들과 은하들도 아주 가까운 거리로 오밀조밀 모여듭니다.

여기서 공간이 더 줄어들면 어떻게 될까요? 이제는 별들과 은하들이 생성되기 이전의 모습이 펼쳐집니다. 물질을 구성하는 작은 입자들이 높은 밀도로 응축되어 있습니다. 서로 간에 부딪치는 마찰열로 인해 그 온도가 수억에 달할 정도로 어마어마하게 뜨겁습니다.

이제 공간을 더 줄여보겠습니다. 그런데 여기서 큰 문제가 발생합니다. 아무리 입자들의 크기가 작다 하더라도 그 크기는 유한하므로, 존재하는 입자들의 수를 고려하면 더는 공간을 줄일 수 없을 최소 규모가 존재할 것이기 때문입니다. 입자들 사이에 빈 곳이 없는 그러한 상태 말이죠.

그런데도 공간을 더 줄여보겠습니다. 너무 작아진 공간에서는 이 많은 입자가 모두 다 동시에 존재할 수는 없으니, 어느 순간 작은 빈 곳에서 차례로 입자들이 생겨났다고 가정해보겠습니다. 다시 말해 공간이 팽창하면서 그 공간을 가득 채우는 입자들이 차례로 생겨난 것입니다.

그렇다면 입자들이 생겨나기 이전, 아니 그 입자들이 생겨나기 위한 공간 그 자체가 생겨나기 이전은 어떤 상태였을까요? 즉, 우주의 시작 이전에는 무엇이 있었냐 하는 문제입니다.

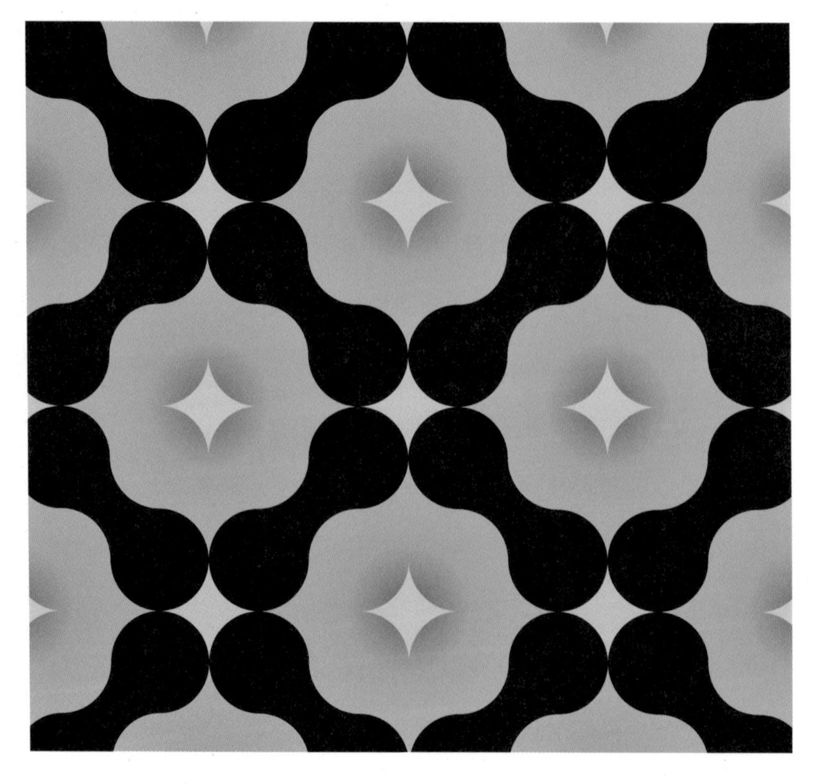

우주의 시작은 어떤 모습이었을까?

'무(無)'의 세계에서 모든 존재가 시작되었다

과학자들은 우주의 시작 이전은 아무것도 없는 무無의 세계였을 것으로 생각합니다. 그러니 우주의 시작 이전에 또 무엇이 있었을까 고민할 필요가 없죠. 그러한 고민은 모든 존재는 다른 존재로부터 유래한다는 가정에 바탕을 두는데, '존재하지 않음'이 존재의 바탕이 되었기 때문입니다. 그런데 이게 가능할까요? 아무것도 없는 무에서 이 모든 존재하는 것이 시작되었다는 사실 말입니다. 과학자들은 그럴 가능성이 충분하다고 생각합니다. 최신의 과학이론인 양자론에 따르면 말입니다.

우리 눈앞에 놓인 공간을 계속 확대하면 새로운 입자들이 갑자기 생겼다가 사라지고 공간도 시간도 끊임없이 뒤틀리는 미세한 공간을 만나게 됩니다. 한마디로 도무지 갈피를 잡을 수 없는 그야말로 혼란스러운 세상인데요. 과학자들은 이런 현상을 두고 '양자적 요동'이라 부르기도 합니다. 물론 이처럼 미세한 공간을 직접 관찰할 수는 없습니다. 그 대신 정밀한 수학적 접근법을 통해 이러한 사실을 밝혀냈죠.

그런데 더 중요한 사실은 이러한 요동이 아주 미세한 공간조차 생성되지 않은 그야말로 아무것도 없는 무의 세계에서도 일어날 수 있다는 것입니다. 아무래도 저처럼 양자론이 어려운 분들이 많으실 테니, 일상적인 비유를 통해 접근해보도록 하겠습니다.

아쉽게도 여러분은 빈털터리입니다. 그런데 여러분이 누군가로부터 100만 원을 빌린다면 100만 원을 바로 손에 쥘 수 있겠죠. 갚아야 한다는 의무는 있지만, 이자는 없는 것으로 간주하겠습니다. 이를 다른 방식으로 표현해본다면 +100만 원이 생겼지만 잠시 후 -100만 원이 생기면서 원래의 상태인 0으로 돌아가는 겁니다.

돈을 빌렸다 다시 갚을 때까지 걸리는 시간은 한 시간일 수도 있고 한 달일 수도 있습니다. 바로 여기서 시간의 개념이 등장하게 되면 무無에서 무언가를 만들 방법이 생기는 것입니다. 아무것도 없는 빈털터리가 100만 원을 순간적으로 만들 수 있으니까요.

우리가 다루고 있는 우주의 무에서도 이런 일이 일어난다고 해보죠. 아무것도 없는 무의 세계에서 순간적으로 매우 큰 음(-)의 에너지가 생성됩니다. 그렇다 하더라도 이를 상쇄하기 위해 같은 크기의 양(+)의 에너지가 즉시 생성되면, 음(-)과 양(+)이 만나 '없음', 즉 무가 되니 결과론적으론 아무런 문제가 없습니다. 관찰자로선 아무 일도 일어나지 않은 것처럼 보일 것입니다.

그런데 만약 음(-)의 에너지와 양(+)의 에너지가 서로 만나 다시 무로 돌아가는 데 시간이 오래 걸린다면 어떨까요? 음(-)의 에너지와 양(+)의 에너지가 공존하기 때문에 관찰자는 무언가를 볼 수 있겠죠. 앞선 사례에 비유한다면, 여러분이 손에 쥔 100만 원과 돈을 빌려준 사람이 쥐고 있을 100만 원에 대한 차용증을 동시에 관찰할 수 있음을 의미합니다. 이것이 무의 세계에서 무언가가 일어날 수 있는 방식의 예입니다.

그렇다면 음(-)의 에너지는 공간을 만드는 에너지라 가정하고, 양(+)의 에너지는 그 공간을 채우는 물질과 에너지를 생성한다고 가정해봅시다. 이는 어디까지나 가정이며, 음과 양이란 개념 역시 서로 상쇄된다는 의미로 붙인 말이지 어떤 확실한 의미를 지닌 개념은 아닙니다.

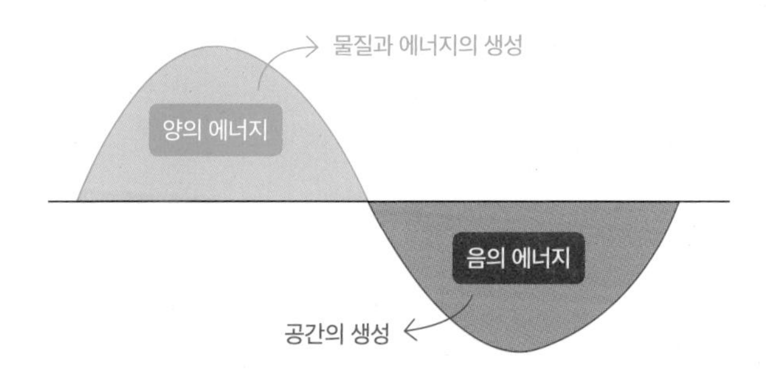

양의 에너지와 음의 에너지

제가 생각하는 우주의 시나리오는 다음과 같습니다. 먼저 무의 세계에서 순간적으로 생겨난 음(-)의 에너지가 공간을 급격하게 팽창시키면, 이를 상쇄할 양(+)의 에너지에 의해 그 공간이 다양한 물질과 에너지로 가득 차는 거죠. 이것이 바로 현재 우주의 모습입니다.

돈을 빌리면 언젠가 갚아야 하듯, 무의 세계에서 시작된 음(-)과 양(+)의 요동은 언젠가는 끝나야 할 것입니다. 그런데 만약 돈을 천천히 갚는다면 여러분 손의 돈과 채권자 손의 차용증은 사라지지 않고 오래 존재하겠죠. 지금의 우주도 비슷한 상황 아닐까요? 음과 양의 요동이 긴 시간 동시에 존재하는 모습이 지금의 우주일지 모릅니다.

불교 경전인 『반야심경』에는 "색즉시공色卽是空 공즉시색空卽是色"이란 글귀가 있습니다. 이 세상의 물질적 현상에는 실체가 없으며, 실체가 없음은 곧 물질적 현상이니, 있음과 없음은 서로를 떠나 존재할 수 없다는 뜻입니다. 이는 세상의 덧없음에 대한 표현이지만, 또 한편으로는 있음이 갖는 특별함을 말하는 것은 아닐까요? 그냥 존재하는 '있음'이 아니라 '없음'으로부터 기적적으로 탄생한 '있음'이니까요.

2

인간은 계속 생존할 수 있을까?

* 지구 온난화 *

이번 주제는 좀 우울할지 모릅니다. 죽음에 대해, 그것도 생물 대부분이 사라진 대멸종에 대해 이야기할 것이기 때문이죠. 갑자기 대멸종이라니? 의아할 수 있지만 조만간 우리에게 닥칠지도 모를 일입니다.

흥망성쇠興亡盛衰, 흥하더라도 언젠가는 망하고, 융성하더라도 언젠가는 쇠퇴한다는 뜻입니다. 우리는 이러한 순환의 이치를 지난 역사에서 여러 번 보았습니다. 그 무엇도 영원히 머물 수 없습니다. 피나는 노력으로 더 오래 머물 수 있을지 몰라도 그 또한 영원할 수 없죠. 38억 년을 이어온 생명의 역사도 마찬가지입니다. 시대마다 최고의 위치에서 최고의 영광을 누리던 많은 생물이 있었습니다. 하지만 그 영광이 영원하지는 못했죠. 그들은 어느 순간 사라졌고 또 다른 종들이 그 빈자리를 차지하는 일이 계속해서 일어났습니다.

죽음에 대한 강력한 인상 때문일까요? 우리는 새로 등장한 것보다는 어느 순간 쓸쓸히 사라져가는 것에 더 관심이 갑니다. 그래서 이러한 순환을 '탄생'이 아닌 '멸종'이란 말로 부르는 것 같습니다. 앞서 다른 글에서 대멸종에 대해 잠깐 언급했었는데, 대멸종이란 생존했던 종의 75% 이상이 한꺼번에 멸종했던 사건을 일컫습니다. 이러한 대멸종은 현재까지 모두 다섯 번 일어났습니다. 그중에서 약 6000만 년 전에 일어났던 최근의 사건이 가장 유명합니다. 지름이 10km나 되는 소행성이 지구에 충돌하면서 공룡의 전성시대를 한순간에 끝내버린 사건이죠. 이 시기는 지질학자들이 백악기라고 부르는 시대의 끝부분입니다. 그래서 이 사건을 '백악기 대멸종'이라 부르기도 하죠.

그런데 이 사건에 앞서 일어났던 나머지 네 번의 대멸종 가운데 (가장 오래전 사건을 제외한) 적어도 세 건은 이번 글의 주제인 지구 온난화와 관련이 있으리라 추정합니다. 물론 아직 정확한 원인이 다 밝혀지지는 않았지만요. 지금부터 바로 이 세 번의 죽음에 대해 말해보려 합니다.

데본기 대멸종

약 3억 7000만 년 전의 지구는 어류의 시대라 불릴 정도로 다양한 바다 생물들이 번성했습니다. 그런데 어느 날 이들 대부분이 멸종하는 큰 사건이 일어났습니다. 특히 얕은 바다에 살던 생물들의 타격이 컸는데요. 여러 원인이 제기되지만, 가장 유력한 학설은 바다의 산소 부족입니다.

어류의 시대가 끝나갈 무렵 지구는 큰 변화를 겪고 있었습니다. 양치류라 불리는 오늘날 고사리와 비슷한 육상 식물들이 번성하면서 처음으로 숲이 형성되기 시작한 것이죠. 당시에는 화산활동도 매우 활발했다고 합니다. 그리고 이때 화산에서 방출된 이산화탄소 등이 지구 온난화를 일으켰죠. 광합성을 위한 이산화탄소가 풍부해지고, 기온이 올라가자 육상 식물이 번성할 수 있는 최적의 환경이 조성된 것입니다.

그런데 토양에 뿌리를 내린 이 식물들은 단단했던 토양에 미세한 균열들을 만들어냈습니다. 시간이 지남에 따라 이러한 식물들의 활동은 토질을 더 부드럽게 만들었습니다. 그리고 여기에 나뭇잎이나 식물의 잔해 등 유기물이 축적되면서 매우 비옥한 상태가 되었죠. 지구 역사상 처음으로 표토表土층이 생겨난 순간이었습니다.

유기물이 축적되면서 매우 비옥해진 땅

그런데 이때부터 예기치 못한 문제가 발생하기 시작했습니다. 육지에 비가 내리면서 표토층에 포함되어 있던 각종 유기물을 비롯해 질소, 인燐 같은 성분들이 바다로 다량 유입되었죠. 그 결과 바다는 비료를 마구 뿌린 것처럼 영양분이 넘쳐나는 상태가 되었습니다. 영양이 풍부해진 바다는 식물성 플랑크톤처럼 바다에 떠다니던 작은 생물들이 번성할 수밖에 없는 환경이 되었고, 이는 바닷물에 녹아있는 산소가 부족해지는 사태를 일으켰습니다. 과도하게 늘어난 작은 생물들이 바다의 산소를 거의 다 소비해버린 것이죠.

특히 식물성 플랑크톤이 밀집해 있던 얕은 바다의 산소 부족 문제가 심각해 이곳에 살던 생물들의 피해가 유달리 컸습니다. 고생대를 대표하던 삼엽충 또한 깊은 바다에 살던 일부 종을 제외하고는 이때 거의 멸종했다고 합니다. 지질시대로는 데본기라 불리는 시대의 끝부분에서 일어났기 때문에 이 사건을 과학자들은 '데본기 대멸종'이라 부릅니다.

또 다시 찾아온 두 번의 대멸종

또 한 번의 멸종은 그로부터 얼마 지나지 않은 2억 5000만 년 전에 일어났습니다. 앞선 대멸종에서도 살아남았던 일부 삼엽충을 비롯해 그 밖의 바다생물 대부분이 멸종했을 정도로 참혹한 결과를 초래한 사건입니다. 지질시대 기준으로는 페름기 말에 일어났기에 '페름기 대멸종'이라 불립니다.

오늘날 시베리아에 해당하는 지역에서 당시에 약 100만 년에 걸친 대규모 화산폭발이 일어났습니다. 그리고 이로 인해 대규모 화재가 발생했는데 정말 운이 나쁘게도 당시에는 불이 잘 붙는 석탄이 곳곳에 널려 있었습니다. 앞서도 언급했지만 약 3억 7000년 전부터 육상 식물이 번성하고 산림이 형성되기 시작했는데, 이 식물들이 퇴적되면서 석탄층이 형성된 것입니다.

이 막대한 양의 석탄들이 타오르며 이산화탄소가 방출되자 지구 온난화가 일어났습니다. 게다가 솟아오른 뜨거운 용암으로 곳곳에 대규모 화재까지 발생했죠. 이 때문에 지구의 기온이 무려 6℃나 상승했고, 수온이 올라가면서 바닷물 속 산소량은 급격하게 낮아졌습니다. 물에 녹는 기체의 양은 물의 온도와 반비례 관계에 있기 때문입니다.

한편, 기온이 올라가면서 육상의 풍화작용도 활발해지자 땅에서 바다로 흘러드는 영양분의 양까지 급증하면서 식물성 플랑크톤 등이 번성하게 되었습니다. 이 또한 바다의 산소가 부족해지는 현상을 촉진했죠. 수온이 올라 대사활동은 빨라지는데 산소는 부족하니 그야말로 사망선고였습니다. 그 결과 바다생물 종의 약 95%가 멸종하는 대참사가 벌어졌습니다. 육지의 사정도 크게 다르지 않아 산소 부족에 따른 호흡 곤란, 화산 폭발의 여파로 인한 강산성의 비, 그리고 뿌연 대기에 의한 햇빛 차단 등의 원인으로 바다로부터 올라와 번성하던 양서류, 파충류 등의 약 70%가 멸종했고 울창한 숲도 사라지고 말았습니다.

이러한 대멸종의 충격은 엄청나서 생물 종들이 다시 회복되는 데 상당한 시간이 필요했습니다. 하지만 그로부터 얼마 지나지 않은 2억 500

만 년 전 생물 종의 80%가 멸종하는 악몽을 다시 겪게 됩니다. 그 원인에 대해서는 여러 주장이 있지만, 가장 주된 원인으로는 앞서와 마찬가지로 지구 온난화가 꼽히고 있습니다.

이 사건을 '트라이아스기 대멸종'이라 부르는데, 이를 계기로 트라이아스기라 불리던 시대가 끝나고 마침내 공룡이 새롭게 지구의 주인공으로 등장하는 쥐라기로 접어들게 됩니다.

대멸종, 이게 끝이 아니라고?

오래전 지구는 판게아Pangaea라 불리는 커다란 하나의 대륙을 형성하고 있었습니다. 그런데 어느 순간 이 판게아가 두 개로 분열되기 시작했습니다. 그리고 이 격변의 과정에서 화산활동 또한 활발해졌는데 그 결과는 앞선 두 번의 멸종과 놀랄 만큼 비슷합니다.

화산에서 분출하는 막대한 양의 이산화탄소는 지구 온난화를 일으켰고, 덩달아 수온 또한 높아지면서 바닷속 산소량까지 줄어들자, 먼저 바다 생물들이 멸종하고, 그 여파가 육상 생물들에까지 미치게 되었습니다.

현재의 시대를 지질학적으로는 '인류세'라고 부르기도 합니다. 우리 인류가 번성한 시대라는 의미이죠. 그런데 이 인류세를 앞서 등장했던 몇 번의 대멸종 시기와 비슷한 것으로 보는 사람들이 있습니다.

지난 2014년 세계적인 과학 저널 《네이처nature》에 실린 한 논문에 따르면, 2200년이 되면 양서류의 41%, 조류의 13%, 포유류의 25%가 멸종

할 것이라 합니다. 그리고 그 멸종 속도는 과거보다 최대 1000배는 빠를 것이라 예상합니다.

이 정도 속도라면 또 한 번의 대멸종 사건이 발생할 수도 있죠. 그런데 이번에도 그 원인으로 지구 온난화가 지목되고 있습니다. 다만 이전의 대멸종들과 다른 점이 있다면, 그 원인 제공자가 바로 우리 자신이라는 사실입니다.

기온이 오를 때마다 멸종하는 생물들

태양은 엄청난 양의 에너지를 방출하고 있습니다. 우리 지구에는 그중 약 20억 분의 1 정도만 도달할 뿐이지만, 이조차 없으면 우리는 살아갈 수 없죠. 이 에너지 가운데 일부는 흡수되고 일부는 반사되면서 지구의 온도는 일정한 수준에서 균형을 맞추게 됩니다. 그런데 가끔 이런 균형 상태가 깨지는 경우가 생깁니다. 지구 온난화가 그 대표적인 예이죠.

대기 중에 존재하는 이산화탄소, 메탄, 수증기 등은 태양 빛 대부분은 그대로 통과시키지만, 이 빛을 흡수했다가 지표면에서 적외선 형태로 바뀌어 다시 방출되는 열에너지는 흡수하는 특징이 있습니다. 따라서 앞서 다른 대멸종 사례에서 본 것처럼 대기 중 이산화탄소의 농도가 높아지면 지구의 온도 또한 점점 더 높아질 수밖에 없죠.

미국의 찰스 킬링 교수는 1958년부터 하와이의 한 화산 중턱에 있는 관측소에서 대기 중 이산화탄소 농도를 측정하기 시작했습니다. 처음 측정한 값은 315ppm이었습니다. 여기서 ppm은 'parts per million', 즉 100만 개 중 이산화탄소가 몇 개인지 나타내는 단위입니다. 315ppm은 공기 입자 100만 개 중 이산화탄소 입자가 315개 존재한다는 의미이죠.

그런데 이 수치가 매년 높아지고 있습니다. 2016년엔 드디어 400ppm을 넘더니 현재는 410ppm 수준이라 합니다. 연구 결과에 따르면 산업혁명 이전의 이산화탄소 농도는 280ppm이었다고 하니, 산업화 이후 급격하게 이산화탄소의 양이 증가해온 것만큼은 분명하죠.

이산화탄소 농도의 증가와 함께 지구의 온도도 점차 상승해왔습니다. 지난 100년간 지구의 기온은 0.7℃ 정도 상승했지만, 현재는 그 속도가 더욱 빨라지고 있으며, 이런 추세라면 향후 100년 안에 6℃ 이상이 될 수도 있다고 합니다. 기억나시나요? 앞서 2억 5000만 년 전, 페름기 말의 가장 끔찍했던 대멸종을 일으킨 온도 상승과 같은 수준입니다. 그렇다면 그야말로 심각한 위기입니다.

그보다 더 낮은 수준의 온도 상승이라도 결코 안심할 수 없습니다. 지난 2018년 과학 저널 《사이언스science》에 실린 또 다른 한 연구 결과에 의하면 지구의 기온이 2℃ 올라갈 때마다 척추동물의 서식지는 8%, 식물은 16%, 곤충은 18%가 각각 줄어든다고도 합니다.

온도가 4℃ 높아지면 어떨까요? 2020년 독일 알프레드 베게너 연구소가 이끄는 국제 연구팀의 발표에 따르면, 공룡의 시대라 불리는 중생대 백악기의 평균 기온은 지금보다 약 4℃ 정도 높았을 것이라 추정됩니다. 그런데 이 당시 남극은 빙하가 아니라 온대 우림이 있었으며, 해수면은 지금보다 1.7m 정도 높았다고 합니다. 따라서 4℃의 상승만으로도 지금과는 완전히 다른 환경이 되고, 특히 해안 지역의 피해는 매우 클 것이라 예상이 됩니다.

그나마 다행인 것은 2015년 세계 195개국이 참여한 '파리기후변화협약'이 채택되었다는 것입니다. 지구인들이 당면한 위기를 체감하고 이에 함께 대응하기로 뜻을 모은 것이죠. 이 협약은 산업화 이전(19세기 후반)을 기준으로 평균 기온 상승을 2100년까지 2℃ 아래로 억제하고 1.5℃를 넘지 않도록 노력한다는 내용을 담고 있습니다.

그런데 일부 사람들은 아무리 다른 생물 종의 대량 멸종이 오더라도 우리에게는 큰 문제가 없을 것으로 생각합니다. 과학 기술의 힘으로 적어도 인류만큼은 계속 번성하리라 믿는 거죠. 그런데 과연 그럴까요?

생물 종들은 결코 독립된 존재들이 아닙니다. 다른 종들과 서로 영향을 주고받으며 지구 생태계라는 커다란 순환 시스템에서 각각의 연결고리 역할을 하고 있죠. 연결고리 한 곳이 끊어지면 주변의 다른 연결고리에 영향을 미칩니다. 다시 말해 한 종의 멸종이 인접한 다른 종에게 큰 영향을 준다는 의미입니다. 만약 종의 멸종이 대규모로 일어난다면 그 영향은 더욱 커질 수밖에 없습니다. 그러면 생태계의 순환 시스템은 완전히 붕괴할 수도 있죠.

과학자들은 지금과 같은 속도로 멸종이 진행된다면 조만간 지구상에 인간과 소수의 가축만이 남는 고립기eremozoic era가 도래할 수도 있을 것이라 경고하고 있습니다. 과연 이런 상태에서도 인간은 계속 생존할 수 있을까요?

"이 정도 속도라면 또 한 번의 대멸종이 발생할 수도 있습니다.
이전과 다른 점이라면 그 원인 제공자가 바로 우리 자신이라는 사실이죠."

3

사람들이 복권을 계속 사는 이유

확률의 법칙

신혼 시절 아내와 함께 걷다가 간이 판매점 앞에 긴 줄이 늘어선 것을 보았습니다. 로또 당첨금이 몇 번이나 이월되어 이번 1등은 당첨금이 수백억 원일 수도 있다는 아내의 말에 얼른 그 대열에 합류했죠. 그렇게 한참을 기다려 산 로또. 다른 사람들처럼 수십 장을 한꺼번에 살 정도의 용기는 없었기에 만 원 정도 투자하는 데 만족했습니다.

며칠 후 당첨번호를 확인하던 저는 깜짝 놀랐습니다. 번호 6개 중 무려 3개나 맞았던 것입니다. 1등이 수백억 원이라고 하니 저도 당첨금을 꽤 많이 받을 수 있으려나 기대하며 금액을 확인한 저는 이내 실망하고 말았습니다. 그런데 또 한편으론 '더 많이 투자했으면 어땠을까?'라는 후회가 밀려들었죠.

로또 1등에 당첨되려면 45개의 숫자 가운데 하나를 맞히는 일을 6번 연달아 성공해야 합니다. 그렇다면 그 성공 확률은 45분의 1을 모두 6번 곱하여 구할 수 있는데, 이렇게 구한 값은 8,145,060분의 1로 아주 아주 아주 낮은 확률입니다. 수천 대 일의 경쟁률을 뚫고 오디션을 통과한 스타를 보며 정말 대단하다고 생각했는데요. 로또 1등은 무려 814만 대 1의 경쟁률을 뚫어야 합니다. 그것도 순전히 운만으로 경쟁해야 하죠. 복권 당첨은 나의 실력과는 무관하니, 나에게 특별한 어드벤티지가 주어지는 것도 아닙니다.

물론 더 낮은 등수를 노린다면 당첨 확률이야 높아지겠지만, 과감하게 1등을 노린다면 아주 낮은 승률의 위험을 감수해야만 합니다. 이러한 위험을 무릅쓰고도 꼭 복권을 사야만 할까요? 차라리 거기에 투자한 돈과 시간을 다른 곳으로 돌리는 것이 더 합리적이지 않을까요?

위험을 무릅쓰고 꼭 복권을 사야 할까?

만약 로또 번호를 각기 달리해서 814만 번을 동시에 구매한다면 어떨까요? 당첨 확률은 거의 100%일 테지만 문제는 기댓값입니다. 로또는 총 판매 금액의 50% 정도를 총 상금으로 책정합니다. 그렇다면 814만 번의 로또를 사려면 대략 80억 원을 투자해야 하지만, 기대할 수 있는 합리적인 수익은 40억 원 정도에 불과합니다. 하면 할수록 구매자에겐 완전히 불리하고 판매자에겐 확실한 이익을 주는 구조이죠. 기울어진 운동장에서 공을 차는 것처럼 내 의지와 상관없이 게임의 결과는 계속 한쪽으로 기울어집니다.

그런데도 사람들은 왜 계속해서 복권을 사는 걸까요? 당첨 확률도 아주 낮고, 기대할 수 있는 수익 또한 투자액보다 훨씬 적다는 것을 잘 알면서도 말이죠. 그런데 우리 주변에는 이러한 일들이 매우 흔합니다. 내기나 도박, 투자 등 누가 봐도 승률이 낮은 쪽이지만 그곳에 과감히 베팅하는 사람들이 많기 때문입니다. 아마도 성공 뒤에 따르는 막대한 보상을 기대하기 때문이겠죠. 그 기댓값이 매우 낮음에도 이처럼 과감하게 도전하는 것은 이러한 사람들의 유별난 특징인 듯 보입니다.

우리의 존재는 어디에서 시작됐는가

그런 승률 낮은 게임에는 도전하지 않는 분들도 많을 겁니다. 하지만 저를 비롯한 여러분 모두 자신의 의지와 상관없이 이 게임에 동참하고 있을지 모릅니다. 왜냐하면, 우리의 존재 그 자체가 매우 낮은 승률의 게임을 수행한 결과이기 때문이죠.

누군가 해변을 거닐다 뭔가 반짝이는 것을 발견했다고 상상해봅시다. 원형의 금속 케이스 위에 투명한 유리판이 덮여 있고, 유리판 안쪽에는 두 개의 바늘이 있습니다. 두 바늘의 한쪽 끝은 각각 원의 중심에 같이 물려 있고 원의 가장자리에는 숫자들이 쓰여 있습니다. 그는 이내 깜짝 놀랍니다. 바늘이 째깍째깍 소리를 내며 움직였기 때문이죠. 네, 맞습니다. 그는 시계를 발견한 것이죠. 요즘 흔하디흔한 시계 하나를 보고 놀라는 사람이 어디 있을까 싶지만, 만약 그가 태어나서 한 번도 시계를 본 적이 없다면 어떨까요?

자, 이제 다시 질문을 드리겠습니다. 이 시계는 과연 어떻게 탄생했을까요? 주관식이 어렵다면 객관식으로 바꾸겠습니다. 첫째, '자연에서 저절로 만들어졌다.' 둘째, '기술 좋은 누군가가 설계하고 만들었다.'

시계는 어떻게 탄생했을까?

이 이야기는 영국의 성직자이자 철학자인 윌리엄 페일리가 1802년 저술한 『자연신학Natural Theology』의 내용을 바탕으로 꾸며본 이야기입니다. 그가 활동하던 시대는 뉴턴의 위대한 발견을 필두로 세상을 바라보는 관점이 크게 바뀌던 시대였습니다. 자연을 설명하는 데 있어서 절대 우연이 끼어들 틈은 없으며, 모든 현상은 명확한 법칙에 따른다고 믿게 된 것이죠. 이에 크게 감명받은 페일리는 이 우주가 마치 정교한 기계처럼 정확한 메커니즘에 따라 작동한다면, 분명 전지전능한 신이 어떠한 목적을 위해 이 우주를 창조했음이 틀림없다고 주장하기까지 합니다.

자, 여러분이라면 앞서 제기된 질문에 대해 어떻게 답하시겠습니까? 아마도 '시계란 것을 단 한 번도 본 적이 없다'라는 가정이 있을지라도, '이 복잡한 물건이 저절로 생겨나지는 않았을 것이다'라고 대부분 답하지 않을까요?

지적인 설계자가 우주를 만들었다?

그렇다면 우리와 같은 생명체는 어떨까요? 시계보다 더하면 더했지 덜하지 않을 정교하면서도 복잡한 존재는 어떻게 탄생했을까요? 만약 시계의 복잡성을 근거로 누군가 시계를 창조했다고 생각한다면, 생명체 또한 그러해야 하지 않을까요?

윌리엄 페일리에 따르면, 매우 복잡하기는 하지만 아주 정교하게 돌아가는 이 우주는 결코 저절로 생겨날 수 없습니다. 창조를 위한 어떤 지적인 설계자가 전제되어야 하죠. 그리고 이 지적인 설계자는 바로 '신'이었습니다. 그는 앞서 언급한 시계를 예로 들면서, 시계에는 시계공이란 지적 설계자가 있듯, 이 우주에도 지적 설계자가 있어야 한다고 주장합니다. 사람들은 그의 주장을 '지적 설계론'이라 부르기도 합니다.

그러면 이번에는 저와 같은 과학자들의 설명을 한 번 들어보겠습니다. 그 대표 주자로 나선 사람은 영국의 진화생물학자인 리처드 도킨스입니다. 그는 1986년 발간한 자신의 베스트셀러 『눈먼 시계공』에서 "만약 복잡한 물건에 반드시 설계자가 있어야 한다면, 그 설계자는 눈먼 시계공임이 틀림없다"라는 주장을 했습니다.

도킨스는 왜 이런 주장을 했을까요? 눈이 먼 시계공이 어떻게 시계를 만들 수 있을까요? 정상적인 시계공이라도 복잡한 시계를 만드는 일이 그리 쉽지는 않을 텐데, 만약 눈이 멀었다면 시계를 제대로 조립할 수나 있을까요? 아마도 엉망으로 조립을 할 것이고 시계는 결코 완성될 수 없을 것처럼 보입니다.

하지만 만약에 이 눈먼 시계공에게 아주 아주 충분한 시간이 주어진다면, 그리고 비록 무모해 보이는 시도라도 계속해서 해야 할 이유가 있다면 어떨까요? 그렇다면 언젠가는 정상적인 시계가 하나 정도는 만들어질 수도 있지 않을까요? 비록 확률적으로 매우 희박하지만 가능성이 전혀 없는 일은 아닙니다. 게다가 눈먼 시계공이 한 사람이 아니라 수없이 많이 존재한다면, 성공 확률은 생각보다 훨씬 더 높아질 수도 있습니다.

원숭이가 타자로 'monkey'를 칠 확률

재미있는 사고思考실험(현실에서는 실제로 실험하기 어려워 머릿속으로만 상상해보는 실험)을 한번 해보겠습니다. 만약 100만 마리의 원숭이가 매일 10시간씩 자기 마음대로 아무렇게나 타자를 두드린다면, 지금 제가 쓰고 있는 책과 똑같은 내용을 완성할 수 있을까요? 물론 가능성이 매우 희박하지만 불가능하지는 않습니다.

정확한 확률을 알아보기 위해 구체적인 예를 들어보겠습니다. 실험 대상인 원숭이가 타자해야 할 내용은 다음과 같은 짧은 단어 'monkey' 입니다. 알파벳은 모두 26자이고, 이 단어는 모두 6개의 알파벳으로 되어있으니, 무작위로 타자기를 두드려 이 단어를 완성할 쓸 확률은 26분의 1을 연속해서 6번 곱하면 됩니다. 계산하면 대략 3억 분의 1의 확률이죠. 그렇다면 원숭이 3억 마리 가운데 한 마리는 아무렇게나 타자하더라도 'monkey'라는 글자를 완성할 수 있습니다. 게다가 투입된 원숭이가 더 많다면 더 많은 완성작이 나올 것입니다.

앞의 사고실험에서는 이보다는 더 적은 100만 마리가 등장하지만, 이번에는 '충분한 시간'이라는 또 다른 변수가 있습니다. 'monkey'를 치는 데 대략 3초 정도가 걸린다고 가정하고, 한 마리가 매일 10시간씩 타자한다고 했으니 하루에 총 36000초를 일하는 것이고, 6개 알파벳을 치는 일을 12000번 반복할 수 있습니다. 원숭이가 모두 백만 마리인데 12000번을 반복하니 120억 마리가 동시에 일하는 것과 같은 효과입니다. 하루 만에도 'monkey'라는 글자가 40번 정도는 완성될 수 있죠.

원숭이가 monkey라는 글자를 완성할 수 있을까?

그런데 만약 하루가 아니라 아주 아주 충분한 시간 동안 계속 이 실험이 진행된다면 어떨까요? 조금 더 긴 문장이나 문단, 아니 어쩌면 작은 책 하나 정도는 만들 수 있지 않을까요? 물론 책처럼 수많은 글자가 배열되는 경우라면 확률은 아주 희박하지만 그 확률이 0은 아니죠. 따라서 수많은 시도를 하는 과정에서 언젠가 한 번쯤은 완성할 수도 있을 것입니다.

지금까지 설명해드린 내용은 1913년 프랑스의 수학자 에밀 보렐의 논문에 담긴 내용을 바탕으로 각색한 것입니다. 논문에서 그는 "100만 마리 원숭이가 매일 10시간씩 타자하더라도, 도서관에 있는 방대한 책 모두를 정확하게 다 칠 수는 없을 것 같다. 하지만 확률의 법칙은 깨지지 않는다"라고 표현했습니다. 현실적으로는 불가능해 보이기는 하지만 확률적으로는 언젠가 실현될 수도 있다는 뜻입니다.

이 사고실험을 통해 알 수 있는 사실은 아무리 복잡한 것이라 해도 설계자의 수가 많고 충분한 시간이 주어지기만 한다면 완성할 확률이 아예 없지 않은 것이죠. 대다수 과학자는 이 같은 설명이 더 타당하다고 생각합니다. 아주 아주 작은 원자들이 모여 작은 분자들이 만들어지고, 그리고 다시 이 분자들이 결합하여 더 큰 분자들이 만들어지고, 그러다 마침내 단백질, DNA와 같은 생명의 기초가 되는 고분자들이 등장하면서 세포라는 독립된 구조물 안에 모이게 되고, 그리고 이 세포가 진화하여 오늘날 생명으로 변모하는 이 과정에 지적 설계자가 등장할 필요는 없다고 생각합니다. 복잡한 생명으로 나아가는 여정에는 오직 확률과 우연만이 있었다고 믿고 있는 것이죠.

물론 이 기막힌 우연이 일어나려면 아주 긴 시간과 무수한 시행착오가 있어야 합니다. 그런데 정말 운 좋게도 우리에겐 45억 년이라는 충분한 시간이 있었습니다. 그리고 지구를 덮고 있는 바닷물에 실려 이리저리 움직이는 원자와 분자들은 서로 수없이 부딪히면서 다양한 반응을 일으켰습니다. 태양으로부터는 이러한 반응이 일어나기에 충분한 에너지가 계속 공급되었죠. 비록 매우 낮은 승률이기는 했지만 오랜 세월 무수한 시도 끝에 결국 우리가 만들어졌습니다.

하지만 우리 같은 개인들은 이처럼 무모한 시도를 감행할 여력이 없습니다. 그래서 대개 현실에 안주하며 살아가고, 일부 모험심이 강한 사람들은 과감한 도전을 합니다. 로또 1등에 당첨된다면 엄청난 보상이 돌아올 테니까요.

DNA에 남아 있는 모험가의 흔적

오늘날 우리는 모험심으로 충만한 사람들에게 커다란 빚을 지고 있습니다. 위험을 무릅쓰고 먼 바다로 탐험을 떠난 사람들, 새처럼 하늘을 날고자 불안정한 작은 비행기에 몸을 실었던 사람들, 그리고 그밖에도 수많은 모험가의 과감한 도전이 없었다면 문명의 진보가 이처럼 빠르게 일어나지 않았겠죠. 그리고 이 모험을 위해 고통스러운 준비과정을 거치며 조금이나마 성공 확률을 높였다는 점도 간과해서는 안 됩니다.

이 대단한 모험가들의 특징은 평범한 우리의 DNA 속에도 흔적이 남아 있습니다. 매주 간절한 마음으로 한 장의 로또를 사는 우리 같은 소시민들 또한 그러하죠. 태생부터 확률이란 배에 의지해 우연이란 거대한 바다를 건너온 존재의 후예답게 말입니다.

이처럼 대단한 유산을 헛되이 낭비하지 않았으면 좋겠습니다. 손쉬운 요행을 바라며 시간과 돈을 낭비하기보다는 더 의미 있는 목표를 향해 부단히 노력하고 준비한 끝에 과감히 승부를 거는 일에 집중했으면 하는 바람입니다. 하지만 그래도 저는 이번 주 로또에 다시 도전해볼 생각입니다. 물론 어디까지나 재미로만 말입니다. 저의 DNA에 숨어 있을지도 모르는 모험가의 뛰는 심장을 진정시킬 오락거리 하나쯤은 필요하니까 말이죠.

4

우리는 어디에서 왔을까?

* 오파린의 가설 *

서기 2085년 인류의 기원에 대한 고고학적 증거가 발견됩니다. 전혀 교류가 없던 여러 고대 원시 문명의 유적지들에서, 당시 기술로는 관측할 수 없는 별자리가 동일하게 묘사되어 있다는 사실이 발견된 것이죠. 고고학자들은 이를 인간의 창조주가 보낸 일종의 초대장이라 생각합니다. 그리고 그 증거가 가리키는 지점인 저 머나먼 우주의 한 행성으로 가기 위한 탐사대가 꾸려지죠.

오랜 여행 끝에 마침내 도착한 그 행성에서 인류 탄생의 비밀이 밝혀집니다. 우리의 DNA와 일치하는 외계 생명체를 만나게 된 것이죠. 이것은 영화 〈에일리언〉, 〈마션〉 등으로 유명한 리들리 스콧 감독의 영화 〈프로메테우스〉의 줄거리입니다.

영화에서는 우리 인류의 DNA가 외계의 지적 생명체에 의해 의도적으로 지구로 보내진 것으로 묘사되어 있습니다. SF영화의 소재이긴 하지만, 사실 이 외계 유입설은 생명의 기원에 관하여 처음으로 제기된 과학이론이기도 합니다. 1903년 노벨화학상을 받은 스웨덴의 화학자 스반테 아레니우스가 바로 그 주인공인데요. 그는 화학자이지만 다방면에 관심이 많았고, 특히 우주와 생명의 기원에 관한 연구에도 큰 노력을 기울였다고 합니다.

생명의 기원이 외계 미생물?

아레니우스는 세포처럼 복잡한 체계는 지구상에서 저절로 만들어지는 것이 매우 어려우므로, 외계로부터 미생물이 날아와 오늘날 생명의 기원이 되었다고 주장했습니다. 그리고 이 미생물을 모든 생명의 씨앗이란 의미에서 '판스퍼미아panspermia'라고 불렀죠.

제임스 왓슨과 함께 DNA 구조를 발견한 프랜시스 크릭 또한 이 외계 유입설을 지지했습니다. 그는 저서 『생명 그 자체』에서 지구상 모든 생명체의 DNA 구조가 서로 비슷한 점을 근거로, 외계에서 보내진 미생물이 지구의 바다에 도착함으로써 생명이 시작되었다고 주장했습니다.

그에 따르면 DNA가 모두 비슷한 구조인 것은 진화 과정에서 어떤 병목 지점이 있었다는 강력한 증거인데, 이런 병목현상이 지구 자체에서 일어났다기보다는 외계로부터 생명의 씨앗이 유입됨으로써 일어났다고 보는 것이 더 가능성 있다고 크릭은 주장했습니다.

여기서 병목현상이란, 같은 구조의 DNA를 지닌 일부 소수 개체군이 오늘날과 같은 다양한 생명체들의 조상이 되었다는 의미인데요. 외계에서 단일한 개체 또는 소수 개체의 미생물이 지구로 보내지는 과정을 일종의 병목현상이라 본 것입니다. 그리고 이런 미생물들이 우주 공간을 안전하게 건너오려면 아마도 무인 우주선을 타고 왔을 것이라는 마치 오늘날 SF소설 같은 이야기를 덧붙이기도 했습니다.

하지만 이 이론에는 두 가지 문제점이 있습니다. 먼저, 외계로부터 생명이 유입된 직접적인 증거가 없다는 점, 그리고 설령 외계로부터 생명이 유입되었다 할지라도, 그 유입된 세포의 기원에 대한 문제는 여전히 남는다는 점입니다. 이 두 가지 문제점을 지적하면서, 지구상에서 자체적으로 화학적인 진화를 통해 세포가 생성되었다는 새로운 주장이 제기되었습니다. 1923년 처음으로 이러한 주장을 한 러시아의 과학자 알렉산더 오파린의 이름을 따서 이를 '오파린의 가설'이라 부릅니다.

이 가설에 따르면 원시 지구에서 아미노산과 같은 생명의 기본이 되는 물질들이 생성되었고, 이 물질들이 화학반응을 통해 단백질이나 DNA와 같은 점점 더 복잡한 물질들로 변환되는 과정에서 마침내 세포가 탄생했다고 합니다. 하지만 실험적으로 증명되지 못한 가설에 불과했고, 다른 과학자들로부터 인정도 받지 못했습니다. 당시에는 아미노산과 같은 물질들은 오로지 생명체만이 합성할 수 있다는 믿음이 강했기 때문입니다.

그런데 1953년 미국 캘리포니아대학의 스탠리 밀러 교수가 수행한 매우 창의적인 실험을 통해 오파린의 가설은 새롭게 주목을 받게 됩니다. 그 실험 내용은 다음과 같습니다.

먼저 투명하고 둥근 유리 용기 안을 메탄, 암모니아, 수증기로 채웁니다. 이 세 가지 기체는 원시 지구를 구성했다고 알려진 것들이죠. 그리고 이 용기 안에서 전기 방전을 일으켜 번개가 치는 현상을 인공적으로 재현합니다. 그렇게 수일이 지나자 실험장치의 밑바닥에 놀랍게도 아미노산과 같은 물질들이 쌓이기 시작했습니다. 오파린의 가설이 일부 입증된 것이지요. 하지만 그렇다고 모든 문제가 해결된 것은 아니었습니다. 아미노산과 같은 분자들이 서로 결합하여 단백질, DNA와 같은 더 진화된 물질들이 탄생하고, 더 나아가 생명의 특성을 온전히 나타내는 세포가 되는 과정은 여전히 규명되지 못했기 때문입니다.

외계로부터 생명이 유입되었다고?

최초의 생명 탄생 후보지 ① 얕은 바다

이 어려운 문제는 잠시 뒤로 미루겠습니다. 그리고 주제를 바꿔 최초의 생명이 탄생한 장소에 대해 생각해봅시다. 장소의 문제가 먼저 해결되면, 단순한 물질로부터 생명이 도약하게 된 비밀에 대한 힌트를 얻을 수 있지 않을까요?

오파린의 가설과 밀러의 실험에 따르면 생명이 탄생하기 위한 기본 재료인 아미노산과 같은 유기물은 공기 중에서도 만들어질 수 있습니다. 하지만 이 물질들이 여러 단계의 반응을 거쳐 단백질, DNA 같은 훨씬 더 복잡한 화합물이 되려면 전혀 다른 환경이 필요했을 것입니다.

오늘날 우리 주변의 많은 제품은 화학반응을 통해 만들어지고, 그 원료의 대부분은 석유를 가공해 만들어지기 때문에, 이와 관련된 분야를 석유화학이라 부르기도 합니다. 석유를 가공하면 휘발유, 등유뿐 아니라 에틸렌, 나프타와 같은 물질도 얻을 수 있는데 바로 이 물질들이 다양한 제품을 생산하는 기초 원료가 됩니다.

우리 주변에서 흔히 볼 수 있는 플라스틱, 합성섬유, 의약품 등과 같은 제품들은 바로 이 원료로부터 출발해 다양한 반응을 거치면서 만들어집니다. 그리고 이러한 화학반응은 대부분 공장 내에 설치된 커다란 밀폐 용기 안에서 진행되죠.

그 용기 안에는 반응에 필요한 원료들과 함께 이들을 녹이거나 분산시키는 용매solvent가 들어있는데 용매는 물이 사용되기도 하고 벤젠과 같은 다른 특수한 액체가 사용되기도 합니다. 용매는 액체이기 때문에 유동성流動性이 있어 이리저리 잘 운동하는데, 그 과정에서 용매에 녹거나 분산된 원료들도 이리저리 운동하면서 서로 충돌을 일으킵니다. 원료들 사이의 화학반응은 이러한 충돌 과정에서 일어납니다.

따라서 만약 원료를 녹이거나 분산시키는 용매가 없다면 원료들이 서로 충돌할 확률이 매우 희박해지고, 그 결과 원료들 사이의 화학반응을 기대할 수 없게 됩니다. 물론 기체도 유동성이 있기는 하지만, 액체보다 밀도가 훨씬 낮으므로, 기체 상태로 존재하는 원료 간의 충돌은 기대하기 어렵고, 따라서 화학반응은 거의 일어나지 않을 것입니다.

비단 공장에서의 화학반응만은 아닙니다. 우리 몸에서 일어나는 여러 반응 또한 이와 같은 유동성 환경이 필요합니다. 우리 몸에서 물이 차지하는 비중이 70%인 것도 바로 이런 이유 때문이기도 합니다. 우리 몸에 물이 없다면 DNA가 복제되고, 세포가 분열하고, 아미노산, 단백질, 호르몬 등이 합성되는 일이 불가능할지도 모르죠.

이런 점을 고려한다면, 생명의 탄생에 앞서 여러 유기물질이 반응을 일으킨 곳은 바다일 가능성이 매우 큽니다. 대지 중에서 합성된 유기물질이 바다에 축적되면서 추가적인 반응이 가능한 환경이 조성된 것이죠. 하지만 여기서 두 가지 추가적인 조건이 있어야만 합니다.

첫째 조건은 온도입니다. 인공적인 화학반응에서도 그러하듯, 원료 간의 반응이 일어나려면 어느 정도 에너지가 필요하기 때문이죠. 따라서 열대나 온대의 바다 정도는 되어야 할 것입니다.

둘째 조건은 유기물의 농도입니다. 반응이 일어나려면 서로 충돌을 해야 하는데, 이때 유기물의 농도가 낮다면 반응이 일어날 확률이 낮아지기 때문입니다. 그래서 과학자들은 바닷가 근처에 얕게 고여 있는 물웅덩이를 가장 유력한 후보지 가운데 하나로 지목합니다. 그 시나리오는 다음과 같습니다.

대기 중에서 합성된 유기물질들이 빗물 등을 통해 바다로 유입됩니다. 그리고 얕은 바다 근처에 물웅덩이가 생기면서 바다와 분리되는데 점차 웅덩이의 물이 증발하면서 물속 유기물질의 농도도 점차 높아집니다. 그러면 유기물질들이 서로 충돌하여 반응할 확률이 높아지고, 이에 따라 더 복잡한 물질들이 탄생하기 시작하죠. 아마도 이때 세포막과 비슷한 막 구조가 형성되면서 물질의 농도는 더 높아졌을 것입니다.

물질의 농도가 높아지면 더 복잡한 물질들이 탄생한다

최초의 생명 탄생 후보지 ② 심해의 열수 분출공

후보지 두 번째는 바로 '심해의 열수熱水 분출공'입니다. 말 그대로 깊은 바다에서 뜨거운 물이 솟아 나오는 곳입니다. 지표면 아래 마그마에 의해 가열된 고온의 해수가 갈라진 지표 틈으로 마치 샘처럼 분출되는 곳이죠. 이곳이 유력한 후보지인 이유는 다음과 같습니다.

첫째, 분출되는 열수에는 지하 광물로부터 유래한 메탄(CH_4), 암모니아(NH_3)와 같은 성분들이 많이 포함되어 있습니다. 다시 말해 아미노산 같은 물질을 합성하는 데 필요한 재료가 충분히 공급되는 것이죠.

둘째, 충분한 열에너지가 공급됩니다. 화학반응은 가해지는 열에너지가 높을수록 더 활발하게 일어나는 경향이 있습니다. 원료들의 충돌 횟수도 많아지고, 충돌하는 에너지도 더 커지기 때문입니다. 열수의 온도는 수백 도에 달한다고 하는데, 물의 끓는 점은 100℃에 불과하지만, 심해의 높은 압력 때문에 끓는점이 높아진 것입니다.

마지막 세 번째 이유는 철, 망간 같은 금속이온의 존재입니다. 심해의 바닥에는 무거운 원소인 금속이 많이 가라앉아 있는데, 이 금속에서 녹은 금속이온은 화학반응을 촉진하는 촉매 역할을 합니다. 촉매란 어떤 화학반응을 촉진하는 물질로 화학반응의 결과물은 바꾸지 않으면서 그 반응 속도를 높이는 능력이 있습니다. 실제로 과학자들은 화학반응을 설계할 때 촉매를 많이 사용합니다. 그리고 금속이온은 이런 촉매 역할을 잘 수행하는 것으로 알려져 있죠.

바로 이러한 이유로 최근에는 심해의 열수 분출공을 더 유력한 생명 탄생의 후보지로 생각하는 과학자들이 많습니다. 물론 지금까지의 내용은 가설일 뿐입니다. 직접적인 증거는 아직 발견되지 못했고, 앞으로도 그럴 가능성이 크죠. 물론 영화에서처럼 아주 우연히 생명 탄생에 대한 증거가 발견될 수는 있기는 하지만 말입니다.

질문은 계속되어야 한다

거대한 미확인 비행물체가 지구를 향해 다가오고 있습니다. 지름이 76km에 이르는 거대한 원통 모양의 이 우주선과 접촉하기 위해 지구연방은 엔터프라이즈호를 급파합니다. 다른 우주 종족에는 매우 적대적이던 이 미확인 비행물체는 웬일인지 엔터프라이즈호에게 호의적입니다. 엔터프라이즈호의 승무원들은 조심스럽게 스스로 비저V'ger라 칭하는 이 우주선 내부로 들어가고, 그곳에서 그들은 놀라운 사실을 발견합니다. 사실 이 비저의 정체는 오래전 지구에서 우주 탐사를 위해 쏘아 올렸던 탐사선 보이저Voyager호였던 것입니다.

우연히 어떤 기계 행성의 도움으로 개조를 거친 후 오랜 세월 우주를 떠돌며 보이저는 막대한 지식을 쌓았습니다. 그리고 이 과정에서 스스로 진화하며 의식이 깨어났습니다. 보이저호는 자신이 누구이며 어디서 왔는지 궁금했습니다. 그래서 조금씩 단편적인 증거들을 모으며 지구를 찾아오고 있었던 것입니다. 스스로 비저라 부른 것은 오랜 세월 먼지가 쌓여 보이저라는 명판의 몇 글자가 가려졌기 때문이었죠.

유명 SF 시리즈 〈스타트렉〉에서 아주 오래전 방영되었던 한 에피소드입니다. 이 영화를 인상 깊게 봤던 저는 '우리는 과연 어디서 왔을까?'라는 고민을 오랫동안 진지하게 했었죠. 이 질문은 어쩌면 우리가 제기하는 여러 질문 중에서 가장 마지막까지 남는 질문일 것입니다. 그만큼 난해하기도 하지만 가장 근원적인 질문이기 때문입니다.

영화에서는 마침내 창조주를 만난 비저가 인간의 마음까지 얻으면서 신적인 존재가 됩니다. 우리도 우리의 기원에 대한 명확한 답을 얻게 된다면 비저가 그러했던 것처럼 또 한 번의 놀라운 진화를 이뤄낼 수 있지 않을까요? 물론 그러한 일이 일어난다면 말이죠. 하지만 설령 우리가 그 답을 얻을 수 없을지라도 질문은 계속되어야 합니다. 의식 있는 존재로서 우리의 숙명이기 때문이죠.

"설령 답을 얻을 수 없을지라도 질문은 계속되어야 합니다."

5

끼리끼리는 정말 과학일까?

* 극성 물질과 비극성 물질 *

춘추전국시대 제나라의 유명한 학자였던 순우곤에게 왕은 전국에 흩어져 있는 훌륭한 인재를 찾아오라고 명령합니다. 이에 순우곤은 전국을 돌며 모두 7명의 인재를 발탁해 왕 앞에 데리고 왔습니다. 그러자 왕은 "훌륭한 인재라 했는데, 7명이나 데려온 것은 너무 많지 않은가?" 라고 다소 퉁명스럽게 물었죠. 이에 순우곤은 이렇게 답했습니다.

"본래 같은 종류의 새들이 같이 모여 살 듯, 인재 또한 서로 자연스럽게 모이는 법입니다. 신이 훌륭한 인재를 찾는 것은 강에서 물을 구하는 것과도 같습니다."

오늘날 유유상종類類相從이란 고사성어는 바로 이 이야기로부터 기원했습니다. 영어 속담에도 이와 비슷한 표현이 있습니다. "Birds of a feather flock together", 번역하면 같은 깃털을 지닌 새들은 함께 모인다는 뜻입니다. 일상생활에서 우리가 흔히 쓰는 '끼리끼리', '가재는 게 편', '초록은 동색'과 같은 표현도 이와 비슷한 의미를 내포하고 있죠.

끼리끼리 모이는 것이 당연한 이유

무리를 이룬다는 것은 홀로 생활하는 방식보다 생존을 위해 여러모로 유리합니다. 우선 보는 눈이 많으니 포식자와 같은 위험 요인을 더 잘 감지할 수 있습니다. 그밖에 생존을 위한 정보도 공유할 수도 있고, 때에 따라 공동 육아를 통해 자손이 생존할 확률을 더 높일 수도 있습니다.

인간도 동물의 일종이니 이러한 이유로 무리 짓는 것은 당연해 보입니다. 그런데 인간은 사회적 동물이라 불릴 만큼 상호 작용하는 것을 좋아하다 보니, 무리 짓는 양상이 훨씬 더 복잡합니다. 자신에게 더 유리한 방향으로 자신이 속한 집단을 더 세분화합니다. 같은 인간 종이란 이유로 서로 뭉치기도 하지만, 국가나 지역공동체라는 테두리로 묶기도 하고, 그 밖에 더 작은 모임을 형성하기도 합니다.

이 과정을 잘 살펴보면 여전히 '유유상종'의 원리는 기본적으로 적용됩니다. 아무래도 서로 갈등을 최소화하고 원활히 상호작용을 하려면 서로 비슷한 성향의 사람들끼리 뭉치는 것이 유리하기 때문이죠.

한편 때로는 자신의 존재가치를 드러내고자 이러한 모임에 들어가기도 합니다. 어떤 집단에 소속되어 있다는 사실만으로도 나의 정체성을 명확히 드러낼 수 있기 때문입니다. 자신이 관심 있는 동호회에 가입하거나 좋은 대학, 좋은 직장에 들어가려고 노력하는 것도 그러한 이유 중 하나일 것입니다. 그런데 이런 원리가 비단 동물이나 인간 사회에서만 관찰되는 것은 아닙니다.

비슷한 것들은 비슷한 것들을 녹인다

과학에서도 이와 비슷한 원리가 발견됩니다. 화학자들은 "Likes dissolve likes"라는 문장을 자주 사용하는데 번역하면 비슷한 것들은 비슷한 것들을 녹인다는 뜻입니다. 어떤 것으로 다른 어떤 것을 녹일 때 서로 비슷한 성질이 아니면 잘 녹지 않는다는 뜻입니다.

녹이는 것을 화학에서는 '용해'라 표현하는데, 소금을 물에 녹이는 것도 용해의 한 예입니다. 이 과정은 화학에서 매우 중요한 위치를 차지합니다. 많은 화학반응이 용해된 상태에서 일어나기 때문이죠.

물질들이 서로 반응하려면 먼저 만나야 합니다. 그런데 물질들이 서로 만나려면 이 물질들을 실어 나를 매개체가 필요합니다. 민들레 꽃씨가 바람을 타고 날아가듯, 반응을 일으킬 물질이 타고 이동할 무언가가 필요한데 이 무언가가 바로 '용매'입니다. 어떤 물질을 녹이는 또 다른 물질을 의미하며, 소금을 물에 녹이면 바로 물이 용매가 되는 것이죠.

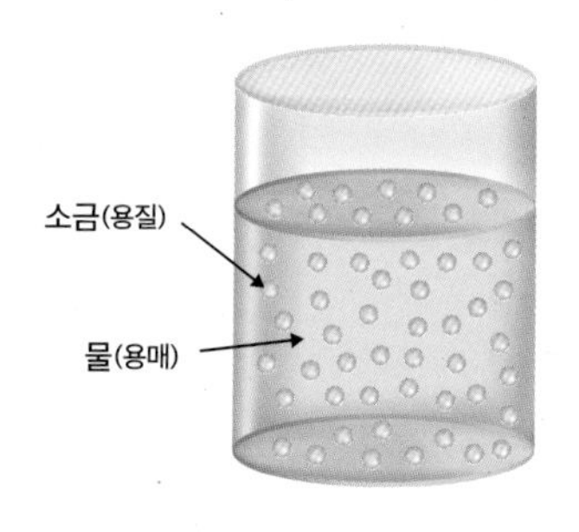

소금을 물에 녹이면 물이 용매가 된다

플라스틱병과 값비싼 의약품 등 우리 주변의 많은 제품은 화학반응으로 만들어집니다. 화학반응을 위해서는 먼저 원료가 되는 물질들을 준비합니다. 그다음으로 적당한 용매를 골라 이 원료를 녹입니다. 그리고 녹아 있는 상태에서 적당한 온도를 가하고 이리저리 저어주면 (물론 이 모든 과정은 자동화되어 있습니다) 원료 물질들이 서로 만나 반응하면서 원하는 최종 제품을 얻을 수 있습니다.

이때 '적당한' 용매를 찾는 일이 중요합니다. 다시 말해 원료 물질을 잘 녹이는 어떤 액체를 선별하는 일이죠. 물은 소금도 잘 녹이지만 그밖에 다른 물질들도 잘 녹입니다. 하지만 그렇다고 모든 물질이 물에 다 녹는 것은 아니죠. 과학자들은 여러 실험을 통해 각 물질의 종류에 따라 적정한 용매를 찾았습니다. 그런데 이 과정에서 중요한 원리를 하나 알게 되었죠. 바로 앞서도 설명한 유유상종의 원리였던 것입니다.

극성 물질과 비극성 물질

물질의 성질은 여러 기준으로 구분할 수 있는데, 가장 대표적인 것은 극성極性입니다. 여기서 '극'이란 '양극(+)', '음극(-)' 할 때 바로 그 극입니다. 이 극성이 있는 물질은 분자 내부에 전기적으로 양극과 음극이 있는 상태입니다. 다시 말해 전기적 성질을 지녔죠. 예를 들어 소금은 대부분 염화나트륨이란 물질로 이루어져 있는데, 이 물질은 양극을 띤 나트륨 이온(Na^+)과 음극을 띤 염소이온(Cl^-)이 결합되어 있습니다.

이에 반해 이러한 극성이 없는 물질, 다시 말해 전기적 성질이 없는 물질을 비극성 물질이라고 합니다. 흙, 유리, 플라스틱 등과 같은 물질들이 그 대표적인 예라 할 수 있습니다.

그렇다면 녹이는 물질의 경우는 어떨까요? 대표적으로 물(H_2O)은 수소 원자 2개와 산소 원자 1개가 결합해 있는데, 산소 쪽에 가까운 부분은 전기적으로 음극을, 그리고 수소 쪽에 가까운 부분은 전기적으로 양극을 나타냅니다. 다시 말해 전기적인 성질을 띤 극성 물질이죠.

눈치가 빠른 분이라면 벌써 알아채셨을 것입니다. 물에 소금은 잘 녹지만, 흙과 같은 것은 잘 녹지 않는 이유를 말입니다. 소금은 물과 같이 극성 물질이지만, 흙의 경우는 비극성 물질이기 때문이죠. 극성 물질은 극성 물질에 잘 녹지만, 비극성 물질은 극성 물질에 잘 녹지 않습니다. 'Likes dissolve likes'가 의미하는 바가 바로 이것입니다.

더 자세히 설명하자면, 극성 물질은 그 내부에 존재하는 전기적 성질 때문에 서로 간에 뭉쳐지는 경향이 있습니다. 서로 다른 극들, 즉 양극과 음극 사이에는 서로 끌어당기는 힘이 작용하기 때문입니다. 물론 같은 극들 사이에는 서로 밀어내는 힘이 존재하므로, 같은 극들은 가능한 한 멀리 떨어지고 다른 극들은 서로 가까워지는 형태로 독특하게 배열하게 되죠.

이에 반해 비극성 물질에서는 이런 일이 일어나지 않습니다. 따라서 비극성 물질과 극성 물질은 섞으면 극성 물질들은 자기들끼리만 서로 뭉쳐지면서 비극성 물질과 분리되는 현상이 관찰되는 것입니다.

물론 극성의 유무만을 기준으로 물질의 성질을 분류하는 것은 아닙니다. 그밖에 다른 기준이 있기는 하지만, 가장 일반적인 분류 기준이 바로 이 전기적 성질이기 때문에 유유상종의 원리를 극성의 유무에 따른 서로 간의 친화성을 예시로 들어 설명했습니다.

흔히 서로 어울리지 못하는 사람들의 관계를 두고 물과 기름 같다고 표현하기도 합니다. 그런데 물은 극성 물질의 대표이고, 기름은 반대로 비극성 물질의 대표입니다. 당연하게도 이 둘은 과학적인 관점에서도 서로 어울릴 수 없는 운명입니다.

이에 반해 물과 물은 서로 잘 섞이고, 기름과 기름 또한 서로 잘 섞이는 것처럼, 비슷한 성향의 사람들은 서로 잘 어울릴 수 있습니다. 사람들 사이의 관계나, 과학의 관점에서 바라본 물질들 사이에서의 관계나, 어찌 보면 일맥상통하는 측면이 있는 것 같습니다.

물과 기름을 이어주는 계면활성제

그런데 신기하게도 이런 유유상종의 원리가 잘 지켜지지 않는 경우가 있습니다. '억지로 섞으면 그렇게 되지 않겠냐'고 하실 수 있습니다. 그러나 물과 기름으로 나뉜 것을 아무리 거칠게 휘저어도 시간이 지나면 다시 물과 기름으로 층이 나뉩니다. 제가 말씀드리는 경우는 물과 기름이 서로 섞인 상태에서 안정적으로 유지되는 경우, 즉 다시 물과 기름 층으로 나뉘지 않는 경우를 말합니다. 어떻게 이게 가능하냐고요? 바로 '계면활성제'를 첨가하면 됩니다.

계면활성제는 매우 특이한 물질입니다. 어떤 면에서는 물과 친하고 또 다른 면에서는 기름과도 친하기 때문이죠. 계면활성제의 구조는 그 성질만큼이나 매우 독특합니다. 둥그런 공 모양의 머리에 긴 꼬리가 달린 형태인데 성냥개비를 닮아있습니다. 여기서 둥그런 머리는 물과 친한 부분, 긴 꼬리 부분은 기름과 친한 부분입니다. 머리는 극성 물질, 꼬리는 비극성 물질인데요. 그러니 극성인 머리는 극성인 물과 친하고, 비극성인 꼬리는 비극성인 기름과 친합니다.

물과 기름, 그리고 소량의 계면활성제를 함께 넣어 섞으면, 계면활성제의 꼬리 부분은 기름을 둘러싸게 됩니다. 그러면 물에 분산된 미세한 기름방울들이 만들어지고, 그 기름방울의 가장 바깥 표면에는 계면활성제의 머리가 또 다른 층을 이루며 감싸는 모양새가 되죠. 이 머리 부분은 물과 친하므로 이것이 둘러싸고 있는 미세한 기름방울들은 매우 안정적으로 물에 분산된 상태를 유지할 수 있습니다.

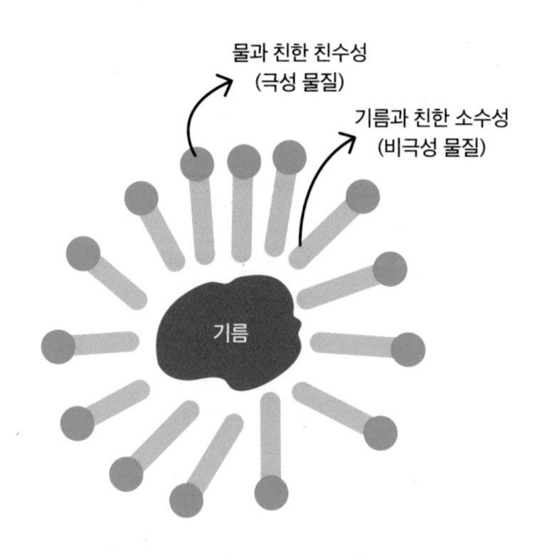

계면활성제가 기름과 만나는 법

계면활성제는 인공적으로 합성되기도 하지만, 우리 주변에 자연적으로 존재하기도 합니다. 대표적인 예로 달걀노른자에 약 10% 정도 들어 있는 레시틴이란 단백질이 있습니다. 식용유, 물, 그리고 식초를 섞어 만드는 마요네즈에 달걀노른자를 넣는 이유도 바로 이 레시틴이 식용유와 물을 잘 섞이게 하기 때문이죠.

나는 누구에게 물들 것인가?

부처님이 제자와 함께 길을 걷다가 길가에 떨어져 있는 종이를 보았습니다. 부처님은 제자를 시켜 그 종이를 주워오도록 한 다음 "그것은 어떤 종이냐?"라고 물었습니다. 그러자 제자는 "종이에서 향내가 나는 것을 보니 향을 쌌던 종이 같습니다"라고 답했습니다.

다시 길을 걷던 부처님과 제자는 이번에는 새끼줄을 발견했습니다. 부처님은 제자에게 그것을 줍도록 한 다음 또 이렇게 물었습니다. "그것은 어떤 새끼줄이냐?" 제자는 새끼줄의 냄새를 맡아보더니 이렇게 답했습니다. "비린내가 나는 것을 보니 생선을 묶었던 줄인 것 같습니다"

그러자 부처님께서는 이렇게 말씀하셨습니다.

> "향을 가까이하면 향 내음이 나고, 비린내를 가까이하면 비린내가 나는 것처럼 사람 또한 그러하다. 누구를 만나는가에 따라 그 사람도 그렇게 물들어간다."

이 이야기는 부처님의 가르침을 대중에게 쉽게 전달하기 위한 다양한 설화들 가운데 하나로, 여기서는 유유상종의 또 다른 의미에 대해서 말하고 있습니다. 모여 있는 것들이 결과적으로 서로 비슷한 것들일 수도 있지만, 모여 있다 보면 서로 비슷해질 수도 있다는 사실이죠. 결과론적인 의미가 아닌 과정으로서의 의미인 유유상종도 있다는 것입니다.

부모가 자식에게 좋은 친구를 사귀라고 누누이 충고하는 것도 바로 이를 위함일 것입니다. 나와 유사한 사람들과 만나는 것도 좋지만, 배울 점이 많은 또 다른 유형의 사람들을 찾아 함께 어울려보는 것은 어떨까요? 나의 마음속 종이가 그윽한 향기로 물들도록 말입니다.

“모여 있는 것들이 결과적으로 서로 비슷한 것들일 수도 있지만,
모여 있다 보면 서로 비슷해질 수도 있습니다.”

6

밤하늘은 왜 깜깜할까?

* 팽창하는 우주 *

길을 건던 트루먼 앞에 무언가가 '쿵' 하고 떨어집니다. 깜짝 놀란 그가 조심스레 물체를 들어 살펴보니 연극 무대에서 흔히 볼 수 있는 조명입니다. 옆쪽에는 시리우스Sirius라 적힌 스티커도 붙어 있습니다. 도대체 이게 무슨 상황인지 혼란스러워하며 고개를 들어 하늘을 본 순간 그는 깜짝 놀랍니다. 하늘에 구멍이 있었기 때문이죠. 그런데 이내 구멍은 메워지고, 아무 일도 없었다는 듯 정상적인 하늘로 돌아왔습니다.

이 이야기는 영화 〈트루먼 쇼〉의 한 장면입니다. 주인공인 트루먼은 자신이 사는 세상을 실제라 믿지만, 사실 그곳은 허구의 세상입니다. 거대한 반원형 돔 구조의 세트장에서 촬영되는 시트콤이었던 것이죠. 태어날 때부터 지금까지 30년 동안 그곳에서 살아온 그만 몰랐을 뿐, 주위 모든 사람은 이런 상황을 잘 알면서 연기를 하고 있었던 것입니다.

그런데 어느 날 하늘에서 떨어진 이 '시리우스' 조명으로 그는 큰 혼란에 빠집니다. 그러고 보니 살아오면서 겪은 이상한 일들이 한둘이 아니었습니다. 우여곡절 끝에 그는 영화 후반부에 이르러서 마침내 진실을 깨닫게 됩니다. 그리고 요트를 타고 금단의 바다를 건너 세상의 끝, 그러니까 인공 돔의 가장자리에 있는 출입구를 발견하게 되죠. 그리고 그곳을 통해 진짜 세상으로 돌아갑니다.

어느 순간 세상의 모든 것이 거짓처럼 보인다면 어떨까요? 그 혼란스러움은 어떻게 극복해야 할까요? 오래전 데카르트는 이렇게 말했습니다. "고기토 에르고 숨Cogito ergo sum", 번역하면 "나는 생각한다 고로 존재한다"는 뜻입니다. 모든 것이 의심스러운 상황에서 유일하게 의지할 것은 '생각하는 나'라는 존재라는 거죠.

세상의 모든 것이 거짓처럼 보인다면 어떨까?

우리 주인공 트루먼이 진실을 찾기 위해 의지한 것도 바로 자기 자신이었습니다. 그러고 보니 트루먼Truman이란 이름은 이것을 암시하고 있습니다. 트루먼은 진짜True 사람man을 뜻하기도 하기 때문이죠.

영화 이야기를 하다 보니 또 서두가 길어졌습니다. 사실 이 영화의 철학적인 메시지도 흥미롭긴 하지만, 과학자로서 저는 이것과 조금 다른 주제를 다루고자 합니다. 바로 하늘인데요. 아까 이야기 초반에 등장했던 '시리우스'라는 조명이 떨어진 바로 그 하늘입니다.

커다란 돔에 별이 박혀 있다는 상상

시리우스는 별의 이름입니다. 밤하늘에서 가장 밝게 빛나는 별이며, 지구로부터 약 8.6광년 떨어져 있습니다. 빛의 속도로 8.6년이 걸리는 어마어마하게 먼 거리이지만, 다른 별들에 비교해서는 상대적으로 가깝습니다. 우리 태양계에서 가장 가까운 별인 프록시마 센타우리도 그 거리가 무려 4광년에 달하죠.

그런데 왜 하필 조명에 이 시리우스라는 이름이 붙어 있었던 것일까요? 아마도 둥그런 돔 형태인 세트장에서 밤하늘을 연출할 때 그 조명이 시리우스를 담당하고 있었을 것입니다. 그 밖에 수많은 별을 연출하기 위한 다른 조명들도 많이 있었겠죠. 그런데 하필 그날 시리우스를 담당한 조명이 낙하사고를 일으키고 만 것입니다.

실제 별빛을 커다란 돔에 박힌 조명의 불빛으로 대신한다는 영화적 발상이 참 기발했는데요. 사실 이와 비슷한 생각은 이미 오래전부터 있었습니다. 실제로 고대 그리스인들은 하늘이 투명한 돔으로 되어 있다고 상상했습니다. 수정crystal이라는 구체적인 돔의 재료를 언급하기도 했죠. 누군가는 태양과 다른 행성들 그리고 여러 별이 각기 다른 높이의 돔들에 박혀 있다고도 했습니다.

과학 지식이 없던 그 시절, 하늘을 바라보며 이런 상상을 떠올린 것은 어찌 보면 당연한 일이지 않았을까요? 당시의 일반적으로 통용되던 상식과 경험과도 잘 맞아떨어지는 이 이야기에 사람들은 매료되기 시작했습니다. 심지어 오늘날 우리에게도 매우 그럴싸하게 다가오는 이야기입니다. 그래서 트루먼도 감쪽같이 속았겠죠.

제가 하고 싶은 진짜 중요한 이야기는 지금부터입니다. 하늘은 돔으로 되어 있고 거기에 별들이 박혀 있다는 이야기를 더는 믿지 않게 되면서부터 제기된 근본적인 질문에 관한 것이죠.

시간이 지남에 따라 우리는 더 많은 것을 알게 되었습니다. 우주의 중심은 지구가 아니며, 지구는 태양을 주위로 도는 여러 행성 가운데 하나일 뿐이고 별들은 행성들 저 너머 먼 우주에서 빛나고 있다는 사실을 말이죠. 지구를 중심으로 커다란 돔에 행성들과 별들이 박혀 있다는 믿음은 점차 사라지게 되었습니다.

뉴턴의 시대에 이르면서 우주라는 공간은 무한하게 확장됩니다. 그 이전만 하더라도 우주의 크기는 유한하다는 믿음이 대세였지만 뉴턴은 이러한 믿음에 큰 문제가 있음을 발견한 것이죠. 만유인력의 법칙에 따르면 우주의 모든 물질은 서로를 끌어당깁니다. 그렇다면 시간이 지남에 따라 우주의 물질들은 점차 뭉쳐져서 결국에는 하나의 커다란 덩어리만 남게 되리라 예상할 수 있습니다. 하지만 우리가 바라보는 우주는 그렇지 않죠. 뉴턴은 그 이유가 우주의 크기가 무한하기 때문이라 생각했습니다. 무한한 공간에서는 서로를 끌어당기는 힘이 모든 방향으로 균형을 이룰 수 있기 때문입니다.

그런데 여기서 또 의문이 생깁니다. 만약 우주가 그처럼 무한하게 크다면, 그리고 이 무한한 공간에 별들이 균일하게 존재한다면 밤하늘은 별빛으로 가득 차 있어야 하지 않을까요? 무한한 공간에 존재하는 무한한 별들이 내뿜는 빛의 양 또한 무한해야 할 것이기 때문입니다. 그런데 왜 현실의 밤하늘은 이처럼 어두운 것일까요?

별이 많은데 밤하늘은 왜 깜깜할까?

올버스의 역설과 우주 팽창설

처음 이 문제를 제기한 사람은 독일의 의사이자 천문학자인 하인리히 올버스입니다. 그래서 이를 '올버스의 역설'이라 부르게 되었죠. 그는 이 문제를 해결하기 위해 매우 고심했지만 당시의 과학 지식만으로는 분명 한계가 있었습니다. 그런데도 그는 자신이 고안한 한 가지 가설을 제시했습니다. 바로 우주에 분포하는 가스, 먼지 같은 성분들이 멀리서 오는 별빛을 흡수하기 때문에 밤하늘이 어둡다는 것이죠.

하지만 이 가설에도 문제가 있었습니다. 우주에 퍼져 있는 가스나 먼지 등이 주변에 있는 별 등에서 빛을 받으면 '발광성운發光星雲'이라 불리는 밝게 빛나는 가스 덩어리가 된다는 사실이 이후에 밝혀졌기 때문입니다. 가스 등이 강한 에너지를 받아 스스로 열과 빛을 방출하는 것인데 마치 쇠를 가열하면 빨갛게 달아오르는 현상과 유사합니다.

그러던 어느 날 이 역설의 돌파구가 될 만한 사건이 일어났습니다. 1929년 허블이라는 천문학자가 우리 우주가 팽창하고 있다는 놀라운 사실을 발견한 것입니다. 그전까지만 해도 무한한 크기의 우주는 팽창도 수축도 하지 않으면서, 시작도 끝도 없으면서 항상 그 상태 그대로 존재한다고 믿어왔지만, 실제로는 팽창하면서 계속 변하고 있었던 거죠.

그렇다면 여기서 한 가지 상상을 해볼 수 있습니다. 팽창하는 우주의 시간을 거꾸로 돌려보는 것입니다. 그러면 지금과는 반대로 우주의 공간은 점차 줄어들 것이고, 초기 우주는 아주 작은 공간 안에 모든 물질과 에너지가 응축되어 있었을 것입니다. 빛도 포함해서 말이죠. 이 상태에서 다시 시간을 정상적으로 돌리면, 우주 공간은 팽창하면서 물질, 에너지, 빛 등은 서로로부터 멀어져 가게 됩니다.

잘 아시는 것처럼 빛의 속도는 유한합니다. 초속 30만km라는 어마어마한 속도이긴 하지만, 분명 측정 가능한 유한한 크기임에는 분명합니다. 그렇다면 팽창하는 우주처럼 멀어지는 공간에서는 빛이 도달하려면 어느 정도 시간이 소요될 수밖에 없습니다. 게다가 멀어져가는 속도가 엄청나다면 더 많은 시간이 필요하겠죠.

허블이 관측한 바에 따르면 지구에서 더 멀리 떨어진 곳일수록 멀어져가는 속도 또한 더 빨라집니다. 이는 공간이 팽창하기 때문에 일어나는 현상인데요. 예를 들어, 여러분으로부터 2m 떨어진 곳이 1초에 2m의 속도로 멀어져가고 있다면 그곳으로부터 다시 2m 떨어진 곳이 멀어지는 속도는 얼마일까요? 정답은 1초에 4m입니다. 1초에 2m 속도로 멀어지는 곳에서 다시 1초에 2m의 속도로 멀어지기 때문입니다.

따라서 그다지 멀지 않은 곳이라면 잠시 후에 별빛이 우리에게 도달하겠지만, 훨씬 더 멀리 떨어진 곳의 별빛은 한참 후에나 볼 수 있게 됩니다. 우주의 나이가 138억 년이니까, 우리가 볼 수 있는 가장 멀리 떨어진 (하지만 아직 도달하지 않은) 빛은 138억 년 전의 빛입니다. 그렇다면 그곳까지의 거리는 얼마일까요? 빛의 속도로 138억 년을 달려와야 하니 138억 광년일까요? 아닙니다. 우주가 팽창하고 있다는 사실, 즉 빛이 달려와야 할 거리가 더 멀어지고 있다는 점을 고려해야죠. 우주가 팽창하는 정도를 고려해 과학자들이 계산한 가장 먼 거리는 약 465억 광년입니다. 여기까지를 우리는 '우주의 지평선'이라 부르기도 합니다. 그 너머는 무엇이 있을지 알 수 없기 때문입니다. 더는 관찰할 수 있는 빛이 존재하지 않으니까요.

하지만 465억 광년 안에 있다고 해서 그것을 다 볼 수는 없습니다. 가장 오래된 빛이 그 정도 거리에 있다는 뜻이지 현실적으로 그 빛을 볼 수 있는가는 별개의 문제이죠. 아주 멀리 떨어져 있는 별빛은 아직도 우리 눈에 도달하지 못하고 있기 때문입니다. 그렇다면 만약 시간이 더 지난다면 더 많은 별빛, 그러니까 우주 지평선 부근에 이르는 모든 별빛을 볼 수 있을까요?

아쉽게도 그런 일은 일어나지 않을 것 같습니다. 왜냐하면, 우주 바깥으로 갈수록 팽창 속도는 점점 더 빨라지는데, 그러다 어느 순간 빛의 속도를 훨씬 넘어서기 때문입니다. 게다가 우리 우주가 팽창이 멈추거나 그 속도가 줄어들 가능성도 현재로선 확실치 않습니다. 그렇다면 아주 먼 곳에 있는 별빛은 영원히 우리에게 도달하지 못할 것입니다.

이렇게 한번 상상해보죠. 여러분은 달리는 기차 안에서 반대 방향으로 열심히 뛰고 있습니다. 그러나 아무리 열심히 달려도 여러분은 기차와 함께 멀어져만 갑니다. 여러분이 달리는 속도보다 훨씬 더 빠르게 기차가 멀어지기 때문입니다. 빛의 속도보다 더 빠르게 멀어져 가는 저 먼 곳의 별빛도 이와 비슷한 일을 겪고 있는 셈입니다.

상황이 이러하니 우주에 빛나는 별들이 무한해도 우리가 볼 수 있는 별의 숫자는 한계가 있을 수밖에 없습니다. 게다가 우주의 팽창이 지금처럼 지속된다면, 먼 미래에는 그 수가 더 줄어들지도 모릅니다. 지금은 볼 수 있는 별들조차 언젠가는 빛보다 더 빠르게 멀어져갈 테니까요.

우리가 밤하늘을 동경하는 이유

놀랍게도 이러한 과학적 발견 전에 올버스의 역설에 대해 이미 정확한 해답을 제시한 소설가가 있었는데요. 그의 이름은 「검은 고양이」, 「어셔가의 몰락」 등을 쓴 유명한 추리소설 작가 에드거 앨런 포입니다. 그는 자신의 한 시집에서 다음과 같이 말했습니다.

> "우주가 대부분 비어 있는 것처럼 보이는 이유는 별들로부터 방출된 빛이 아직 우리에게 도달하지 못했기 때문이다."

제가 지금까지 장황하게 설명한 내용의 핵심을 그는 이 단 한 문장에 담았습니다. 물론 과학적인 근거가 없는 주장이었으니, 올버스의 역설을 최초로 해결한 사람은 아닙니다. 다만 그의 통찰력만큼은 놀랍기만 하죠. 때로는 과학에 앞서 이런 혜안이 번뜩일 때가 있습니다. 그 혜안이 과학이 나아갈 방향을 알려주기도 하죠. 그래서 과학의 시대라 불리는 지금도 여전히 인문학이 강조되는 것은 아닐까 생각합니다.

밤하늘의 모든 별빛을 볼 수 없기에 아쉽지만 바로 그 때문에 우리가 밤하늘을 동경하게 되는 건 아닐까요? 총총거리며 빛나는 별들 저 너머에 우리가 여전히 알지 못하는 신비로운 세상이 존재하니까요. 저도 오늘 간만에 밤하늘을 보며 수많은 예술가, 소설가, 과학자들이 그랬던 것처럼 상상의 나래를 펼쳐보려 합니다. 어쩌다 엄청난 영감을 얻게 될지 모르니까요.

“밤하늘의 모든 별빛을 볼 수 없기에 아쉽지만
바로 그 때문에 우리가 밤하늘을 동경하게 되는 건 아닐까요?”

7

또 다른 세계는 존재하는가?

* 다중세계 *

신라의 어느 한 가난한 집에서 사내아이가 태어났습니다. 그의 이름은 김대성金大城, 머리가 크고 이마가 큰 성처럼 매우 넓어 이렇게 이름을 지었다고 합니다. 그는 부잣집에서 품앗이하며 근근이 살아가고 있었습니다. 그러던 어느 날 자신이 일하던 집주인이 한 스님에게 보시하는 장면을 목격했습니다.

그때 그는 문득 자신의 집안이 이처럼 가난한 이유는 전생에 부처님께 보시하지 않았었기 때문이라고 생각을 합니다. 그래서 그는 자신의 어머니를 설득해 집안의 유일한 재산이던 작은 토지를 절에 공양으로 바쳤습니다. 그리고 얼마 후 그는 젊은 나이에 세상을 떠나고 맙니다. 그런데 신기하게도 그는 당시 신라의 재상이었던 김문량의 집에서 다시 환생합니다. 그가 태어나기 전 그의 환생을 알리는 하늘의 목소리가 들렸다고 하며, 태어난 아기의 작은 손에는 '대성'이라 쓰인 황금 조각이 꼭 쥐어져 있었다고도 합니다.

이 이야기는 경주 불국사를 창건했다고 알려진 김대성에 관해 전해지는 설화입니다. 불국사는 그가 현現 세계의 부모를 기리기 위해 지은 절이라고 합니다. 동시에 그는 전前 세계의 부모를 위해서는 석굴사를 지었다고 하는데요, 이를 오늘날에는 석굴암이라 부릅니다.

동양과 서양의 이세계

삼국유사에 기록된 이 윤회에 관한 이야기는 불교 철학의 근간이 되는 내용입니다. 불교에는 육도윤회六道輪廻란 말이 있는데요, 자신이 살면서 쌓은 업業에 따라 여섯 가지 세계에서 태어나 살고 죽는 과정이 계속 반복된다는 의미입니다. 죽은 후 49일 동안 7명의 재판관을 거치면서 그 운명이 결정됩니다.

이 육도六道에는 갖가지 끔찍한 형벌을 받으며 극심한 육체적 고통을 겪는 '지옥도', 목이 젓가락처럼 가늘어져 먹어도 먹어도 평생 굶주림을 느껴야만 하는 '아귀도', 짐승과 벌레로 태어나는 '축생도', 전쟁과 다툼이 끊임없이 일어나는 '수라도', 그리고 지금 우리가 속한 인간으로서의 삶인 '인도'와 흔히 우리가 천국이라 부르는 '천도'가 있습니다.

이러한 윤회의 바퀴는 그 자체가 고통이므로 깨달음을 통해 윤회에서 영원히 벗어나는 해탈을 불교에서는 가장 궁극적인 목표로 삼습니다. 하지만 평범한 사람들이 이러한 깨달음을 얻기는 매우 어렵죠. 그렇다면 차선책으로 이 세계에서의 죽음 이후 더 나은 다음 세계를 바라며 선한 마음으로 좋은 일을 행하라는 것이 불교의 가르침입니다.

이와는 달리 서양의 세계관은 시작과 끝이 분명합니다. 인간의 영혼이 계속해서 태어남과 죽음을 반복하는 것이 아니라, 죽음 이후에는 신의 판결에 따라 지옥 또는 천국에서 영원히 머무르게 된다고 설명하죠. 중세 때 쓰인 단테의 『신곡』을 보면 이에 이르는 과정이 더 자세히 묘사되어 있습니다. 여기에는 죄를 뉘우치지 않는 자들이 고통을 받는 '지옥', 죄를 용서받지는 못했으나 구원의 여지는 있어 참회의 나날을 보내며 그곳에서 벗어나길 기다리는 '연옥', 그리고 진정한 평화를 누릴 수 있는 '천국'이 있습니다. 그리고 이 지옥, 연옥 그리고 천국은 다시 여러 단계로 더 세분화됩니다. 단테는 이 여러 세계의 모습을 매우 생생하게 장편의 서사시로 풀어냈습니다.

그러고 보니 동양이든 서양이든 우리가 사는 이 세계 말고도 또 다른 세계들이 존재한다는 믿음은 공통인 것 같습니다. 그리고 그 다른 세계들은 우리가 어떤 삶을 살았느냐에 따라 결정되는데, 권선징악을 강조하는 일종의 종교적인 장치라는 점에서도 유사합니다. 물론 그곳들을 윤회하느냐 아니냐의 차이점은 있지만 말입니다.

비단 종교적인 관점이 아니더라도 다른 세계가 존재할지도 모른다는 생각은 사람들의 호기심과 상상력을 자극했습니다. 그래서 오래전부터 많은 이야기의 소재가 되기도 했죠. 죽은 자가 아님에도 지옥에 다

녀왔다는 영웅도 있었고, 천국에서 추방되어 인간 세상으로 내려온 천사나 신선도 있었습니다.

그런데 이 여러 세계의 존재에 관한 이야기가 요즘 다시 화제입니다. 그것도 매우 진지하게 과학적으로 다루어지고 있죠. 물론 종교에서 말하는 지옥이나 천국이 등장하지는 않습니다. 우리가 사는 이 세계와 유사한 또 다른 평형 세계를 다룹니다.

본격적인 설명에 앞서 조금 멀리 여행을 떠나볼까 합니다. 왜 과학에서 여러 세계의 존재 가능성을 진지하게 다루게 되었는지에 대한 단서를 찾아서 말이죠. 멀리 떨어진 곳이 아니라 여러분이 있는 바로 이곳에서 시작해 이곳에 속한 아주 아주 작은 세계로 떠납니다. 그러기 위해서는 영화 〈앤트맨〉의 주인공처럼 몸이 아주 아주 작아져야겠죠?

아주 작은 세계에서는 어떤 법칙이 작용할까?

다른 세계가 존재할지 모른다는 생각

눈앞에 있던 모든 것이 갑자기 커지기 시작합니다. 물체의 전체적인 모습이 한눈에 다 들어오지 못할 정도로 작아진 여러분의 눈앞에 작은 입자들이 나타납니다. 바로 원자입니다. 그런데 아직 끝나지 않았습니다. 여러분의 몸은 계속해서 줄어들어 원자보다도 훨씬 더 작아집니다. 지금부터는 이전까지 경험해왔던 세계와 전혀 딴판입니다. 우리가 아는 기존의 과학 법칙이 더는 적용되지 않기 때문이죠.

예를 들어, 여러분이 야구 경기장에 있는 외야수라고 상상해보죠. 앗! 방금 상대편 선수가 공을 쳤습니다. 여러분은 공을 잡기 위해 뛰기 시작합니다. 어디로 뛰냐고요? 당연히 공이 떨어질 위치죠. 잠깐, 여러분은 공이 날아가 어디로 떨어질지 어떻게 미리 알 수 있을까요?

우리가 경험하는 세계는 단순한 물리법칙이 적용됩니다. 이 법칙에 따라 공이 어디로 떨어질지도 예측할 수 있습니다. 물론 법칙을 정확히 알아야만 공을 잡을 수 있는 것은 아닙니다. 여러 번의 경험을 통해서도 공의 미래를 예측하는 능력을 기를 수 있습니다. 하지만 여기서 중요한 점은 공의 운동이 법칙에 따라 확정되어 있다는 사실입니다.

그런데 지금 여러분이 도착한 아주 아주 작은 세계에서는 그러한 법칙이 적용되지 않습니다. 이 세계에서 야구를 한다면 야구공의 운동 상태를 특정할 수 없게 되는 것이죠. 현재 어디에 있는지, 그리고 어떻게 운동하고 있는지 정확하게 말할 수 없습니다. 물론 아주 정밀한 장비를 사용해 관찰한다면 공의 상태를 정확히 알 수 있습니다. 앞서 정확히 알 수 없다고 말한 것은 그러한 관찰을 하지 않은 경우입니다.

원자보다도 더 작은 세계에서는 관찰하기 전까지 여러 가지 가능한 상태가 공존하고 있습니다. 만약 그 세계에서도 야구를 한다면 공은 여기에 있을 수도 있고 저기에 있을 수도 있습니다. 가능성에 대해 말하는 것이 아니라 실제로 그렇게 여러 상태에서 존재한다는 의미입니다. 마치 홍길동이 여러 분신을 만들어 동에 번쩍 서에 번쩍하는 것처럼 공들도 여기저기에 흩어져 있는 상태인 것이죠.

그런데 이 아주 아주 작은 세계의 이러한 공존 상태는 우리가 직접 관찰하는 순간 깨어집니다. 여러 상태 중에서 단 하나의 상태만 관찰되기 때문이죠. 그렇다면 나머지 다른 상태들은 어떻게 되는 것일까요? 그냥 사라져버리는 것일까요?

1957년 미국의 물리학자 휴 에버렛은 이와 관련하여 깜짝 놀랄 만한 주장을 합니다. 존재하던 여러 상태 가운데 단 하나만 남는 것이 아니라 모든 상태가 다 남는다고 말이죠. 어떻게 그럴 수 있을까요? 우리가 관찰하는 것은 분명 단 하나의 상태일 뿐인데요.

여기서 에버렛은 더 충격적인 설명을 덧붙입니다. 우리가 경험하는 이 세계 말고도 또 다른 세계들이 존재하며, 사라졌다고 생각했던 또 다른 상태들은 다른 세계들에서 실제로 존재한다는 주장입니다. 우리는 그의 이런 주장을 '다중세계 해석'이라 부릅니다.

만약 이 해석이 맞다면, 매 순간 서로 다른 무수히 많은 세계가 분화되어 나갈 것입니다. 왜냐하면, 우리가 경험하는 커다란 세계도 결국에는 원자보다 더 작은 세계가 점차 확대되면서 만들어진 것이고, 그렇다면 우리가 경험하는 모든 현상 또한 궁극적으로는 이 아주 아주 작은 세계와도 연결될 수밖에 없기 때문입니다. 그런데 이 작은 세계에서는 여러 상태가 공존하죠.

따라서 과학적인 관점에서 보더라도 우리가 사는 이 세계 이외의 다른 세계들이 존재할 가능성이 있습니다. 물론 어디까지나 가능성일 뿐 실제로 증명된 것은 아닙니다. 그런데 이게 끝이 아닙니다. 또 다른 세계의 존재를 뒷받침하는 다른 근거가 또 있습니다.

우주의 도플갱어가 존재한다?

기원전 5세기경 데모크리토스는 존재하는 모든 것들은 원자라 불리는 아주 작은 입자들로 구성되어 있다고 주장했습니다. 심지어 우리 영혼까지도 원자로 구성되어 있다고 했지만 이 주장은 금세 잊히고 말았습니다. 모든 현상을 물질적인 관점으로만 해석하려는 태도에 사람들이 반감을 보였기 때문이죠. 특히 종교적인 반감이 심했습니다.

하지만 근대 이후 과학의 발전과 함께 이 원자론은 부활합니다. 원자의 실체가 실제로 증명되기도 했고요. 다만 이 원자가 최종 입자는 아니었습니다. 원자를 구성하는 양성자, 중성자, 전자와 같은 더 작은 입자들이 속속 발견되었기 때문이죠. 그래서 우리는 고대의 원자론이 부활하여 재탄생한 이 이론을 '입자론'이라 부르기로 하겠습니다. '세상의 모든 것들은 입자로 구성되어 있다'라고 말하는 것이 더 타당하기 때문입니다.

그런데 이 입자론에 따르면 (앞서 다중세계 해석과 마찬가지로) 우리 세계는 유일한 세계가 아닐 수도 있습니다. 본격적인 설명에 앞서 먼저 두 가지 전제 사항들에 대해 말씀드리겠습니다.

첫 번째 전제는 우주의 크기가 무한하다는 전제입니다. 물론 아직 우주의 크기를 직접 측정한 사람은 없습니다. 하지만 일단 그렇다고 전제해보겠습니다. 사실 끝없이 펼쳐진 광활한 우주를 보고 있노라면, 이 우주가 무한하거나 아니면 무한에 가깝게 충분히 클 것이란 생각을 떨쳐낼 수는 없습니다. 물론 어디까지나 제 개인적인 생각입니다.

두 번째 전제는 우주 공간에는 입자들이 분포하며 그 분포는 어디에서나 균일해야 한다는 것입니다. 무한한 공간의 어느 일정 부분에만 입자들이 몰려 있어야 할 합당한 이유는 없기 때문이죠. 이를 '우주 원리'라고도 하는데, 크게 볼 때 우주는 어느 방향이나 균일하다는 뜻입니다. 현대 우주론의 바탕이 되는 생각이기도 하죠.

우주가 하나가 아니라 둘이라면?

현재 관측 가능한 우리 우주의 크기는 약 465억 광년입니다(반지름이 465억 광년이니 지름은 930억 광년인 커다란 구의 형태일 것입니다). 우리 우주가 138억 년 전 갑자기 무의 세계로부터 생겨났고 지금까지도 계속 팽창해오고 있다는 이론을 바탕으로 과학자들이 계산한 크기입니다.

여기서 한 가지 주의할 것은 앞서 첫 번째 전제로 우주의 크기가 무한하다고 했던 것은 우리 우주 저 너머에도 계속 우주 공간이 펼쳐져 있음을 의미한다는 사실입니다. 하지만 138억 년 전 탄생한 우리 우주만 놓고 본다면 그 크기는 유한합니다. 그리고 그 유한한 크기에 한정한다면, 그 안에 존재하는 입자들의 수도 유한할 수밖에 없습니다. 물론 우리 우주의 크기를 고려하면 그 수가 어마어마하게 크기는 하겠지만, 분명 유한한 어떤 수임은 분명합니다.

그렇다면 이 입자들이 배열하면서 만들어지는 경우의 수 또한 유한해야 합니다. 미국 컬럼비아대 브라이언 그린 교수가 계산한 바에 따르면 이 경우의 수는 10의 10^{122} 제곱이라 합니다. 헤아릴 수 없이 많은 수이기는 하지만 여전히 유한한 수입니다. 저나 여러분을 포함한 이 우주의 모든 것이 다 입자로 구성되어 있다면, 현재 우리 우주는 그러한 경우의 수 가운데 하나인 셈입니다.

만약 첫 번째 전제에서 언급한 것처럼 이러한 입자들이 전개될 공간이 우리 우주의 크기인 465억 광년 이상으로 무한하다고 가정한다면, 헤아릴 수도 없이 다양한 세계들이 펼쳐질 것입니다. 입자들이 계속해서 새로운 형태로 배열하면서 새로운 세계들이 만들어질 것이기 때문이죠.

그런데 말입니다. 아무리 입자들의 수가 많더라도 그것들이 배열하는 방식은 언젠가는 다시 반복될 수밖에 없습니다. 앞서 우리 우주 안에서 입자들이 배열하는 경우의 수가 10의 10^{122} 제곱이라고 했는데요. 만약 우리 우주만 한 또 다른 우주들이 10의 10^{122} 제곱만큼 존재한다면, 그중 하나는 우리 우주와 모든 입자의 배열이 완전히 똑같은 경우가 있습니다. 다시 말해 우리 우주와 완전히 동일한 것이죠.

우주 저 너머에 있을 또 다른 우주

우주 공간의 크기가 무한하고, 그 공간에 입자들이 균일하게 분포한다는 전제에서 출발한 우리의 논의는 매우 놀라운 결론에 도달했습니다. 우주 저 너머에는 또 다른 세계가 존재할 수 있으며 그 수많은 세계 가운데에는 우리 세계와 완전히 동일한 것이 적어도 하나는 있을 수도 있다는 것이죠!

도플갱어란 말이 있습니다. '둘이면서 돌아다니는 사람'이란 뜻의 독일어인데요, 같은 시대 같은 장소에 나와 동일하지만 그러나 내가 아닌 또 다른 사람이 동시에 존재하는 경우, 그 다른 사람을 지칭하는 용어입니다. 자신의 도플갱어와 마주치면 곧 죽음을 맞게 된다는 이야기가 있는데 이 때문에 여러 공포영화의 소재가 되기도 했죠. 혹시 이 도플갱어가 사실 또 다른 우주에서 잠시 건너온 사람은 아닐까요? 무언가 불길한 일을 알려주기 위해서 말입니다. 너무 진지하게 듣지는 마세요.

지금까지 살펴본 바에 따르면 수없이 많은 또 다른 세계가 어딘가 존재할 수 있다는 강한 심증이 생깁니다. 물론 심증일 뿐 과학적으로 명확하게 검증된 적은 없습니다. 그리고 가까운 미래에 그것이 가능하리라 기대하는 것도 어려울 것 같습니다. 반지름이 456억 광년 크기인 이 유한한 우주도 너무 방대해 다 알지도 못하는데, 훨씬 더 멀리 떨어져 있을 또 다른 세계를 찾는 일은 그보다는 훨씬 더 난해하겠죠.

16세기 코페르니쿠스는 태양이 아니라 지구가 돈다고 주장했습니다. 오래된 믿음처럼 지구는 우주의 중심이 아니었던 것이죠. 우주의 주인이라도 되는 양 오만했던 우리는 조금은 더 겸손해졌습니다. 어쩌면 먼 미래에 또 다른 세계의 존재가 명확히 밝혀질지도 모릅니다. 그렇다면 그로 인해 혼란에 빠지기보다는 우리가 더욱더 겸손해지는 계기가 되었으면 합니다.

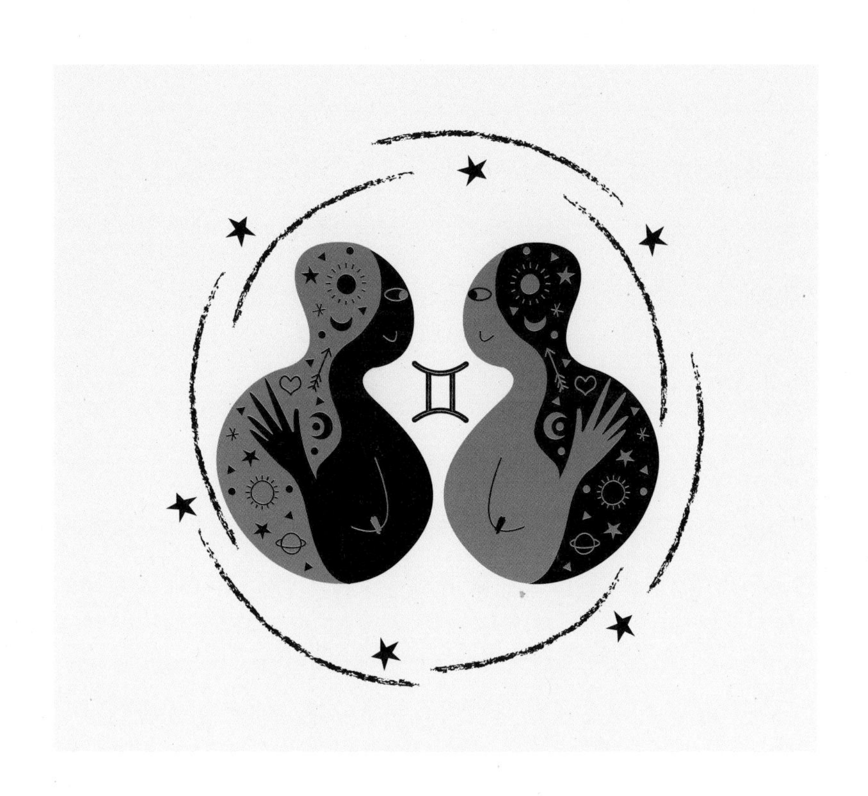

“혹시 도플갱어는 사실 또 다른
우주에서 잠시 건너온 사람은 아닐까요?”

8

왜 모든 것은 끊임없이 변하는가?

* 황변 현상 *

어느 날 한 방송 프로그램에서 의뢰가 들어왔습니다. 플라스틱에 대하여, 정확히는 투명했던 휴대폰 케이스가 왜 시간이 지남에 따라 점차 누렇게 변하는지 과학적으로 설명해달라는 의뢰였죠.

과학자들은 이런 현상을 '황변'이라 부릅니다. 고유한 이름이 있을 정도니 아마도 꽤 광범위하게 일어나는 반응이겠죠. 주로 플라스틱 제품에서 발생하는데, 아무래도 품질에 악영향을 주므로 이를 억제하기 위해 제조사는 큰 노력을 기울입니다. 투명하게 반짝이던 휴대폰 케이스가 군데군데 누렇게 변했다면 아무도 사지 않을 테니까요.

황변은 시간이 지남에 따라 플라스틱이 서서히 분해되기 때문에 나타나는 현상입니다. 영원히 단단할 것만 같던 플라스틱을 분해시키는 범인은 바로 햇빛입니다. 그중에서도 에너지가 강한 자외선이죠. 플라스틱은 아주 작은 분자들이 서로 결합하여 만들어지는 긴 사슬 모양의 고분자들로 구성되어 있습니다. 그런데 자외선은 분자 간의 이러한 결합들을 끊어냅니다. 이때 생겨난 일부 분자들이 서로 반응하면서 새로운 물질들을 만듭니다. 그중에 색소 성분이 포함되어 있어 햇빛에 오래 노출된 플라스틱은 색이 변합니다. 이를 방지하려고 플라스틱을 만들 때 자외선을 흡수하는 물질을 일부 첨가하기도 하지만, 시간이 지남에 따라 나타나는 황변을 계속 억제할 수는 없습니다.

이 세상 모든 것들은 끊임없이 변화합니다. 그 어떤 것도 영원할 수는 없습니다. 심지어 그 단단한 돌멩이조차도 시간이 지나면 점차 부서져 작은 흙 알갱이로 돌아가고 맙니다. 아주 오래 전 한 철학자는 이렇게 말했습니다.

"같은 강물에 두 번 발을 담글 수는 없다."

오늘 내가 발을 담근 강물은 어제 내가 발을 담근 강물과는 같지 않은 것처럼 우리를 포함한 모든 것들은 매 순간 달라지고 있습니다. 그런데 왜 존재하는 모든 것은 계속 변하는 것일까요? 왜 존재하는 것은 존재하던 상태 그대로 영원히 변하지 않으면 안 되는 것일까요? 어쩌면 앞서 플라스틱은 왜 누렇게 변하느냐는 질문은 사실 이러한 궁금증을 담고 있었던 것은 아닐까요?

세상은 무엇으로 구성되었는가

자연의 변화에 대해 이해하려면 아주 오래전으로 거슬러 올라가야 합니다. 때는 기원전 6세기경 과학이 막 태어나려던 시절입니다. 당시 최초로 제기된 과학의 질문은 자연을 구성하는 근본물질에 관한 것이었습니다. 다시 말해 '이 세상은 무엇으로 구성되었는가?'라는 질문이었죠. 초기 과학자들은 자연을 구성하는 복잡하고 다양한 사물들의 바탕에는 매우 단순한 공통의 물질이 있을 것이라 믿었습니다.

누군가는 '물'이라 했고, 어떤 이는 '불'이라 했습니다. 요즘처럼 정밀한 관찰과 실험은 불가능한 시대였기에, 이 주장들은 그야말로 주장일 뿐이었지만, 관련된 논쟁을 통해 처음으로 과학적인 사고가 시작되었습니다. 근본물질에서 시작된 논의는 자연스레 다음 단계로 넘어갔습니다. 그것은 바로 다양한 사물들이 존재하게 된 원리에 관한 것이었습니다. 단 하나의 근본물질에서 시작해 어떻게 이처럼 다양한 존재들이 탄생할 수 있는지 궁금했던 것이죠.

초기 과학자들은 이 세상의 가장 큰 특징은 '변화'에 있고, 변화의 바탕에는 어떤 원리가 놓여 있음이 틀림없다고 생각했습니다. 처음 그들은 '대립'이라는 원리를 통해 변화를 설명했습니다. 단 하나의 근본물질이 '농축'과 '희박'이라는 서로 대립하는 과정을 통해 다양한 존재들로 변한다고 주장한 것입니다. 예를 들어, 물이 농축되면 흙이나 돌과 같은 더 단단한 물질로 변하고, 반대로 희박해지면 공기나 불과 같은 더 가벼운 물질로 변하게 되는 것처럼 말이죠.

나름 그럴듯한 방식으로 자연의 다양한 변화를 설명할 수 있게 되었다 만족해하던 바로 그 순간, 그들 앞에 엄청난 도전이 기다리고 있었습니다. 당시 이탈리아 남부의 그리스 식민도시 엘레아에는 파르메니데스라는 사람이 살고 있었습니다. 그런데 놀랍게도 그는 우리가 관찰하는 모든 변화는 거짓이라 주장했습니다. 그리고 그의 근거는 너무나도 단순했습니다. "없음無에서 있음有이 생성될 수는 없다."

늦은 가을, 거리를 거닐다 보면 세월의 무상함을 느낍니다. 얼마 전까지만 해도 푸르던 잎은 색이 바랜 채 땅으로 떨어져 생을 마감합니다. 감상에 젖어 낙엽을 바라보다 문득 이런 의구심이 듭니다. 이 모든 현상이 정말 그가 말하는 것처럼 허상에 불과한 것일까요?

없음에서 있음은 탄생할 수 없다?

변화는 '생성'이란 과정을 수반합니다. 변하는 과정에서 기존의 것은 사라지고 전에 없던 새로운 것이 등장하기 때문입니다. 파르메니데스는 이 '생성'의 의미를 매우 엄격하게 해석합니다. 생성이란 전에 없던 것이 새롭게 생겨나는 것, 다시 말해 '없음으로부터 있음으로 전환되는 과정'이라 규정한 것입니다.

없음이란 그야말로 '아무것도 존재하지 않음', 즉 '부존재'입니다. 그런데 그런 없음에서 있음이라는 존재가 생겨난다는 것은 애당초 없음이라는 단어 그 자체의 정의에 어긋나므로, 없음에서 있음으로의 전환인 변화라는 과정은 불가능하다고 그는 주장한 것입니다. 타당한 듯하면서도 이건 아닌 것 같다는 생각이 들진 않으신가요? 저 또한 그렇습니다. 초기 과학자들 또한 마찬가지였는데요. 그들 또한 '없음으로부터 있음이 생성될 수는 없다'라는 파르메니데스의 주장을 기본적으로 받아들였지만, 그래도 우리 주변에서 분명히 관찰하는 변화와 그로 인한 다양성을 부정할 수도 없는 딜레마에 빠지고 말았습니다.

그들은 고민했습니다. 어떻게 해야 '없음으로부터 있음이 생성될 수 없다'라는 주장은 수용하면서도 변화라는 현상을 설명할 수 있을지를 말이죠. 그리고 마침내 그들은 해법을 찾아냈습니다. 세상을 구성하는 근본물질이 단 하나가 아니라 여러 종류가 있다고 가정하면 가능했던 것이죠. 이 주장에 따르면 이 여러 종류의 근본물질들이 서로 결합하고 해체하는 과정에서 변화가 일어납니다.

세상을 구성하는 근본물질이 여러 종류라면?

서로 결합하여 생성되는 물질들

여러 종류의 근본물질이 있다고 가정한 데에는 그만한 이유가 있었습니다. 이것들이 서로 결합하거나 해체하는 과정을 '변화'라고 설명한다면, 이는 '없음에서 있음이 생성되지 않는다'는 주장을 수용하면서도 변화를 설명할 수 있죠. 이렇게 보면 변화는 이미 존재하고 있는 것들이 서로 결합하거나 해체하면서 나타나는 겉보기 현상일 뿐입니다.

이런 주장을 펼친 대표적인 인물로 데모크리토스가 있습니다. 그는 이 세상이 원자라고 하는 더는 쪼갤 수 없는 작은 입자로 구성되어 있다고 생각했습니다. 그리고 이 원자들의 크기와 모양이 서로 달라 각기 다른 성질을 나타내는데, 어떤 원자들을 더 많이 포함하고 있느냐에 따라 사물의 성질이 서로 다르게 나타납니다. 심지어 우리의 영혼과 지성 또한 이러한 원자들로 이루어졌다고 주장했는데, 그에 따르면 인간의 영혼은 가장 완전한 구의 형태인 원자들로 구성되어 있습니다.

이 데모크리토스의 원자들은 그 자체는 변화를 겪지는 않지만, 그 원자들에 내재하는 어떤 힘이 원자들의 소용돌이를 만들어내면서 그것들이 끊임없이 모이고 해체하는 과정에서 다양한 변화가 일어납니다.

이는 오늘날의 설명과도 유사합니다. 현대 과학에서도 원자라는 개념이 등장하기 때문입니다. 지금까지 밝혀진 원자는 그 종류가 모두 118가지입니다. 수소, 산소, 질소처럼 우리에게 익숙한 것들도 있지만, 아주 적은 양만 존재하거나 매우 불안정해 아주 짧은 시간만 존재하여 우리가 잘 모르는 원자들도 많습니다. 예전 학교에서 배웠던 주기율표에는 이처럼 다양한 종류의 원자들이 포함되어 있었죠.

이 원자들이 서로 모이면 분자라는 것이 됩니다. 우리가 물질이라 부르는 것들은 이 분자 단계부터 그 성질이 드러납니다. 예를 들어, 물이란 물질은 수소 원자 2개와 산소 원자 1개가 결합하여 만들어진 물 분자(H_2O)들로 구성되어 있습니다. 그리고 이 작은 분자들이 또 서로 결합하면 커다란 덩치의 분자가 되기도 합니다. 앞서 설명했던 플라스틱 같은 고분자입니다. 비단 플라스틱뿐만 아니라 우리 주변에는 매우 많은 고분자 물질들이 존재합니다. 우리 몸을 구성하는 성분도 대부분 고분자인데요, 단백질, 탄수화물, 지방, 그리고 유전정보를 담고 있는 DNA 또한 고분자이죠.

이처럼 다양한 종류의 원자들이 서로 결합하여 분자가 되고, 또 이 분자들이 결합하여 고분자가 되는 과정에서 매우 다양한 종류의 물질들이 만들어집니다. 시간이 지나면 이 물질들은 다시 분해되어 더 작은 존재가 되기도 하죠. 자외선 때문에 누렇게 변한 플라스틱처럼 말이죠. 더 분해가 되면 다시 분자나 원자로 돌아가 아예 새로운 물질의 재료가 되기도 합니다.

그렇다면 이러한 변화는 왜 일어나는 것일까요? 왜 원자들이 모여 분자들을 이루고 분자들이 모여 고분자를 이루고, 그리고 이 물질들은 또다시 분해되어 새로운 물질들이 만들어지는 과정이 반복되고, 왜 이런 일들이 계속해서 일어나는 것일까요?

우주는 지금도 여전히 변화 중이다

우리 우주는 엄청난 에너지와 함께 탄생했습니다. 그리고 그 에너지는 광활한 우주 공간을 채웠죠. 일부는 물질의 형태로 그 모습이 바뀌기도 했습니다. 바로 이 에너지의 존재가 우주의 역동성을 만들어내고 있습니다.

작은 물질들이 결합해 더 큰 물질이 되어가는 과정이나, 아니면 큰 물질이 분해되어 더 작은 물질이 되어가는 과정이나, 모두 에너지가 필요하기 때문입니다. 다시 말해 우리 우주에 충분한 에너지가 존재하기 때문에 이처럼 다양한 변화가 나타난다고 말할 수 있죠.

그런데 우리 우주에서 에너지가 점차 사라지고 있습니다. 아니 더 정확하게 말한다면, 에너지의 밀도가 점차 낮아지고 있습니다. 왜냐하면, 우주가 계속 팽창 중이기 때문이죠. 한 가지 예를 들어 설명해보겠습니다.

방 안에 작은 온풍기가 한 대 있습니다. 방의 크기가 그리 크지 않으니 그럭저럭 방 안은 따뜻합니다. 그런데 이 온풍기를 아주 넓은 방으로 옮겨 놓으면 어떨까요? 아마도 따뜻한 방을 기대하는 것은 무리일 것입니다. 같은 양의 에너지가 훨씬 더 넓은 공간으로 퍼져나가기 때문입니다.

현재 우리 우주의 상황이 이러합니다. 처음 우주가 탄생했을 때보다 훨씬 넓어진 공간으로 인해 에너지의 밀도가 매우 낮아져 있는 것이죠. 물론 전체적으로 그렇다는 말이지 아직도 우주 곳곳에는 에너지가 밀집되어 활발한 변화가 일어나는 지역이 많이 있습니다. 활활 타오르는 별이나, 그 별로부터 에너지를 받는 우리 지구와 같은 행성들이 그러하죠.

하지만 우주는 지금도 계속 팽창 중입니다. 그렇다면 언젠가는 그나마 에너지가 밀집되어 있던 곳 또한 에너지가 점차 부족해질지 모릅니다. 그러다 우주가 거의 무한하게 커져 버린다면, 결국에는 에너지가 거의 없는 상태가 될 것입니다. 한마디로 우주가 차갑게 식어버리는 것이지요.

에너지를 거의 얻을 수 없는 상태이니 원자나 분자를 포함해 그 어떤 물질도 더 움직일 수도 없고 반응할 수도 없게 됩니다. 새롭게 생겨나거나 아니면 생겨난 것들이 다시 분해되어 그 과정을 반복하는 일이 더는 불가능해지는 것입니다. 그동안 우리 우주의 특징이라 알고 있던 변화가 더 일어나지 않게 되겠죠. 과학자들은 이와 같은 먼 미래의 상황을 '우주의 죽음'이라 표현하기도 합니다. 아무런 변화가 없을 우주를 시적으로 아주 잘 표현한 것 같습니다.

정리해보자면 다음과 같습니다. 우리 우주의 특징은 끊임없는 변화입니다. 그리고 그러한 변화가 가능한 이유는 존재하는 것들의 기본 단위인 원자로부터 시작해 분자나 고분자까지 여러 물질 간의 결합과 분해가 활발히 일어나기 때문입니다. 그리고 이 결합과 분해는 우주 공간을 가득 채우고 있는 에너지가 있기에 가능한 것이고요. 만약 에너지가 다 소진된다면 우주의 변화는 다시 없을 것입니다. 그것은 무에서 태어나 이처럼 다채롭게 된 우주가 드디어 종말을 맞게 됨을 뜻합니다.

『산티아고 가는 길』로 유명한 네덜란드의 작가 세스 노터봄은 이렇게 말했습니다.

> "존재의 근원은 운동(運動)이다. 그래서 그 안에 부동(不動)이 있을 자리가 없다. 존재가 부동이라면 다시 그 원천인 무(無)로 돌아갈 것이기 때문이다. 그렇기에 여정은 절대 멈추지 않는다. 이 세상에서도 그 파안의 세계에서도."

'왜 모든 것은 끊임없이 변하는가?'에 대한 저의 답변은 이것으로 마무리하고자 합니다.

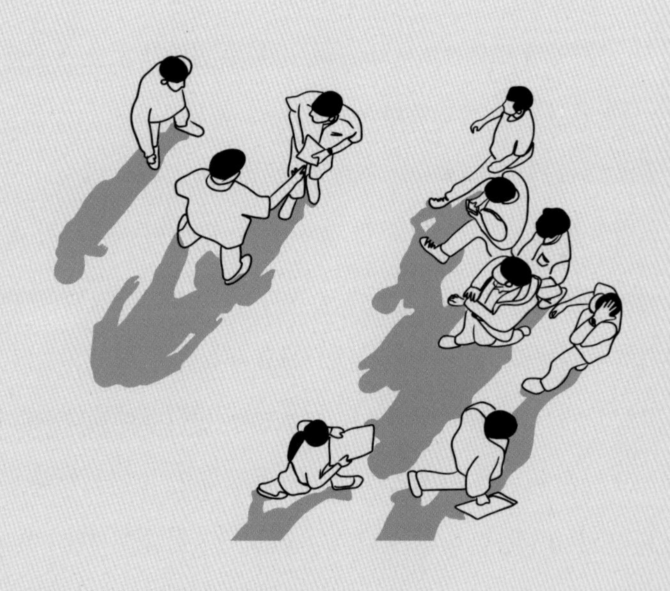

"여정은 절대 멈추지 않는다.
이 세상에서도 그 파안의 세계에서도."

9

거울에 어떻게 내가 비치는가?

* 빛의 반사 *

우리 인간은 거울 보는 것을 무척 좋아합니다. 거울에 비치는 자신의 모습을 인식할 수 있고, 이를 통해 자기애라는 본능이 충족되기 때문입니다. 물 속에 비친 자신을 사랑한 나머지 물에 빠져 죽고 만 나르시스도 그러했죠. 이와 반대로 거울 속 자신의 모습을 보는 것이 두려워 거울을 보지 않을 때도 있습니다. 영국의 여왕 엘리자베스 1세도 점차 늙어가는 자신의 모습을 보기 싫어 궁전 안의 거울을 전부 다 치워버렸다고 전해지기도 하죠. 거울과 우리는 그야말로 애증관계인 셈입니다.

그렇다면 거울 속 자신을 인식하는 능력은 인간에게만 있을까요? 아닙니다. 돌고래, 코끼리, 침팬지 등 지능이 높은 동물에게도 그런 능력이 있습니다. 물론 그들이 우리처럼 거울 속 자신을 보며 자기애나 자기

혐오 같은 복잡한 감정까지 느끼는지는 확실치 않지만요.

그런데 이와 관련된 재미난 연구결과가 하나 있습니다. 고다 마사노리 교수가 이끄는 오사카 시립대학 연구팀에 따르면 물고기도 거울에 비친 자신의 모습을 알아본다고 합니다. 이 연구팀은 청줄청소놀래기라는 작은 물고기가 사는 어항에 거울을 설치하고 그 행동을 관찰했습니다. 그러자 처음에는 거울에 비친 자신의 모습을 다른 물고기로 인식하여 매우 공격적으로 대하다가, 며칠이 지나자 거울 속의 자신을 인식하는 듯한 행동을 하기 시작했다고 합니다. 마치 거울 앞에 선 우리처럼 이리저리 자세를 바꿔가며 자신을 관찰한 것이죠.

조금 더 확실한 결론을 얻기 위해 연구팀은 물고기의 목에 마치 기생충이 달라붙은 것처럼 보이는 표식을 그려 넣었습니다. 그러자 그 물고기는 자신의 몸에 붙어 있다고 생각한 그 가상의 기생충을 떼어내고자

물고기도 거울 속 자신을 인식한다고?

어항 바닥에 깔아놓은 모래에 자신의 몸을 문지르기 시작했습니다. 지능이 높은 일부 동물들에게서 발견되던 능력이 물고기에게도 있을지 모른다는 가능성이 제기된 것이죠. 머리 나쁜 동물의 대명사로 알려진 물고기가 실은 그렇지 않을 수도 있음을 이 연구는 시사합니다.

일부 동물들에게도 거울에 비친 자신을 타자화他者化하여 객관적으로 관찰하는 자기 인식 능력이 있다니 놀랍죠? 어쩌면 아직 밝혀지지 않은 더 많은 존재가 이 능력을 가지고 있을지도 모릅니다. 그러니 동물을 대할 때 조금은 더 조심하고 존중하는 마음을 가져야 할 것 같습니다.

그런데 호기심이 넘치는 우리 인간은 여기서 한 가지 질문을 더 던집니다. 거울에 어떻게 자기 자신이 비칠 수 있는지 그 원리도 궁금합니다. 인간은 '과학하는 동물'이기 때문이죠. 지금부터는 거울 속 자기 자신을 인식하는 문제보다 과학자의 관점에서 더 근본적이라 할 수 있는 거울의 과학적인 원리에 대해 한번 알아보도록 하죠.

빛의 흡수와 반사

빛은 직진하는 성질이 있습니다. 그런데 이러한 직진을 방해하는 물체를 만난다면 어떻게 될까요? 쨍한 햇빛을 받으며 서 있는 여러분도 그런 방해꾼 가운데 하나입니다. 여러분이 햇빛의 경로 가운데 서 있기 때문인데요. 그 때문에 여러분의 뒤로 그림자가 생깁니다. 여러분만 아니라면 빛이 닿아야 할 곳에 빛이 닿지 못하니 그러한 것이죠.

그런데 여러분의 방해가 단순히 빛의 진로를 막은 것으로 끝나는 것이 아닙니다. 훨씬 더 복잡한 현상이 관련되어 있는데요, 그것은 바로 빛의 흡수와 반사입니다. 바로 이 흡수와 반사 때문에 다른 사람들이 여러분의 모습을 생생하게 볼 수 있습니다.

여러분을 포함한 모든 물체는 원자들로 구성되어 있습니다. 그리고 이 원자 내부에는 원자핵이 있고 그 주위로 전자들이 분포하고 있죠. 그런데 이 전자들의 행동이 매우 특이합니다. 외부에서 에너지가 전달되면 반응하는데, 그 에너지를 흡수하거나 아니면 흡수하는 척하다가 다시 뱉어내죠. 다시 말해 반사해버리는 것입니다.

다만 이런 반응은 선택적이어서 모든 에너지에 다 반응하는 것은 아니라, 전자들의 상태에 따라 자신이 좋아하는 특별한 에너지에만 반응합니다. 여러분을 구성하고 있는 원자의 전자들이 어떤 상태인지에 따라 에너지가 선택적으로 흡수 또는 반사된다는 의미입니다.

빛 또한 에너지입니다. 태양에서 날아오는 빛은 '빨주노초파남보'처럼 여러 종류의 빛들이 섞여 있습니다. 그리고 이러한 빛들은 색상이 다르듯 그 에너지 또한 서로 다릅니다. 따라서 여러분 몸에 닿은 햇빛 가운데 어떤 색의 빛은 흡수되고 또 어떤 색상의 빛은 반사되는 거죠. 이 과정에서 여러분의 몸 부분마다의 색상이 결정됩니다.

여러분이 빨간 가방을 메고 있다고 해보겠습니다. 그 가방이 빨간색인 이유는 가방의 표면에 있는 원자의 전자들이 빨간색은 반사하고 나머지 색상의 빛들은 선택적으로 흡수했기 때문입니다. 여러분의 머리카락이 검은 이유는 모든 색상의 빛들을 다 흡수했기 때문이고요.

이처럼 물체의 표면에 빛이 닿으면 흡수와 반사라는 현상이 발생합니다. 이번 이야기의 주제인 거울 또한 마찬가지인데요, 그런데 거울은 특이하게도 모든 빛을 (더 정확히는 모든 가시광선을) 다 반사해버립니다. 그래서 물체가 그대로 비쳐 보이는 것이죠. 태양이나 조명에서 날아온 빛이 우리와 같은 물체에 선택적으로 반사되고, 그 반사된 빛이 거울에서는 그대로 반사되어 우리 눈으로 들어옵니다. 그래서 우리는 거울 안에 같은 물체가 또 하나 있는 것처럼 보이는 것입니다.

그런데 거울은 어떻게 모든 빛을 다 반사하는 것일까요? 이것을 이해하려면 먼저 거울의 구조부터 살펴봐야 하는데요, 여기서는 오늘날 보편적으로 사용되는 유리거울에 대해 다루어보겠습니다.

거울은 어떻게 모든 빛을 반사할까?

거울의 구성 요소

거울은 크게 두 가지 요소로 구성되어 있습니다. 먼저 표면을 덮고 있는 얇은 유리입니다. 이 투명한 유리는 빛을 그대로 통과시키는 역할을 하죠. 앞서 다른 글에서도 설명했지만, 유리의 원료인 이산화규소(SiO_2)라는 물질을 구성하는 전자들은 가시광선과 상호작용하지 않으면서 모든 가시광선을 그대로 투과시키기 때문입니다. 그리고 그다음 구성 요소는 투명한 유리의 한쪽 면에 코팅된 은(Ag), 알루미늄(Al) 등의 금속입니다.

과거에는 거울 한쪽 면에 주석과 수은(또는 은)의 합금으로 만든 얇은 금속판을 붙이는 방식 등이 사용되는데 그 기술이 매우 까다롭고 비밀스러워서 거울은 귀족이나 부자들을 위한 일종의 사치품처럼 취급되었습니다. 하지만 1835년 독일의 화학자 리비히가 거울반응이라는 화학반응을 통해 은이나 알루미늄의 얇고 균일한 코팅막을 손쉽게 만드는 방법을 고안하면서 거울은 비로소 대중화되었습니다. 상이 선명하게 맺히는 거울을 만들려면 이 과정이 매우 중요합니다. 코팅 처리된 표면에서 빛의 반사 현상이 일어나기 때문이죠.

모든 물질은 원자들로 구성되어 있습니다. 원자들은 서로 결합하여 분자라는 것을 만들고, 이 분자들이 또 상호 결합하면서 물질의 형태가 만들어지죠. 예를 들어, 수소 원자 2개와 산소 원자 1개가 결합해 물 분자(H_2O)를 만들고, 이 물 분자들이 서로 결합하면 얼음이라는 고체 덩어리가 됩니다.

그런데 금속은 조금 특이합니다. 일단 분자라는 중간 개념이 없습니다. 금속 원자들이 곧바로 서로 결합함으로써 물질의 형태를 만들기 때문입니다. 금속 원자들이 상하좌우 균일하게 정렬한 다음 그 주위를 가장 바깥의 전자들이 자유롭게 둘러싸 운동하면서 결합합니다. 이 모습이 마치 규칙적으로 배열된 원자라는 섬들을 두고 전자라는 바다가 그 주위를 흐르는 것처럼 보여서, 이를 '전자의 바다'라고 표현하기도 합니다. 이 전자의 바다를 떠다니는 전자들을 자유전자라고 부르기도 하는데, 그야말로 자유롭게 원자들 사이에서 운동하기 때문입니다.

금속의 표면에 빛이 닿으면 그 에너지를 흡수한 전자의 바다는 진동하기 시작합니다. 그리고 그 에너지를 다시 동일한 빛의 형태로 내놓는데 우리 눈에는 이것이 표면에서 빛이 반사되는 것처럼 보이죠.

그런데 금속마다 전자의 바다를 이루는 전자들의 상태가 다르니 표면에서 어떤 종류의 빛을 흡수한 후 반사할지도 서로 각기 다릅니다. 이 때문에 금속마다 고유의 표면색이 존재합니다. 예를 들어 금의 경우는 노란색이나 빨간색 계통의 색을 선택적으로 흡수한 후 다시 반사하기 때문에 소위 금색으로 보입니다. 나머지 색상의 빛들은 전자의 바다 안쪽의 다른 전자들에 의해 흡수됩니다.

하지만 은이나 알루미늄의 경우는 표면에 도달한 모든 종류의 빛을 흡수한 후 다시 반사하는 특징이 있습니다. 그래서 거울의 재료로 주로 사용되죠.

인간의 부정본능이 인간을 번성시켰다

『부정본능』의 저자 아지트 바르키와 데니 브라워에 따르면 인간의 자기 인식 능력은 다른 동물보다 한 단계 더 획기적으로 진화했다고 합니다. 수면이나 거울에 비치는 자신을 인식하는 가장 기본적인 단계에서 출발해, 다른 개체들 또한 완전한 자기 인식 능력을 갖고 있음을 깨닫는 단계에까지 이른 것이죠. 다시 말해, 다른 사람 또한 나와 동일한 존재임을 알게 된 것입니다.

그런데 이 단계로 진입하면 필연적으로 필멸必滅의 두려움, 즉 언젠가는 반드시 죽는다는 두려움을 느낍니다. 왜냐하면, 다른 개체의 죽음을 목격하고 그것을 자신과 동일시하기 때문이죠. 죽음에 대한 공포를 느끼는 순간, 종의 번식보다 오로지 자신의 생존에만 몰두하게 되고, 결국 점차 종이 쇠퇴하는 결과를 초래한다고 이 책은 설명합니다.

하지만 이러한 단계에 진입한 인간은 특이하게도 쇠퇴하지 않고 오히려 번성했습니다. 바르키 교수 등은 그 원인을 인간만이 갖는 부정否定본능에서 찾았습니다. 우리 인간은 애써 죽음을 외면합니다. 언젠가 반드시 죽어야 한다는 현실을 모른 체하는 것이죠. 마치 영원히 살 것처럼 행동한다는 뜻입니다. 그리고 이러한 부정을 통해 두려움을 억누르고 앞으로 나아갈 수 있게 되었습니다.

과학 기술을 비롯해 우리가 이뤄낸 이 고도의 문명 또한 이와 같은 부정본능이 있기에 가능했다고 이들은 주장합니다. 자신의 필멸을 인정하지 않은 존재이기에, 자신에게 허락된 것이 찰나의 유한한 시간일

지라도 모든 열정을 쏟아부을 수 있었던 것이죠.

'거울에 어떻게 내가 비치는가?'라는 질문은 거울에 비친 자신을 인식하는 어떤 한 작은 물고기의 이야기로부터 시작되었습니다. 그리고 거기서 조금 더 나아가 과학적인 관점에서 거울에 사물이 비치는 원리도 살펴보았죠. 그런데 이 질문은 우리가 생각했던 것보다 훨씬 더 철학적이었습니다. 이런 질문을 던지는 바로 우리 자신의 존재에 관한 질문 '거울에 비치는 우리는 과연 어떤 존재일까?'와도 연결되기 때문입니다.

앞서 아지트 바르키와 데니 브라워의 설명은 이에 대한 한 가지 가능한 답변일 뿐입니다. 그렇다면 여러분도 한번 도전해보시죠. 우리를 우리답게 만드는 이 궁극적인 질문에 대한 대답을 말입니다.

“거울에 비치는 우리는 과연 어떤 존재일까?”

10

세상은 왜 다양한 것들로 넘쳐날까?

* 공유 결합 *

지금까지 발견된 원자의 종류는 모두 118종입니다. 물론 앞으로 더 발견될 가능성이 있지만, 그 숫자가 대폭 늘어나지는 않을 것입니다. 그런데 우리가 사는 이 세상은 매우 다양한 것들이 존재합니다. 단 118개의 원자로 어떻게 이런 다양성이 만들어질 수 있었을까요?

그 해답은 '결합'에 있습니다. 예를 들어, a, b, c 세 종류의 원자가 있고 두 원자의 결합이 허용된다면, 그 존재 형식은 a, b, c, aa, bb, cc, ab, ac, bc와 같이 늘어납니다. 다양성이 세 배가 되는 것이지요. 만약 결합 방식에 자유를 더 많이 주게 되면 그만큼 다양성도 더 커집니다. 더 많은 수의 결합이 허용될수록 더 많은 종류의 물질들이 생겨나는 것이죠

138억 년 전 우주라는 공간에서 탄생한 원자들은 그 상태 그대로 머

무르지 않았습니다. 상호 결합을 통해 다양한 종류의 것들로 진화되었는데요. 이렇게 만들어진 첫 번째 것들을 우리는 '분자'라 부릅니다. 보통은 '물질의 성질을 갖는 최소 단위'라고 정의하기도 하는데, 우리가 보통 물질이라 부르는 것들은 이 분자들로 구성되어 있습니다.

예를 들어, '물'이란 물질의 최소 단위는 물 분자(H_2O)이고, 이 분자는 수소 원자 2개와 산소 원자 1개가 결합해 만들어집니다. 수소 원자나 산소 원자는 그 자체로 물이란 물질의 성질을 나타내지 않지만, 이것들이 결합해 물 분자가 되면 비로소 물이란 물질의 성질이 나타납니다.

분자가 되기 위해 원자들 사이에서 일어나는 이러한 결합을 공유 결합이라 합니다. 원자들끼리 서로 인접하여 붙어 있으므로 '결합'이라는 용어를 사용하는 것은 이해되는데, '공유'라 하면 무엇을 공유한다는 뜻일까요?

원자의 공유와 결합

원자는 원자핵을 중심으로 그 주변에 전자들이 분포하는 형식으로 존재합니다. 그런데 바로 이 전자들 가운데 가장 바깥쪽에 있는 전자들이 '공유'를 통해 결합에 참여합니다. 여기서 공유란 원자들끼리 서로 전자들을 공유한다는 의미이죠.

수소 분자(H_2)를 먼저 예로 들어 설명해보겠습니다. 수소 분자는 수소 원자 2개가 서로 결합해 형성됩니다. 그리고 수소 원자는 핵 주변에

1개의 전자밖에 없습니다. 수소 원자가 다른 수소 원자와 결합하는 방식은 이 전자를 상호 '공유'하는 방식입니다. 상대방의 전자를 마치 자신의 것인양 끌어당기는데요. 어깨동무하는 것과 비슷합니다. 두 사람이 상대방의 어깨를 제 것처럼 끌어당기듯 전자를 끌어당기는 것이죠.

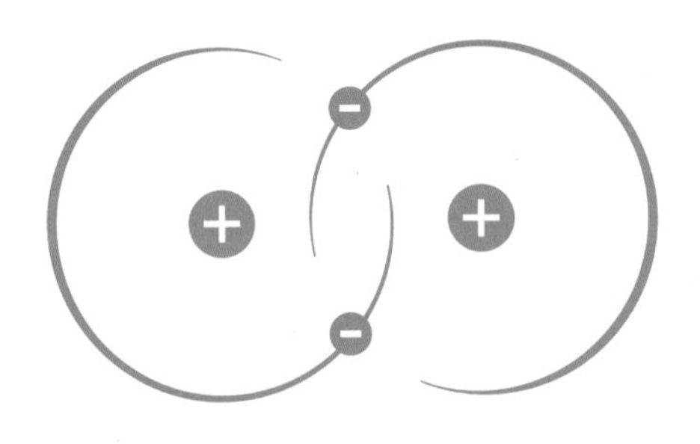

수소 원자의 결합

결합에는 훨씬 더 많은 원자가 참여하기도 합니다. 예를 들어, 술의 주성분인 에탄올(CH_3CH_2OH)은 탄소 원자 2개, 수소 원자 6개, 산소 원자 1개가 참여합니다. 분자를 구성하는 원자의 개수에 명확한 한계가 있는 것은 아니지만, 대부분 분자는 그 크기가 그리 크지는 않습니다. 분자가 만들어지려면 그 구성 요소인 원자들이 서로 적절한 위치에서 충분한 에너지를 가지고 충돌해야 합니다. 그런데 분자의 크기가 커지면 커질수록 이것이 점점 더 어려워집니다.

분자가 커지면 움직이는 속도가 느려지니 결합을 위한 충분한 충돌 횟수를 갖기 힘들고, 서로 간에 적절한 충돌 위치를 맞추기도 어렵습니다. 하지만 그런데도 우리 주변에는 매우 커다란 몸집을 자랑하는 분자들이 존재합니다. 이를 고분자 그리고 영어로는 폴리머polymer라 하는데요, 작은 분자들이 수백 수천 개 결합하여 만들어집니다.

예를 들어, 살아있는 것들을 구성하는 탄수화물, 단백질, 지방 등도 고분자입니다. 단백질은 아미노산이라는 작은 분자 여럿이 결합하여 만들어지고, 탄수화물은 글루코스라는 분자들로 구성됩니다. 지방은 글리세롤과 지방산이라 불리는 작은 분자들로 만들어지죠. 그리고 아미노산, 글루코스, 지방산과 같은 작은 분자들은 탄소 원자와 수소 원자 등이 여럿 결합되어 만들어집니다.

인공적으로 만들어지는 고분자도 있습니다. 나일론, 폴리에스터와 같은 합성섬유, 그리고 폴리에틸렌 테레프탈레이트(PET), 폴리스타이렌(PS)과 같은 일명 플라스틱이라 불리는 물질 또한 작은 분자들이 여럿 결합해 만들어집니다.

고분자가 만들어지는 방식

고분자가 만들어지는 방식은 앞서 설명해드린 분자가 만들어지는 방식과 거의 같습니다. 원자들이 서로 충돌하여 결합함으로써 분자가 만들어지듯, 고분자 또한 분자들이 서로 충돌하고 서로 간에 전자들을 공유하는 결합을 통해 만들어집니다.

하지만 고분자의 크기가 무한정 커지는 것은 아닙니다. 앞서 설명했던 것처럼 분자의 크기가 커지면 분자들이 서로 공유 결합하는 것이 힘들어집니다. 거대한 고분자는 마치 실처럼 스스로 엉키면서 새로운 분자들이 결합을 위해 적절한 위치로 접근하는 것을 더 어렵게 만들기 때문이죠. 이러한 방해 요인은 고분자의 크기를 어느 정도 제한합니다.

고분자는 특히 우리와 같은 생명이 탄생하는 데 중요한 역할을 수행했습니다. 그것은 바로 '에너지의 저장'과 '정보의 전달'입니다. 지구에 존재하는 에너지 대부분은 태양에서 기원했습니다. 태양의 핵융합에 의한 에너지는 빛의 형태로 지구에 도달합니다. 식물은 그 빛을 광합성을 통해 탄수화물로 변환합니다. 태양 에너지를 이용해 공기 중의 탄소, 산소, 수소를 결합해 글루코우스라는 분자를 만들고, 이 분자들이 서로 결합되어 탄수화물이라는 고분자가 만들어지는 일련의 과정이 바로 광합성입니다. 이 고분자에는 태양 에너지가 고스란히 담겨 있습니다.

그렇다면 결합을 다시 끊으면 어떻게 될까요? 저장되었던 에너지가 다시 방출되지 않을까요? 맞습니다. 우리와 같은 동물이 식물이 생산한 탄수화물을 섭취하는 이유가 여기에 있습니다. 탄수화물을 소화하는 과정에서 고분자를 형성하는 결합들이 끊어지는데, 이때 방출되는 에너지는 우리의 생존을 위해 이용됩니다.

화석연료인 석유와 석탄도 이 고분자와 관련이 있습니다. 식물과 동물의 사체가 지하에서 오랫동안 고온 고압 상태에 놓이면 식물과 동물을 구성하고 있던 고분자들이 서서히 분해되는데 이때 만들어지는 것이 석유와 석탄입니다. 이것은 고분자가 완전히 다 분해되지는 않고 여전히 많은 에너지를 저장하고 있는 상태인데요, 적당한 크기로 분해되어 있어 빠르게 연소반응이 일어나는 장점이 있습니다.

세상의 다양성 덕분에 우리가 존재할 수 있다

고분자의 두 번째 중요한 역할은 정보의 전달입니다. 우리 세포 내에는 DNA와 RNA라는 고분자가 들어 있는데 이 고분자를 구성하는 작은 분자들의 종류와 그 결합 순서에 따라 정보가 저장됩니다. 마치 일정한 문법에 맞춰 쓴 것처럼 고분자 내에 존재하는 이러한 정보도 해독할 수 있습니다. 이렇게 해독한 정보는 우리의 생명을 유지하고, 유전 정보를 전달하는 데 사용됩니다.

원자 단계에서 출발해 고분자 단계에까지 이르게 되면 물질의 종류는 엄청나게 증가합니다. 118종류의 원자들이 매우 다양한 방식으로 결합할 수 있기 때문입니다. 물론 모든 원자나 분자가 서로 제한 없이 다 결합할 수 있는 것은 아니지만, 결합이 가능한 경우만 놓고 보더라도 커다란 고분자 단계에 이르면 이 세상은 다양한 것들로 가득 찹니다.

게다가 다양성의 한계점에 있는 고분자는 우리와 같은 생명이 탄생할 수 있는 바탕이 되었습니다. 생명이 필요한 에너지와 정보를 저장하고 전달할 수 있는 좋은 수단이 되었기 때문이죠. 그렇다면 우리라는 존재는 이 세상의 다양성이 있기에 비로소 가능했을지도 모릅니다. 어쩌면 그래서 우리가 이 세상의 다양성에 대한 질문을 던지게 된 것은 아닐까요?

기원전 6세기경 고대 그리스의 철학자들은 이 세상의 다양성에 주목했습니다. 끊임없이 다양하게 변화함이야말로 이 세상의 가장 중요한 특징이라고 그들은 생각했습니다. 그리고 그 바탕에는 아주 단순한 원리가 놓여 있다고 믿었죠.

그들 가운데 일부는 기본이 되는 원자들이 서로 모이고 해체하는 과정에서 이 세상의 다양성이 만들어진다고 주장했습니다. 우리는 이러한 주장을 '고대의 원자론'이라 부릅니다. 오늘날 우리가 배우고 있는 현재의 원자론과 구별하기 위해서입니다. 비록 이 두 원자론 사이에는 차이점도 많지만, 단순함에서 다양함이 탄생한 비밀을 밝혀냈다는 점에서는 두 이론 모두 큰 의의가 있습니다.

'세상은 왜 다양한 것들로 넘쳐날까?'라는 질문의 역사는 매우 오래되었습니다. 과학이 비로소 탄생하던 즈음으로까지 거슬러 올라가기 때문입니다. 그리고 놀랍게도 이에 대한 답변은 이미 오래전부터 준비되어 있었죠. 물론 현대의 과학이 그것을 객관적인 방식으로 재확인해야 했기는 하지만 말입니다. 어쨌든 오래전 사람들의 통찰과 지혜는 놀랍기만 합니다.

“끊임없이 다양하게 변화함이야말로
이 세상의 가장 중요한 특징입니다.”

11

보이는 것만이 전부가 아닌 이유

* 암흑물질 *

누군가에게 무언가를 열심히 설명하고 있는데, 대뜸 이런 반응이 돌아옵니다. "직접 보지 않으면 못 믿겠다!" 듣고 있는 내용이 너무 어처구니없기 때문일까요? 아니면 저의 설명이 부족하기 때문일까요? 그렇다면 직접 눈으로 확인시키는 수밖에 없습니다. 직접 보는 것만큼 확실한 것은 없으니까요.

하지만 살다 보면 보이는 것만이 전부가 아니라는 사실을 깨닫습니다. 때로는 보이는 것 너머에 있는 진실을 뒤늦게 발견하기도 하죠. 특히 우리처럼 마음을 지닌 사람을 상대할 때면, 단순히 겉으로 드러나는 외모만으로 그 사람을 판단해서는 안 됩니다. 우리는 얼굴에 있는 두 개의 육안肉眼으로도 보아야 하지만, 마음속 또 다른 눈, 즉 심안心眼으로도 들여다보아야 합니다. 사도 바울이 쓴『고린도후서』에도 다음과 같은 글귀가 있습니다.

> "사탄이 광명의 천사로 나타날지라도 심안이 열린 자는 그의 정체와 속마음을 들여다보니 절대 그자를 속일 수 없다."

그런데 과학자들 또한 더 많은 눈이 필요하다고 말합니다. 물질적인 것 저 너머를 살피기 위한 심안은 논외로 하더라도, 물질적인 세계조차도 우리의 눈만으로는 보는 능력이 불완전하기 때문입니다.

우리 눈에 보이지 않는 것들이 너무나 많다

우리 주변에는 분명 존재하기는 하지만 우리가 미처 알아차리지 못하는 것들이 많이 있습니다. 만약 너무 작아서 그러하다면 현미경처럼 물체를 확대하는 인공적인 눈을 사용합니다. 만약 너무 멀리 떨어져서 그러하다면 망원경이 동원되기도 하죠.

우리 눈이 감지하는 빛의 범위가 매우 좁다는 것도 문제입니다. 태양빛을 포함해 우주에서 쏟아지는 빛은 그 종류가 매우 다양합니다. 하지만 우리 눈은 그중에서도 일부에만 반응할 뿐입니다. 그 일부의 빛을 우리는 가시광선이라 부릅니다. 빛은 가시광선 외에도 전파, 적외선, 자외선, 엑스선, 감마선 등이 있지만, 우리 눈은 이 빛들을 감지하지 못합니다. 따라서 우리 눈이 볼 수 있는 능력에는 분명 한계가 있는 것이죠.

물론 이런 능력을 보완하기 위한 장비들이 개발되어 있기는 합니다. 예를 들어, 우주를 관찰할 때는 가시광선을 이용하는 일반적인 망원경뿐만 아니라, 전파나 엑스선 또는 감마선 등을 감지할 수 있는 특수한 망원경들도 사용되고 있습니다.

이처럼 많은 눈이 만들어져 있으니, 분명 우리의 보는 능력이 획기적으로 향상되었음은 분명합니다. 그렇다면 이제는 (적어도 과학자의 관점에서는) '보는 것이 전부다'라고 말해도 될까요? 물론 우리 눈과 첨단의 인공 눈들을 다 더해서 말이죠. 하지만 아쉽게도 아직은 그럴 때가 아닌 것 같습니다. 이 많은 눈을 총동원해도 여전히 보이지 않는 것들이 존재하기 때문입니다. 그것도 너무나도 많습니다.

여전히 보이지 않는 것들은 크고 작음의 문제가 아닙니다. 가깝고 멀고의 문제도 아닙니다. 우리가 감지하는 빛의 종류가 문제가 되는 것도 아닙니다. 분명 존재하기는 하지만 지금까지 아는 모든 방법을 동원해도 결코 볼 수 없는 것들이 있죠. 지금부터는 이것에 관한 이야기를 한번 해보고자 합니다. 이 미지의 존재는 전혀 예상치 못한 곳에서 아주 우연히 발견되었습니다.

우주의 미래는 저항에 달려 있다

여러분도 잘 아시는 사실이지만, 우주는 지금도 팽창하고 있습니다. 아주 작은 크기에서 시작해서 지금처럼 큰 우주로 성장했지만, 팽창하는 힘에 의해 지금도 여전히 커지는 중이죠. 이는 물리학에서 말하는 관성과 유사한 현상입니다. 여기서 관성이란 한번 움직이기 시작한 물체는 계속 움직이려는 성질을 말합니다.

그런데 이 관성이 계속해서 작용하려면 저항이 없어야 합니다. 표면이 매끄러운 바닥에서 물체를 밀면 앞으로 계속 나아가지만, 마찰력이란 저항이 있는 바닥에서는 어느 정도 움직이다가 멈추고 마는 것은 바로 이 저항 때문입니다. 저항은 관성의 작용을 방해할 수 있죠.

그렇다면 지금 팽창 중인 우주의 미래도 이 저항의 유무에 따라 좌우될지도 모릅니다. 우주가 팽창해가는 관성을 방해할 수 있는 저항이 있느냐에 따라, 그리고 만약 있다고 한다면 그 저항의 정도가 얼마냐에 따라서 말이죠.

만약 저항이 없거나 아니면 매우 약하다고 한다면, 한번 팽창하기 시작한 우주는 계속 팽창할 것입니다. 하지만 이와는 반대로 충분히 큰 저항이 존재한다면 어떻게 될까요? 초기에는 급속히 팽창해왔지만, 점차 그 팽창하는 속도는 감소할 것이고 언젠가는 드디어 팽창이 멈추게 될 것입니다.

그렇다면 이 우주에서 저항으로 작용할 만한 것은 무엇이 있을까요? 아주 오래전 무無의 상태에서 이 우주가 탄생할 때 광활한 공간과 함께 물질도 함께 탄생했다고 설명한 바 있습니다. 바로 이 물질이 저항의 원인이 될 수 있습니다.

잘 아시는 것처럼 물질들 사이에는 만유인력이라는 끌어당기는 힘이 작용합니다. 지구를 떠나고 싶다고 제아무리 높이 뛴다 한들 여러분을 다시 땅바닥으로 되돌아오게 하는 힘, 즉 중력도 이 만유인력에 의한 것이죠. 만유인력의 크기는 두 가지 요인에 의해 좌우됩니다. 첫째는 물질의 질량인데요, 질량이 크면 클수록 만유인력은 이에 비례하여 커집니다. 예를 들어, 각각 1g인 두 물질 가운데 하나를 2g의 것으로 바꾼다면, 이 물질들 사이에 작용하는 만유인력의 크기는 2배가 됩니다. 만약 둘 다 2g으로 바꾼다면, 즉 각각의 질량을 2배로 한다면, 만유인력은 4배가 되겠죠.

두 번째 요인은 두 물질 사이의 거리입니다. 질량과는 반대로 거리는 작을수록 만유인력이 크게 작용합니다. 더 정확하게는 거리의 제곱에 반비례합니다. 예를 들어, 1m 떨어져 있는 두 물질 간의 거리를 4m로 늘린다면, 만유인력의 크기는 16분의 1로 급감하죠.

만유인력은 끌어당기는 힘입니다. 따라서 우주가 팽창하는 힘과는 반대 방향으로 작용하죠. 따라서 앞서 말한 것처럼 이 만유인력을 만들어내는 물질이 저항의 원인이 될 수 있는 것입니다. 그렇다면 우주에 존재하는 물질의 상태에 따라 우주의 미래가 결정된다는 것인데 여기에는 크게 두 가지 시나리오가 가능할 것 같습니다.

사실 우주의 미래는 암흑물질에 달려 있다

첫 번째 시나리오, 만약 존재하는 물질이 매우 적다면 전체적인 질량도 크지 않고 물질들 사이의 거리도 매우 멀기 때문에 만유인력이 크지 않을 것입니다. 따라서 초기 우주의 팽창력을 억제할 만큼 충분한 저항이 되지 못하고 우주는 지속해서 팽창하게 됩니다. 더구나 우주가 팽창할수록 물질의 밀도는 더욱 낮아지니 저항력 또한 점점 더 약해질 것입니다.

두 번째 시나리오, 만약 물질의 양이 충분히 많다면 정반대 현상이 발생합니다. 물질들 사이의 만유인력이 크기 때문에 물질들이 서로 응집하면서 우주의 팽창을 억제할 만한 충분한 저항이 됩니다. 어느 순간이 저항력과 관성에 의한 팽창력이 균형을 이루면 우주의 팽창은 마침내 멈추게 되겠죠. 하지만 물질들 사이의 인력은 계속 작용하므로, 우주는 잠시 팽창을 멈춘 후 다시 수축하는 단계로 들어갈 수 있습니다.

그렇다면 이제 우리는 우주의 미래를 예측할 수 있다고 결론 내릴 수 있습니다. 우주에 존재하는 물질의 양을 알아내면 되니까요. 정밀한 관측을 통해 별, 행성, 성운, 은하 등 전체 물질의 양을 계산하는 일만 남았습니다. 그런데 이 과정에서 전혀 예상치 못한 일이 일어납니다.

1970년대 미국의 베라 루빈은 우리 은하와 유사한 안드로메다은하를 관찰하면서 무언가 이상하다는 생각을 했습니다. 은하는 회전운동을 하는데, 그 회전 속도가 은하 중심부와 바깥 부분에서 큰 차이가 없었던 것이죠. 그전까지만 해도 과학자들은 중심 부분의 속도가 훨씬 더 빠를 것으로 생각했습니다. 왜냐하면, 은하 중심의 회전력이 중심에서 멀어질수록 그 영향력이 감소할 것이기 때문입니다.

쉬운 예를 들어 설명해보겠습니다. 큰 그릇에 물을 가득 담고 막대기로 물 한가운데를 저어보는 것입니다. 소용돌이를 만드는 것이죠. 힘이 가해지는 중심부 주변은 빠르게 회전합니다. 하지만 중심에서 멀어질수록 회전 속도는 점차 줄어듭니다. 중심에서 바깥까지 존재하는 물질들(여기서는 물)의 상호작용으로 중심의 회전력이 바깥으로도 전달되기는 하지만, 멀어질수록 점차 그 힘이 줄어드는 것이죠.

중심에서 멀어질수록 회전 속도는 줄어든다

그런데 만약 존재하는 물질들의 밀도가 아주 높다면 어떨까요? 예를 들어 빙글빙글 도는 레코드판을 한번 생각해보겠습니다. 레코드판은 고체 상태이니 중심에서 바깥까지 (앞서 물의 경우와 비교해) 물질들이 더 빼곡히 들어차 있습니다. 서로 간에 강한 상호 결합으로 묶여 있기도 하죠. 이 때문에 중심의 회전력이 거의 그대로 바깥까지 전달되어 중심부나 바깥쪽이나 동일한 정도로 회전하게 됩니다.

루빈이 관찰한 결과는 바로 이 레코드판이 회전하는 상황과 비슷했던 것입니다. 그렇다면 이렇게 결론을 내릴 수 있을 것 같습니다. '은하에 존재하는 물질의 밀도는 우리가 생각하는 것보다 훨씬 더 높다'라고 말이죠. 다시 말해 우리가 관찰할 수 있는 물질들보다 더 많은 미지의 물질들이 존재한다는 것입니다.

과학자들은 이 미지의 물질을 암흑물질이라 부릅니다. 현재까지 우리가 가진 기술로는 관측되지 않기 때문에 이런 명칭이 붙었습니다. 지금까지 알려진 바로는 우주에 존재하는 관측 가능한 물질보다 이 암흑물질의 양이 (질량 기준으로) 5배나 더 많다고 합니다.

물론 실제로 관측해서 알아낸 것은 아니라, 간접적인 방식으로 밝혀낸 것입니다. 암흑물질 또한 만유인력 등에 영향을 미치므로, 우주를 구성하는 천체들의 운동을 관찰하면, 어느 정도 그 양을 유추할 수는 있습니다. 실제로 은하단을 구성하는 여러 은하의 운동을 관찰하여 암흑물질의 양을 계산하고 있습니다.

그렇다면 우리 우주의 미래는 사실 이 암흑물질의 밀도에 달려 있다 해도 과언이 아닐 것입니다. 만약 암흑물질의 밀도가 우리 우주가 팽창하는 관성을 억제할 만큼 그리 높지 않다면, 우주는 계속 팽창할 것이지만, 만에 하나 암흑물질의 밀도가 충분히 높아 우주의 팽창을 억제할 수 있다면, 우리 우주는 언젠가 다시 수축하게 될지도 모르죠. 한마디로 다시 예전처럼 아주 작은 크기로 돌아가는 것입니다.

그런데 지금까지 밝혀진 암흑물질의 양만으로는 우리 우주의 팽창을 억제할 수 있을 정도는 아니라고 합니다. 따라서 우주는 계속 팽창할 것이라 보는 견해가 지배적이죠. 실제 관측결과도 이를 뒷받침합니다. 우주는 현재도 계속 팽창 중이며, 더 놀라운 것은 그 팽창 속도가 점점 더 빨라진다는 것이죠.

지금까지 '보이는 것만이 전부가 아닌 이유'에 대해 살펴보았습니다. 원래 이 말은 눈에 보이는 외형적인 것만으로 판단해서는 안 된다는 의미였죠. 그래서 때로는 마음의 눈으로도 들여다봐야 하는 것이고요.

그런데 과학자의 관점에서 제대로 보려면 이러한 심안 외에도 더 많은 눈이 필요합니다. 우리 눈과 우리의 감각이 갖는 물리적인 한계 때문인데요, 다행히도 현재의 과학 기술은 더 깊게 더 멀리 더 다양하게 들여다볼 수 있는 다양한 눈들을 개발하여 이에 잘 대처해왔습니다.

하지만 여전히 보이지 않는 것들이 많습니다. 암흑물질처럼 간접적으로나마 그 존재를 알 수 있는 것들도 있지만, 어쩌면 그러한 접근조차 불가능한 것들이 존재할지도 모르죠. 그래도 먼 미래에는 지금보다 더 많은 것을 볼 수 있게 되지 않을까 기대해봅니다.

"많은 눈을 총동원해도 세상에는
여전히 보이지 않는 것들이 무수히 존재합니다."

과학으로 생각하기

초판 1쇄 발행 2022년 5월 13일
초판 4쇄 발행 2022년 12월 23일

지은이 임두원
펴낸이 김선준

책임편집 이주영 **편집1팀장** 임나리 **디자인** 김세민
마케팅 권두리, 이진규, 신동빈 **홍보** 조아란, 이은정, 김재이, 유채원, 권희, 유준상
경영관리 송현주, 권송이

펴낸곳 (주)콘텐츠그룹 포레스트 **출판등록** 2021년 4월 16일 제2021-000079호
주소 서울시 영등포구 여의대로 108 파크원타워1 28층
전화 02) 332-5855 **팩스** 070) 4170-4865
홈페이지 www.forestbooks.co.kr
종이 (주)월드페이퍼 **출력·인쇄·후가공·제본** 더블비

ISBN 979-11-91347-82-1 03400